たのしくまなぶ Python ゲームプログラミング図鑑

COMPUTER CODING PYTHON® Games FOR KIDS

パイソン

キャロル・ヴォーダマンほか［著］ 山崎正浩［訳］

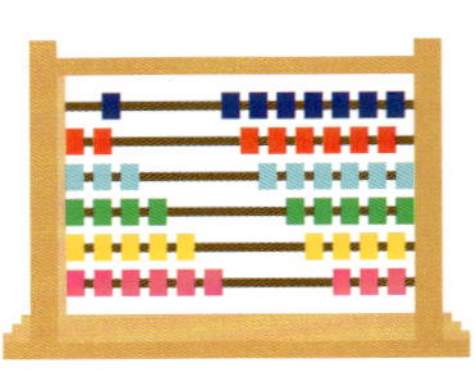

たのしくまなぶ Python ゲームプログラミング図鑑

COMPUTER CODING PYTHON® Games FOR KIDS

パイソン

キャロル・ヴォーダマンほか［著］ 山崎正浩［訳］

創元社

Printed and bound in China

A WORLD OF IDEAS: SEE ALL THERE IS TO KNOW
www.dk.com

本書で紹介しているアプリケーションソフトの画面や仕様お
よびURLや各サイトの内容は変更される場合があります。

キャロル・ヴォーダマンは英国の人気タレントで、計算能力が高いことで有名である。科学やテクノロジーに関するさまざまなテレビ番組のパーソナリティーを務め、Channel4の「Countdown」にアシスタントとして26年間出演した。ケンブリッジ大学で工学の学位を取得している。科学と技術の知識の普及に情熱を燃やし、特にプログラミングに深い関心を寄せている。

クレイグ・スティールはコンピューター科学教育の専門家であり、楽しくクリエイティブな環境で、デジタルスキルを伸ばそうとする人を支援している。若者を対象とした無料のプログラマー道場をスコットランドに創設した。ラズベリーパイ財団、グラスゴー・サイエンス･センター、グラスゴー美術学校、英国映画テレビ芸術アカデミー、BBC マイクロビットプロジェクトの協力を得てワークショップを開いている。初めてふれたコンピューターはZX Spectrumだった。

クレール・クイグリーはグラスゴー大学でコンピューター科学を学び、理学士と博士の学位を取得した。ケンブリッジ大学コンピューター研究所とグラスゴー・サイエンス・センターに勤務しながら、エディンバラで小学生向けの教育カリキュラム（音楽と科学技術）開発に携わっている。若者を対象としたスコットランドのプログラマー道場で相談員も務めている。

ダニエル・マカファティはストラスクライド大学でコンピューター科学の学位を取得した。銀行から放送業界まで、さまざまな業種と規模の会社でソフトウェア・エンジニアとして勤務した経験を持つ。現在はグラスゴーで妻と２人の子どもとともに暮らし、若者にプログラミングを教えている。余暇にはサイクリングに汗を流し、家族とともに過ごす時間を楽しんでいる。

マーティン・グッドフェローはストラスクライド大学でコンピューターおよび情報科学部の教員を務めている。スコットランドのプログラマー道場、グラスゴー･ライフ（慈善団体）、コードマオ、BBCなどイギリスと中国の団体・組織のためにコンピューター科学の教材を開発し、ワークショップを運営している。現在はナショナル・コーディング・ウィークのスコットランド代表でもある。

目次

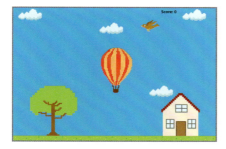

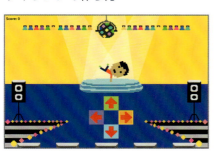

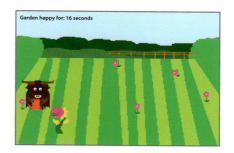

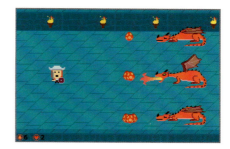

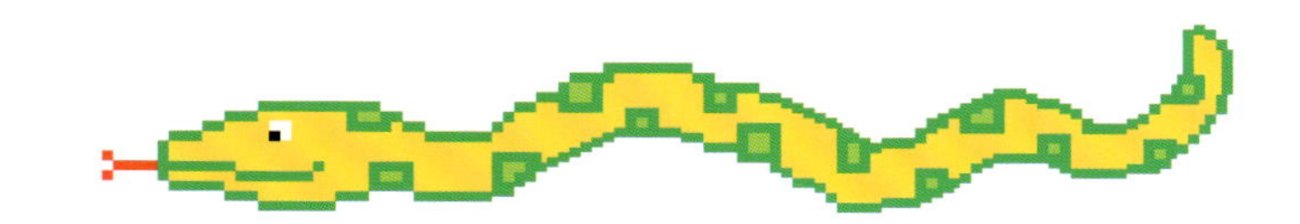

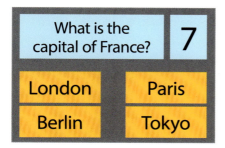

まえがき

コンピューターのプログラマーは、現代世界のえんの下の力持ちです。スマートフォンやノート型パソコン、交通管制システムに銀行のオンラインシステムというように、プログラマーたちの努力の成果は日常生活のあらゆるところに関わっています。いろいろな分野での技術の進歩は、創造力豊かなプログラマーたちのおかげでもあるのです。

コンピューターゲームはこの30年間で、エンターテインメント産業があつかうジャンルの中で特にエキサイティングな分野に育ちました。ゲームプログラマーになるには、ゲームに必要なストーリー、グラフィック、音楽、キャラクターを作るための才能が求められます。さらに、これらを生き生きと動かすための技術的な知識も必要です。では、どうすればゲーム作りを学べるのでしょうか？ この本を読めば、ゲームをする側からゲームを作る側への最初の一歩をふみ出せることでしょう。

また、プログラマーになろうと思っている人でなくても、プログラミングを学べば将来役に立つはずです。コンピューターとは一見関係がなさそうな仕事でも、プログラミングで身に着けたスキルが役立つでしょう。プログラミングに関する知識は、科学、ビジネス、芸術、音楽などでも欠かせないものになっています。

この本ではPython（パイソン）というプログラミング言語を使います。テキストで命令を書くシンプルな言語で、初心者にはぴったりです。Scratch（スクラッチ）の次に取り組む言語としても向いています。ただしスクラッチのように教育用として作られた言語ではありません。パイソンは初心者にもベテランにも人気があり、世界で最も広く使われているプロ向けの言語です。銀行、医薬、アニメーション、そして宇宙開発でも利用されています。

新しいことばを学ぶ最良の方法はのめりこむことですが、プログラミング言語も同じです。オリジナルのコンピューターゲームを作ることは、理論を現実のプログラムに生かすという、楽しくて夢中になれる体験です。もしプログラミングが初めてなら、基本的なことを説明している最初の２つの章をきちんと読むようにしてください。先に進むほどゲームはふくざつになっていきますが、１つ１つのステップを指示どおりに進めていけば、プロのゲームプログラマーがどのように考えながらゲームを作っているかがわかるようになります。ステップをきちんと追っていけば、すぐにゲームを作ってプレイできます。さらにプログラミングのスキルを上げたければ、ソースコードを改造して、オリジナルのゲーム作りに挑戦できます。

初心者もベテランも、プログラマーは誰でも必ずミスをします。自分のプログラムにバグがひそんでいることほど、プログラマーをいらいらさせることはありません。ゲームがうまく動かないときは、ソースコード全体をよく見直してみましょう。この本には、そのようなときのヒントも書かれています。がっかりしている場合ではありません。ソースコードのまちがいを見つけて直すのは、プログラマーの仕事の一部なのです。プログラミングの練習量が増えると、バグの数もしだいに減ってきます。同時に、小さなエラーをすばやく見つけられるようにもなります。

さて、一番大事なことは何でしょう？　それは楽しむことです！　自分で作ったゲームを友だちや家族に見せれば、みんなきっとおどろくはずです。この本ではいろいろな人が楽しめるゲームを紹介しています。私たちはそれらのゲームを楽しみながら作りました。読者のみなさんが、私たちと同じように楽しみながらゲームを作り、プレイすることを願っています。

Carol Vorderman

キャロル・ヴォーダマン

1

パイソンを始めよう

パイソンはどんな言語かな？

コンピューターに仕事をさせるときは、命令を１つ１つ順番に出していく。この命令をまとめたものを「ソースコード」や「コード」と呼ぶよ。そしてソースコードを書くためのプログラミング言語で人気なのがパイソン（Python）なんだ。

なぜパイソンなの？

パイソンはシンプルなプログラムならすぐに書ける。習うのにもあまりむずかしくないし、アプリやゲームも作りやすい。パイソンがプログラマーにとって使いやすい理由をいくつかあげてみたよ。

▲他の機種でも動かせる
同じソースコードをWindows機、マッキントッシュ、Linux機、さらにはRaspberry Piで動かせる。どの機種でもプログラムは同じように動くから、パイソンで作ったゲームを世界中のいろいろなコンピューターでプレイできるぞ。

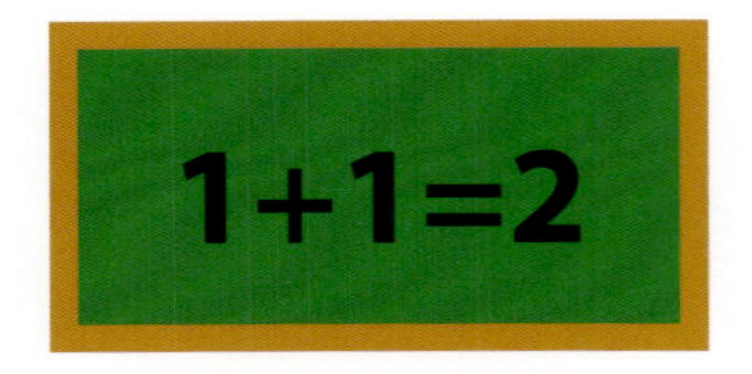

▲習いやすい
他のプログラミング言語とくらべて、パイソンはややこしい記号を使わずにすむよ。英単語と文字や数字を使えばいいから、読みやすく書きやすい。本を読んだり書いたりするのと同じようなものだ。

◀いろいろなアプリケーション
パイソンは銀行、ヘルスケア、宇宙、教育、その他数多くの産業や分野で使われているよ。パイソンを使って、さまざまなシステムやツール、アプリなどが作られているんだ。

▲ツールが用意されている
パイソンには、プログラミングを始めるのに必要なものが全部そろっているよ。すでに書き上がっているソースコードがたくさん入った「標準ライブラリ」があって、自分のプログラムの中でそれらを使えるんだ。

▲豊富な資料
パイソンのウェブサイトには、使い方を説明した資料がいっぱいある。パイソンを使い始めるときのガイド、サンプルのソースコード、ソースコードを理解しやすくするレファレンスなどがそろっている。

スクラッチからパイソンへ

スクラッチがビジュアルプログラミング言語なのに対し、パイソンはテキストでソースコードを書くよ。スクラッチを使ったことがあるなら、パイソンにはスクラッチに似た特徴や考え方があるのがわかると思う。それぞれの言語は見た目がぜんぜんちがうけれど、共通する部分が多いんだ。

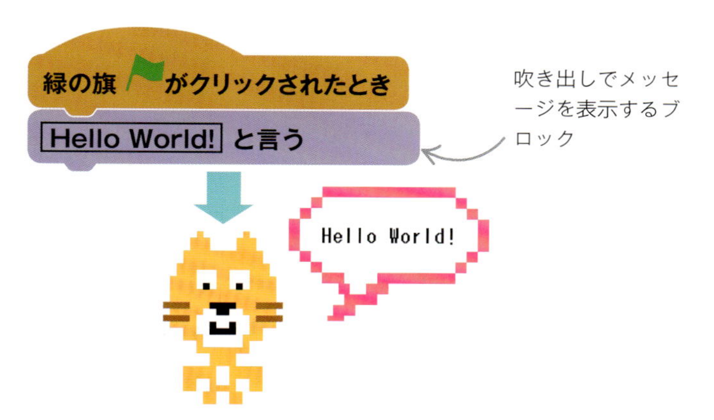

▲スクラッチで表示する

スクラッチでは「～と言う」のブロックを使って、画面にメッセージを表示するぞ。

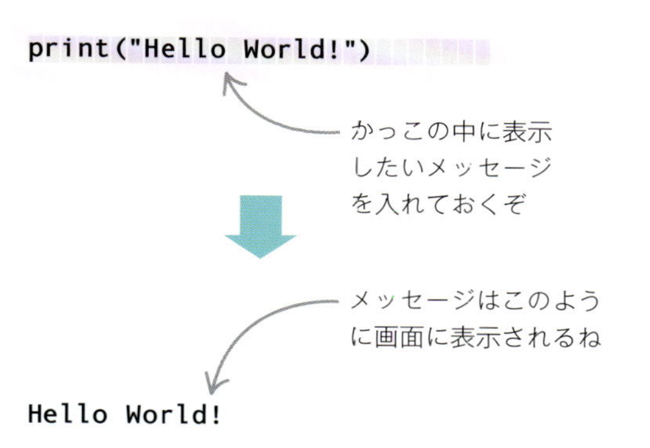

▲パイソンで表示する

パイソンでは「print」の命令で画面にメッセージが表示されるよ

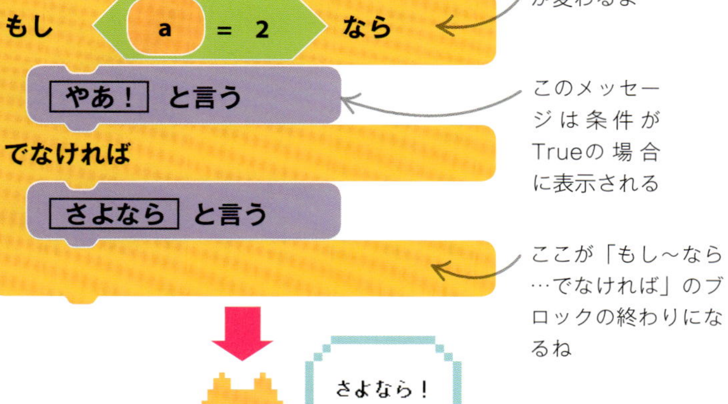

▲スクラッチで判断する

「もし～なら…でなければ」のブロックは、条件がTrue（正しい）かFalse（まちがい）かによって、どの命令を実行するか決めるよ。

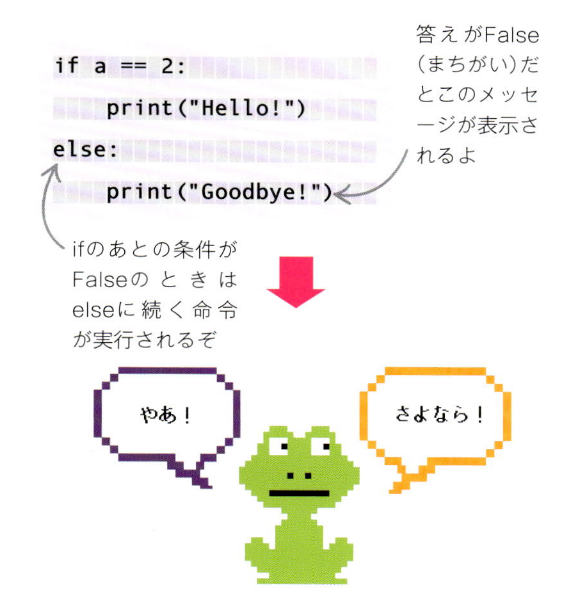

▲パイソンで判断する

パイソンの「if ～ else ～」という命令は、スクラッチの「もし～なら…でなければ」とまったく同じ働きをするよ。

パイソンでゲーム

ゲームはとても多くの命令が集まったプログラムだ。パイソンを使えばいろいろなタイプのゲームが作れるぞ！

ゲームのタイプ

コンピューターゲームには、１つのボタンを操作するだけのシンプルなものから、もっとふくざつなゲームまでいろいろなジャンルがあるね。君が最初に作りたいゲームはどのジャンルかな？

▶ワンボタン
パイソンを使えば、操作するボタンが１つだけのアクションゲームを作れるよ。楽しすぎて、何度でもプレイしたくなるぞ。

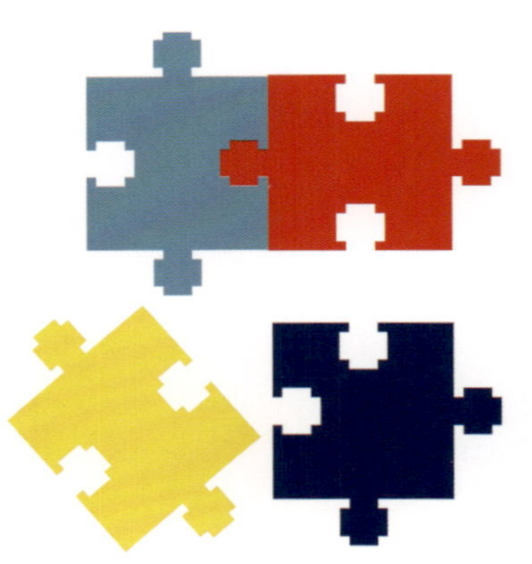

◀パズル
パズルは頭をきたえたり、覚えている知識をチェックしたりするのにちょうどよいゲームだ。ジグソーパズルから言葉や数字を使うものまで、種類も豊富だね。

▲レーシング
レーシングゲームは背景を動かして、プレイヤーに速いスピードで動いているように思わせる。障害物をよけながら車を走らせよう。

▲マルチプレイヤー
１人だけでプレイするゲームもあるけれど、他のプレイヤーと競い合うものもある。パイソンでマルチプレイヤーゲームを作って、友だちと遊んでみよう。

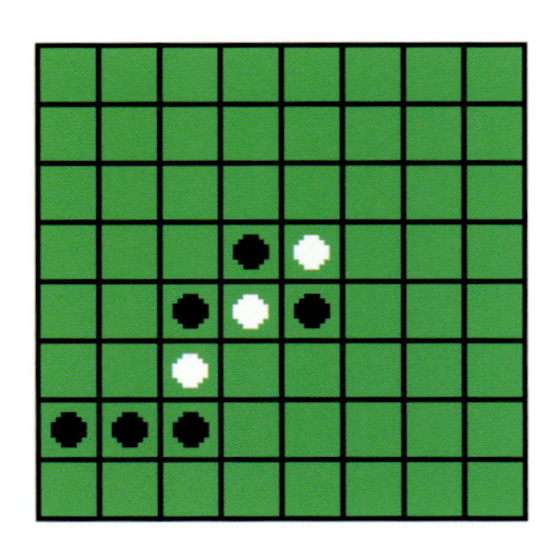

◀ストラテジー
ストラテジー（戦略）ゲームでは常に決断が求められる。よく考えて、正しい選択をして勝利をつかもう。

パイソンのモジュール

パイソンには「モジュール」という、すでに完成しているソースコードが用意されていて、よく使われる命令が入っている。モジュールをソースコードにインポートすれば（組み入れれば）利用できるぞ。便利なモジュールを紹介しよう。

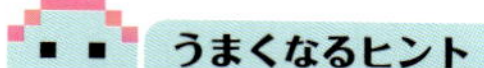

モジュールをダウンロードする

Pygletのようにゲーム作りに利用できるモジュールには、パイソン本体といっしょにダウンロードされるものもある。でもPygameのように、パイソンとは別にダウンロードしなければならないものもあるよ。

▼Pygame

パイソンでゲームを作るためのモジュールだ。ゲームにキャラクターを加えてコントロールすることがかんたんに実現できる。スコアとタイムの更新や、アニメーションとグラフィックの追加、そしてゲームパッドとジョイスティックの利用もできるようになる。最初から組み入れられているわけではないから、パイソンとは別にインストールしよう。

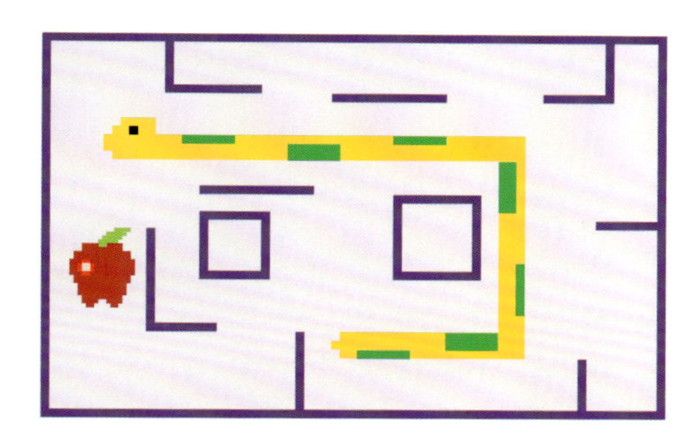

◀Pygame Zero

ゲームプログラミングの初心者用として、とても使いやすいモジュールだ。Pygameのふくざつな機能の一部を使えないようにして、よりシンプルな内容にしてあるよ。これからゲームプログラミングを始める人にはちょうどいいけど、日本語にうまく対応していないので注意が必要だ。

▶Random

ランダムに数字を選んだり、リストをシャッフルして順番を変えたりするモジュールだよ。ゲームに偶然性（ランダムさ）を入れると、とてもおもしろくなるね。サイコロをふるときや、プレイヤーが出会う敵をランダムに決めるときにも使えるぞ。

▶Math

ゲームでかんたんな計算をするときに利用できるモジュールだ。標準モジュールの中に入っているよ。ふくざつな計算をするときは、他のモジュールが必要になるから注意してね。

◀Time

日時をあつかうためのモジュールだ。ゲームがスタートしてから何秒たったかを計算したりするのに使えるね。

◀Tkinter

パイソンでGUI（グラフィカルユーザーインターフェース）を作るためのモジュールだ。GUIを「グイ」と読むこともあるよ。プレイヤーはパイソンのプログラムとやりとりしながらゲームを進められる。プレイヤーがゲームの進行をコントロールするようにもできるぞ。

パイソンのインストール

この本ではPython3を使うよ。パイソンのウェブサイトから無料でダウンロードできる。使っているコンピューターがWindows機ならこのページ、マッキントッシュなら次の17ページの指示にしたがおう。

> キーワード
>
> **IDLE**
>
> Python3をインストールすると、IDLE（統合開発環境）という無料のプログラムがついてくる。初心者向けにデザインされていて、基本的な機能のテキストエディタが使えるよ。これでソースコードを書けるし、編集もできるぞ。
>
> 

Windows機へのインストール

まず使っているWindowsが32bit版か64bit版かを確認しよう。**スタートメニュー**から**設定、システム、バージョン情報**の順に選べば、**システムの種類**という項目に「32（もしくは64）ビットオペレーティングシステム」と書かれているはずだ。

1 パイソンのダウンロード

www.python.orgにアクセスして（日本Pythonユーザ会 https://www.python.jp/ からも行けるよ）、**Downloads**（ダウンロード）をクリックしよう。Download Python ～と書かれたボタンをクリックするか、Windows用で**executalbe installer**と書かれているものを選ぼう。

バージョン番号の先頭が３で始まっていることを確認しよう

- Python 3.7.3 - March 25, 2019
  - Windows x86 executable installer
  - Windows x86-64 executable installer

32ビット版のWindowsを使っているならこちらを選ぶ

64ビット版のWindowsを使っているならこちらを選ぶ

2 パイソンのインストール

ダウンロードしたファイルをダブルクリックして起動し、**Customize installation**を選ぶよ。このとき「Add Python 3.7 to PATH」という項目にチェックを入れる。それから**Advanced Options**の画面になるまで**Next**（次へ）をクリックする。「Install for all users」と「Add Python to environment variables」にチェックを入れたら**Install**（インストール）を選ぼう。

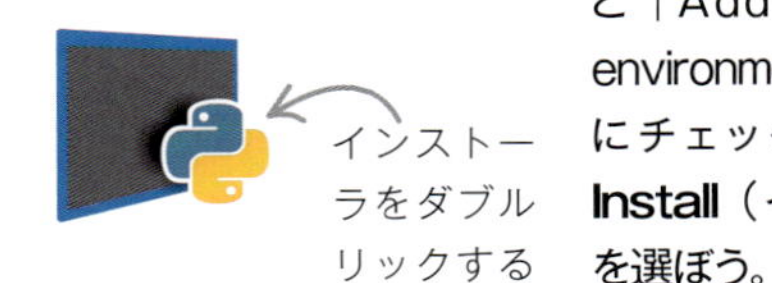

3 IDLEを起動する

インストールが終わったら、IDLEのアイコンを探して起動してみよう。**スタートメニュー**からIDLEを選んでも起動するよ。うまく起動したら下のようなウィンドウが表示されるはずだ。

Python 3.7.3 Shell

File　Edit　Shell　Debug　Window　Help

```
Python 3.7.3 (v3.7.3:ef4ec6ed12, Mar 25 2019, 21:26:53) [MSC v.1916 32 bit
(Intel)] on win32
Type "copyright", "credits" or "license()" for more information.
>>>
```

マッキントッシュへのインストール

マックにPython3をインストールする前に、そのマックで使っているOSをチェックする必要があるね。画面左上のリンゴの形をしたアイコンをクリックして、メニューから「このMacについて」を選ぶよ。

1 パイソンのダウンロード

www.python.orgにアクセスして（日本Pythonユーザ会https://www.python.jp/ からも行けるよ）、**Downloads**（ダウンロード）をクリックしよう。自分のマックのOSに合ったバージョンを選ぶよ。

バージョン番号の先頭が３で始まっていることを確認しよう

- Python 3.7.3 - March 25, 2019
- Download macOS 64-bit/32-bit installer

2 パイソンのインストール

ダウンロードフォルダーの「.pkg」ファイルをダブルクリックしてインストールを始めよう。なにかを聞かれたら**Continue**（続ける）と**Install**（インストール）を選べばいい。設定を変える必要はないよ。

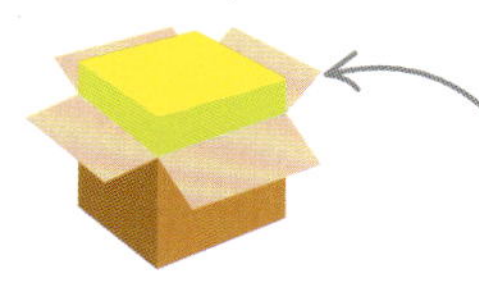

このアイコンをダブルクリックしよう

3 IDLEの起動

インストールが終わったらIDLEを起動できるかチェックしよう。アプリケーションフォルダーの中の**Python**フォルダーにある**IDLE**をダブルクリックすると、下のようなウィンドウが表示されるはずだよ。

```
Python 3.7.3 Shell
IDLE  File  Edit  Shell  Debug  Window  Help
Python 3.7.3 (v3.7.3:ef4ec6ed12, Mar 25 2019, 16:39:00)
[GCC 4.2.1 (Apple Inc. build 5666) (dot 3)] on darwin
Type "copyright", "credits" or "license()" for more information.
>>>
```

うまくなるヒント

Raspberry Pi

Raspberry Pi（ラズベリーパイ）を使っているなら、ダウンロードの必要はないよ。すでにPythonの２と３がインストールされているからね。この本ではPython3を使っているのを忘れないようにしよう。探して開いてみよう。うまく動くかな？

Pygame Zeroのインストール

次はゲーム作りに便利なものを追加しよう。この本では「Pygame」と「Pygame Zero」の２種類のモジュールが必要になるよ。パイソンをインストールしただけでは、この２つはついてこない。それぞれ別にインストールしなければならないぞ。

Windows機へのインストール

次のステップを順に実行して、最新のPygameとPygame Zeroをインストールしよう。コンピューターがインターネットにつながっていないとインストールできないぞ。

うまくなるヒント

管理者として行う

コンピューターには管理者（Administrator）のアカウントでサインインしているかな？管理者でないとうまくインストールできないよ。あと、自分の持ち物ではないコンピューターに新しいソフトウェアをインストールするときは、必ず持ち主の許可をとるようにしよう。

＊うまくいかないときはコマンドプロンプトを開き直すよ。スタートメニューのコマンドプロンプトのアイコン上で右クリックし、メニューの「その他」から「管理者として実行」を選んでウィンドウを開こう。

1 コマンドプロンプトを開く

スタートをクリックし、メニューから**Windowsシステムツール**のフォルダーを探そう。**コマンドプロンプト**を見つけたらクリックだ。コマンドプロンプトでは、命令を１行ずつ入力してエンター（リターン）キーを押していく。文字はもちろん、スペースも正しい位置に入れないと動かないよ。

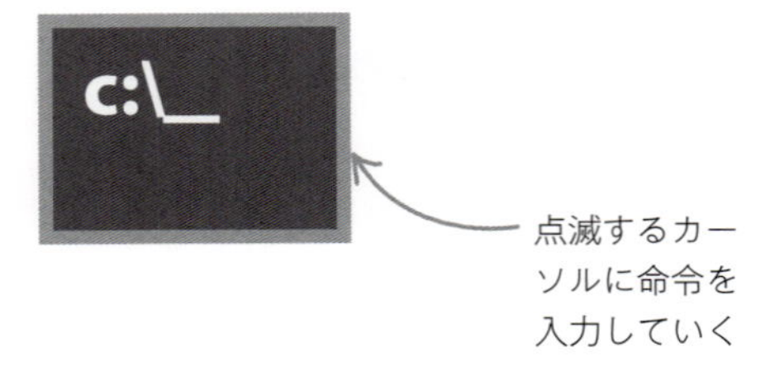

点滅するカーソルに命令を入力していく

2 パッケージマネージャーをインストールする

パイソンをインストールすると「pip」という名前のパッケージマネージャーも同時にインストールされる。pipはPygame Zeroなどのモジュールをインストールしやすくするツールだ。コマンドプロンプトに下のように入力してエンター（リターン）キーを押そう。

コマンドプロンプト

```
python -m pip install -U pip
```

3 Pygameのインストール

パッケージマネージャーがインストールされたら、下のように命令を入力してエンター（リターン）キーを押す。これでPygameがインストールされるぞ。

```
pip install pygame
```

4 Pygame Zeroのインストール

最後に下のような命令を入力してエンター（リターン）キーを押すよ。これでPygame Zero（短くpgzeroと書かれている）がインストールされる。

```
pip install pgzero
```

マッキントッシュへのインストール

次のステップを順に実行して、最新のPygameとPygame Zeroをインストールしよう。コンピューターがインターネットにつながっていないとインストールできないぞ。

うまくなるヒント
トラブルかな？

Pygameなどのモジュールのインストールは、最初はむずかしく感じてしまうかもしれない。Pygame Zeroのサイト（https://pygame-zero.readthedocs.io）に説明がのっているけど、残念ながら英語しかないよ。

1 ターミナルを開く

モジュールをインストールするにはターミナルというアプリを使う必要があるよ。**アプリケーション**フォルダーか、**ユーティリティ**フォルダーを開いて探してみよう。次のステップからは、入力する命令を打ちまちがえないよう注意してね。

ターミナルのアイコンはこんな感じだ

2 パッケージマネージャーのインストール

パッケージマネージャーのHomebrewを使えば、モジュールをかんたんにインストールできるようになる。右のように入力してエンター（リターン）キーを押そう。パスワードをもう一度入力させられるのと、インストールに時間がかかる点に気をつけよう。反応がなかったら少し待とう。

ターミナルのウィンドウに黒字の部分を入力する。文字をまちがえたり、よけいなスペースを入れたりしないようにしよう

```
Rabiahma – bash – 80x24
Last login: Thu Sep 14 11:22:51 on ttys000
LC-0926:~ rzvz ruby -e "$(curl -fsSL https://raw.git
hubusercontent.com/Homebrew/install/master/install)"
```

1行目からつづけて入力しよう

3 パイソン3をチェックする

Homebrewはパイソン3がインストールされているかチェックするよ。パイソン3が見つからなければインストールしてくれる。パイソン3がインストールずみでも、きちんとインストールされているかチェックするのは大事だよ。

```
brew install python3
```

数字の前にスペースは入れないぞ

4 その他のツール

右のように命令を入力してエンター（リターン）キーを押そう。Homebrewに、Pygame Zeroが必要とするツールをいくつかインストールしてもらうぞ。

```
brew install sdl sdl_mixer sdl_sound sdl_ttf
```

5 Pygame のインストール

いよいよPygameのインストールだ。右のように命令を打ちこんでエンター（リターン）キーを押すよ。

```
pip3 install pygame
```

6 Pygame Zeroのインストール

最後に右の命令を入力してPygame Zeroをインストールだ。

```
pip3 install pgzero
```

IDLEを使ってみる

IDLE（統合開発環境）では２種類のウィンドウを使うぞ。エディタウィンドウはソースコードの読み書きとセーブに使え、シェルウィンドウではプログラムをすぐに動かしてみることができるよ。

シェルウィンドウ

IDLEを起動するとシェルウィンドウが開く。ファイルを先に作らなくてもプログラミングを始められる便利なウィンドウだ。シェルウィンドウにソースコードをそのまま打ちこめばいい。

▼シェルウィンドウで動かしてみる
シェルウィンドウでプログラムを動かして正しく書かれているかチェックし、それから大きなプログラムに組みこむことができる。シェルウィンドウに命令を入力すればすぐに実行され、バグ（プログラムのまちがい）がないか、メッセージを表示してくれるよ。

Python 3.7.3 Shell

IDLE　File　Edit　Shell　Debug　Window　Help

```
Python 3.6.2 (v3.6.2:5fd3365926, Aug 15 2017, 13:38:16)
[GCC 4.2.1 (Apple Inc. build 5666) (dot 3)] on darwin
Type "copyright", "credits" or "license()" for more information.
>>> from turtle import *
>>> forward(200)
>>> left(90)
>>> forward(300)
>>>
```

これはかんたんな図形を描く命令だ。試しにこのとおり入力して（キーボードから打ちこんで）みよう

＞＞＞（プロンプト）のうしろにソースコードを打っていくよ

今使っているパイソンのバージョンだ

この部分は、使っているオペレーティングシステムによってちがってくるぞ

うまくなるヒント

２つのウィンドウ

この本ではどちらのウィンドウに入力すればいいのかわかりやすくするため、２種類のウィンドウを色でわけているよ。

シェルウィンドウ

エディタウィンドウ

```
>>> print("You've unlocked a new level!")

>>> 123 + 456 * (7 / 8)

>>> ''.join(reversed("Time to play"))
```

▲シェルウィンドウで実験だ
上のソースコードをシェルウィンドウで入力して、１行ごとにエンター（リターン）キーを押してみよう。１行目ではメッセージが表示され、２行目では計算が行われる。３行目では何をするかわかるかな？

エディタウィンドウ

シェルウィンドウに入力したソースコードは保存できないから、ウィンドウを閉じると二度と見られなくなってしまう。だからゲームを作るときはエディタウィンドウを使おう。エディタウィンドウならソースコードを保存できるぞ。その上、すでに用意されているツールを利用できるし、バグ探しの手助けもしてくれるよ。

▼エディタウィンドウ

IDLEでエディタウィンドウを開くには、左上の**File**（ファイル）メニューから**New File**を選ぶよ。すると何も入力されていないウィンドウが現れるぞ。この本のゲームを作るときは、このエディタウィンドウでソースコードの読み書きをするよ。

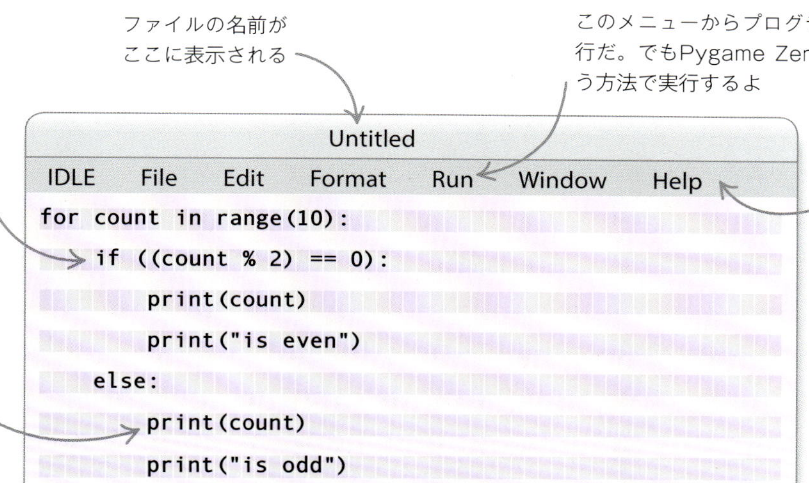
ここにソースコードを入力する。サンプルで書かれているのは、偶数(even)と奇数(odd)のリストを出力（表示）するプログラムだね
ファイルの名前がここに表示される
このメニューからプログラムを実行だ。でもPygame Zeroはちがう方法で実行するよ
Untitled
IDLE File Edit Format Run Window Help
for count in range(10):
if ((count % 2) == 0):
print(count)
print("is even")
else:
print(count)
print("is odd")
パイソンに何か表示するよう命令すると、シェルウィンドウに表示する
エディタウィンドウのメニューバーは、シェルウィンドウとはちがっているよ

うまくなるヒント

ソースコードの色わけ

IDLEはソースコードを調べて、それぞれの部分がどのような役目なのか、色をつけて示してくれる。ソースコードを理解しやすくなるし、まちがいを探すときにも助かるね。

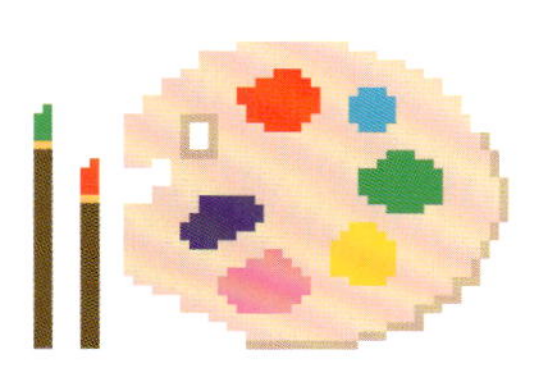

記号と名前
黒い字になる部分は多いよ。

出力
プログラムを動かしたときに表示される文字は青色だ。

用意されている命令
print()のようなパイソンの命令はむらさき色になる。

キーワード
ifや**else**のような特別な言葉（キーワード）は、オレンジ色になるね。

エラー
ソースコードにまちがいがあると、赤色で教えてくれるぞ。

文字列
クォーテーションで囲まれた文字は緑色になる。これを文字列と呼ぶんだ。

最初のプログラム

パイソン、Pygame、PygameZeroをインストールしたら、さっそくプログラムを作ってみよう。君にとって初めてのパイソンのプログラムだ。メッセージを画面に表示するだけのシンプルなプログラムだよ。

うまくなるヒント

注意して入力しよう

ソースコードを書くときは、この本に書かれているとおりに入力してね。文字をまちがえた行が1つだけあっても、プログラム全体がうまく動かなくなるからね。

しくみ

ゲーム作りを始める前に、かんたんなプログラムを作ってみよう。Pygame Zeroを使って、画面に「Hello」（こんにちは）と表示するプログラムだ。

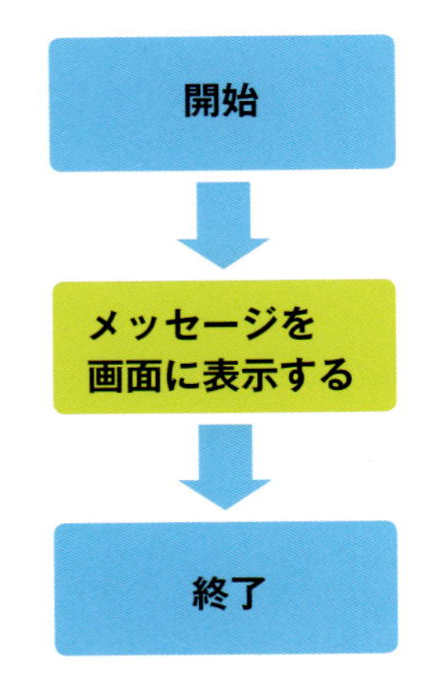

▲プログラムのフローチャート
ゲームを作るとき、プログラマーはフローチャートという図を描く。これはプログラムがどのように動くかを示した図だ。1つ1つのステップが四角形などの図形で表され、次のステップに矢印でつながっている。複雑なゲームになると、もっとたくさんの図形や矢印が使われるぞ。

1 フォルダーを用意する
まずpython-gamesという名前のフォルダーを見つけやすいところ（例えばデスクトップ）に作っておこう。このフォルダーの中にさらにフォルダーを作ってhelloという名前をつけておくぞ。（＊この本のサンプル画面はマッキントッシュで表示されるものに準じています）

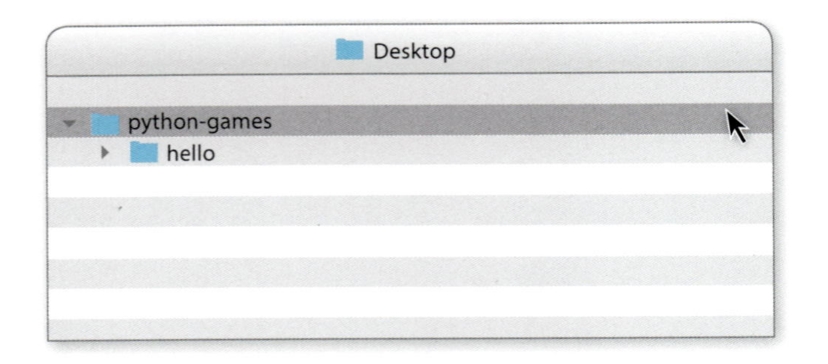

2 IDLEを起動する
IDLEを起動して**File**メニューから**New File**を選ぶ。何も書かれていないエディタウィンドウが表示されるね。このウィンドウにソースコードを書いていこう。

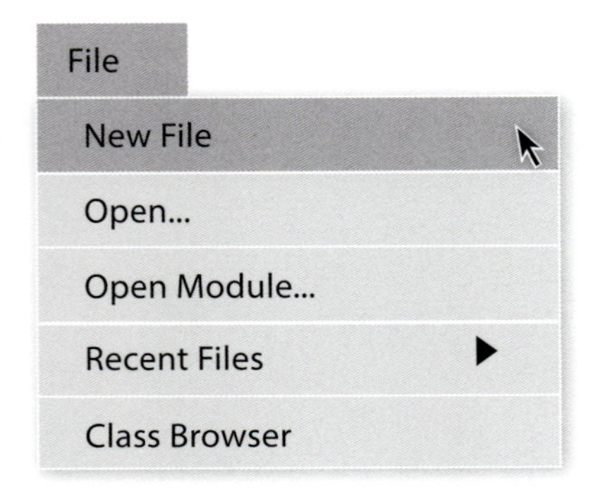

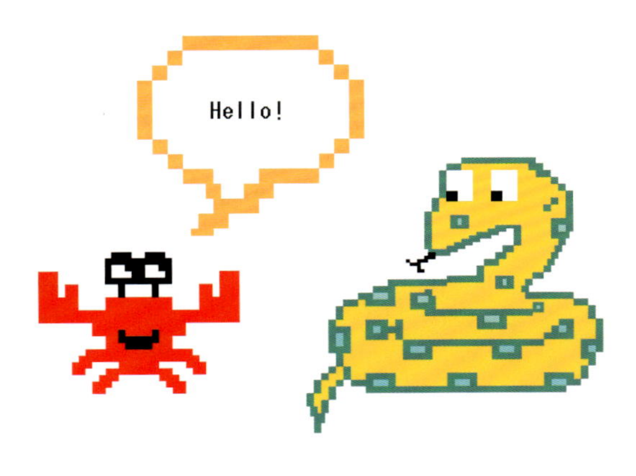

3 1行目を書く

最初の行に下のように入力しよう。入力したらエンター（リターン）キーを押そう。

```
def draw():
```

このコードは画面に何かを描くときに使うよ

前に進もう！

4 2行目を書く

次に2行目だ。先頭に半角スペースが4つ入っているかチェックしよう。これはインデント（字下げ）といって、正しく字下げしていないとプログラムが動かないぞ！

```
def draw():
    screen.draw.text("Hello", topleft=(10, 10))
```

自動的に字下げにならないときは、自分で半角スペースを4つ入れる

かっことじは2ついるはずだね

> うまくなるヒント
>
> **インデント**
>
> 2行目の先頭には半角スペースが4つ入っていないといけない。これをインデント（字下げ）と呼ぶよ。このインデントによって、ソースコードの一まとまり（ブロック）を区切っている。もし入れ忘れたりまちがった場所に入れたりしてしまうと、プログラムが動かないよ。インデントのミスは、パイソンではよくあることだね。

5 ファイルをセーブする

それではファイルをセーブしよう。**File**メニューから**Save As**を選び、hello.pyという名前で、さっき作ったフォルダーにセーブするんだ。

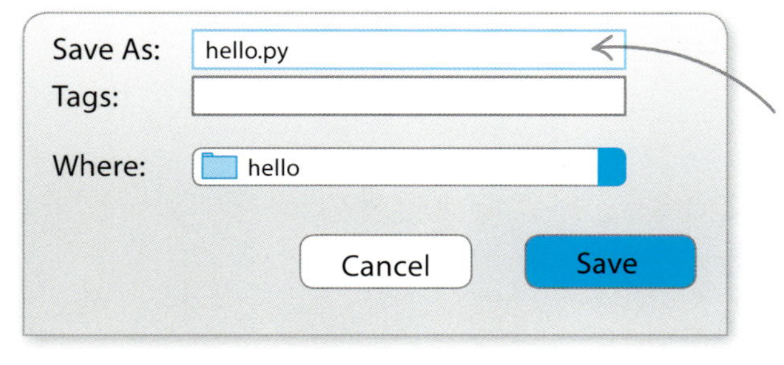

セーブするときには、自動的に「.py」という拡張子が最後につくよ。だから.pyまで入力しなくても大丈夫だぞ

> うまくなるヒント
>
> **ソースコードのセーブ**
>
> プログラムを動かす前にソースコードは必ずセーブしよう。ソースコードを変えたときは、特にセーブが重要になる。もしセーブしないで実行しようとすると、古いソースコードの方が使われてしまうぞ。

プログラムを動かしてみる

ゲーム作りにはPygame Zeroを使うぞ。パイソンとはプログラムの動かし方がちがうけど、なれてしまえばむずかしくはないよ。

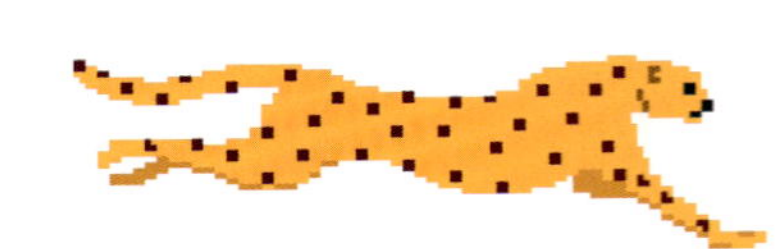

6 コマンドプロンプト(ターミナル)を開く

コマンドラインを使ってプログラムを動かす。ウィンドウズ機ならコマンドプロンプトを使い、マッキントッシュならターミナルを使おう。

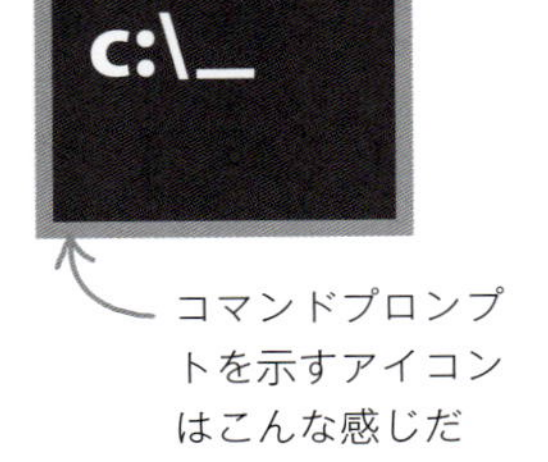

コマンドプロンプトを示すアイコンはこんな感じだ

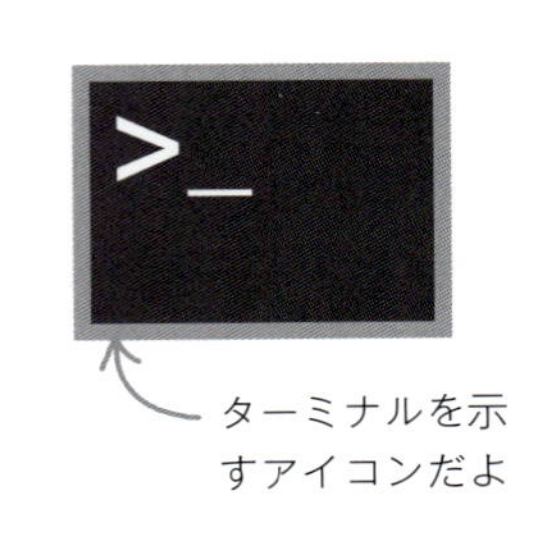

ターミナルを示すアイコンだよ

7 Pygame Zeroのコマンド

Pygame Zeroにプログラムを動かすよう命令するには、コマンドラインに**pgzrun**と打ちこみ、次に半角スペースを入力する。まだエンター（リターン）キーは押さないでね！

Sanjay – bash – 80x24

```
Last login: Sun Sep 3 17:18:36 on ttys000
LC-0797:~ sanjay$ pgzrun
```

pgzrunの後に半角スペースを忘れず入れる

8 ファイルをドラッグ・アンド・ドロップする

ウィンドウは開いたままにして、エクスプローラー（Windows機の場合）やファインダー（マッキントッシュの場合）で、IDLEファイルをセーブしたフォルダーを開こう。hello.pyというファイルが見つかったら、コマンドラインのところにドラッグ・アンド・ドロップしよう。

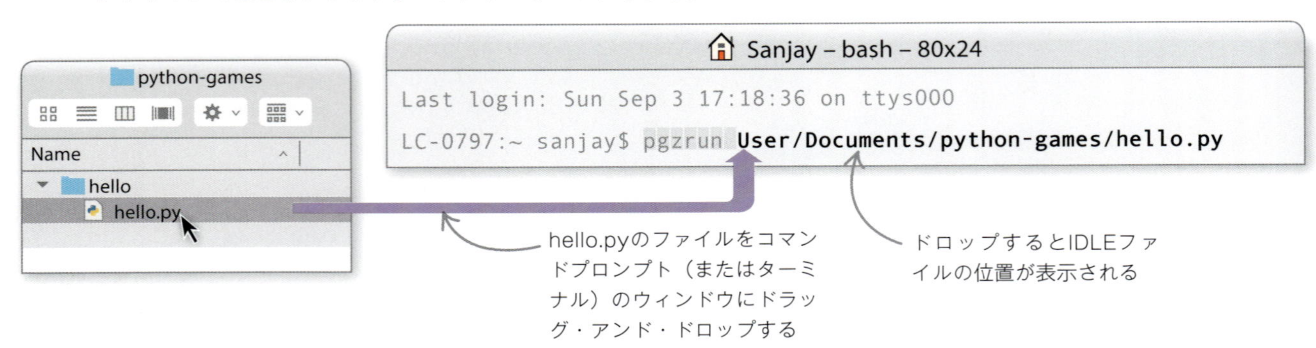

hello.pyのファイルをコマンドプロンプト（またはターミナル）のウィンドウにドラッグ・アンド・ドロップする

ドロップするとIDLEファイルの位置が表示される

9 プログラムを動かす

pgzrunという命令を打ちこみ、IDLEファイルの位置も入力できたね。それではエンター（リターン）キーを押してPygame Zeroを起動してみよう。

10 モニターに表示される

プログラムが正しく動けば、「Hello」というメッセージが左上に表示されたウィンドウが現れるはずだ！

うまくなるヒント

もう一度プログラムを動かす

プログラムを作っているときには、何度も同じプログラムを実行してバグをチェックすることになる。こんなとき、コマンドプロンプトやターミナルで上向き矢印キーを押せば、最近入力したコマンドがつぎつぎに表示されて入力の手間を省けるよ。どれかを選んでエンター（リターン）キーを押せば、もう一度プログラムを動かせるね。ゲームが実行中なら、そのゲームのウィンドウを閉じてしまおう。そうしないと再実行しようとしても何も起こらないぞ。

IDLEを使ってプログラムを実行する

Pygame ZeroのプログラムはIDLEでも動かせるよ。ソースコードに下のように２行追加すればいい。この追加の２行を書くのは、プログラムを書き終えてからの方がいいね。

1 ソースコードの一番上に**import pgzrun**と書きこみ、一番下に**pgzrun.go()**と書き入れればいいよ。自分で作ったプログラムはこの２行の間にはさまれる形になるね。

この行が第１行目になる

```
import pgzrun
def draw():
    screen.draw.text("Hello", topleft=(10, 10))
pgzrun.go()
```

この行が最終行になる

2 IDLEでプログラムを動かすには、**Run**メニューから**Run Module**を選ぶか、**F5**キーを押せばいいよ。

Run	
Python Shell	
Check Module	
Run Module...	F5

注意！

まちがいを直す

プログラムを実行したのに何も起こらなかったり、エラーメッセージが出てきたりしてもあわててはいけないぞ。このようなまちがい（「バグ」と呼ぶよ）はプログラミングではよくあることだ。エラーメッセージが表示されたら、次の点をチェックしてみよう。

- この本に書かれているとおりに入力できているかな？
- 正しいフォルダーにファイルをセーブしたかな？
- pgzrunという命令を正しく入力したかな？
- PygameとPygame Zeroはきちんとインストールされているかな？

2

パイソンの基本

変数(へんすう)を作る

変数は情報の入れ物で、中身がわかるようにラベルをはっておける。スコアを記録したり、残りライフを記録したりと、プログラム作りでは変数を使うことが多いぞ。

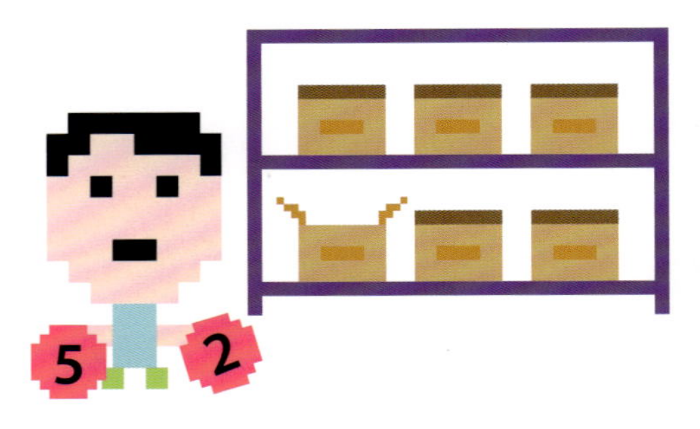

▲整理用の箱
変数は、ラベルをはった箱のようなものだ。箱の中にデータを入れておき、必要になったらラベルを頼りにデータを探し出すんだ。

変数の作り方

中身がすぐにわかるよう、それぞれの変数にふさわしい名前をつけるようにしよう。変数の中身は「値(あたい)」というよ。変数名のあとに等号(イコール「=」の記号のこと)を書き、そのあとに値を書けばいい。変数名、等号、値の間には半角スペースを1つずつ入れる。これが、変数に「値を代入する」方法だよ。

1 値を代入する

IDLEのシェルウィンドウを開き、右のようにソースコードを入力しよう。**score(スコア)**という変数を作って値を代入しているね。

```
>>> score = 0
```

これが変数の名前

こちらが変数に代入された値だ

2 値を表示してみる

ステップ1で入力した次の行に**print(score)**と入力してみよう。エンター(リターン)キーを押して何が起こるか見てみよう。

```
>>> score = 0
>>> print(score)
0
```

変数**score**の値だ

print()関数は、かっこの中に名前が書かれた変数の値を画面に表示する

うまくなるヒント

変数の名前のつけ方

変数には意味のある名前をつけるよう心がけよう。例えばプレイヤーがあと何回トライできるかを記録する変数には、**t**や**try**(トライ)だけではなく**try_remaining**(残りのトライ数)という名前の方がふさわしいね。変数の名前には文字、数字、アンダースコアが使えるけれど、1文字目は数字以外の文字でないといけない。ルールをまとめておくから、まちがえないようにしよう。

変数名のルール

- 1文字目は数字ではない文字にする。
- 文字(数字をふくむ)はどれでも使える。
- 「-」「/」「#」「@」など使えない記号がある。
- スペースは使えないので、代わりにアンダースコア(_)を使おう。
- 英字の大文字と小文字は区別されるので、Scoreとscoreは別の変数になる。
- functionやscreenのように、パイソンとPygame Zeroの命令として使われているものは変数名にできない。

数をあつかう

変数に数を代入して、計算に使うこともできる。計算するときは、算数と同じように記号を使おう。でも右の表をよく見ると変なところがあるね。「かけ算」と「わり算」の記号は、いつも使っているのとはちがうぞ。

記号	意味
+	足し算
-	引き算
*	かけ算
/	わり算

1 かんたんな計算

シェルウィンドウに下のように入力しよう。ここではxとyという名前の2つの変数に整数を代入して、かけ算をしているよ。エンター（リターン）キーを押して答えを見てみよう。

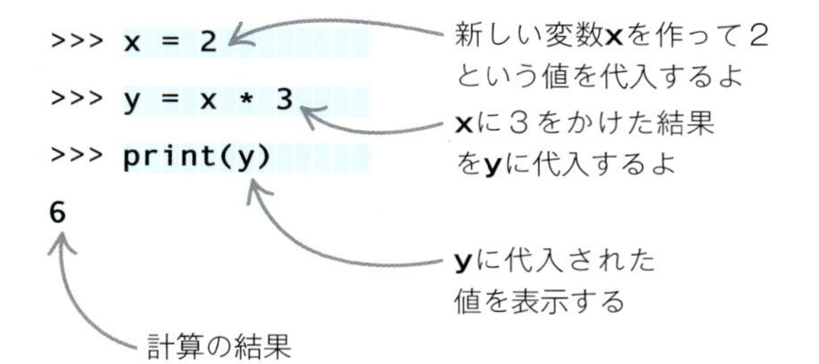

>>> x = 2
>>> y = x * 3
>>> print(y)
6
新しい変数xを作って2という値を代入するよ
xに3をかけた結果をyに代入するよ
yに代入された値を表示する
計算の結果

*
=

3 もう一度計算する

yの値を変えるには、計算し直した結果をyに入れなければならないんだ。y=x*3という計算をもう一度行おう。値が変わったxで計算し直した結果がyに代入されるよ。

```
>>> x = 5
>>> y = x * 3
>>> print(y)
15
```

yの値を計算し直さなければならない

2 値を変えてみる

変数の値を変えるには、新しい値を代入すればいい。下のソースコードではxに5を代入しているね。もう一度yの値を表示してみよう。どんな結果になるだろう？

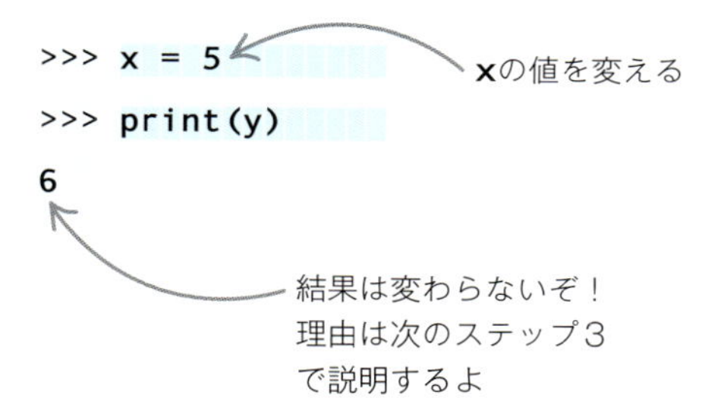

>>> x = 5
>>> print(y)
6
xの値を変える

結果は変わらないぞ！
理由は次のステップ3で説明するよ

キーワード

整数と浮動小数点数

プログラミングでは、タイプがちがう数を変数に代入できる。小数点がつかない数はすべて整数、小数点がついている数は浮動小数点数というタイプだ。整数はプレイヤーのスコアなど何かを数えるときによく使われ、浮動小数点数は温度など何かを計るときによく使われるね。

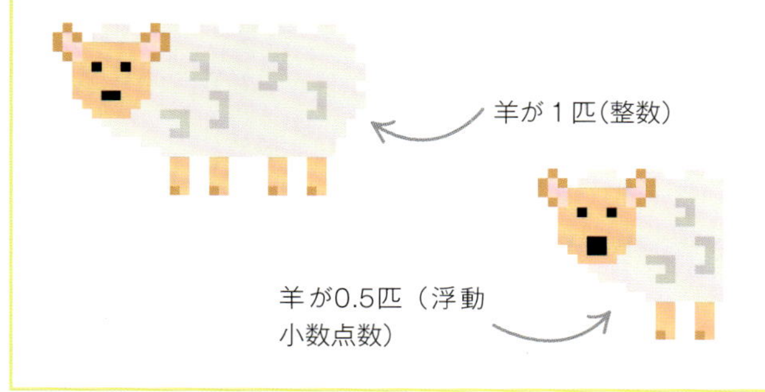

羊が1匹(整数)
羊が0.5匹（浮動小数点数）

文字列を使う

文字列とは文字や記号が並んだデータのことだよ。プログラムは単語や文を文字列として記録する。パイソンで書かれたたいていのプログラムは、どこかで文字列を利用しているよ。キーボードでそのまま打てる文字や記号は文字列として記録できるぞ。

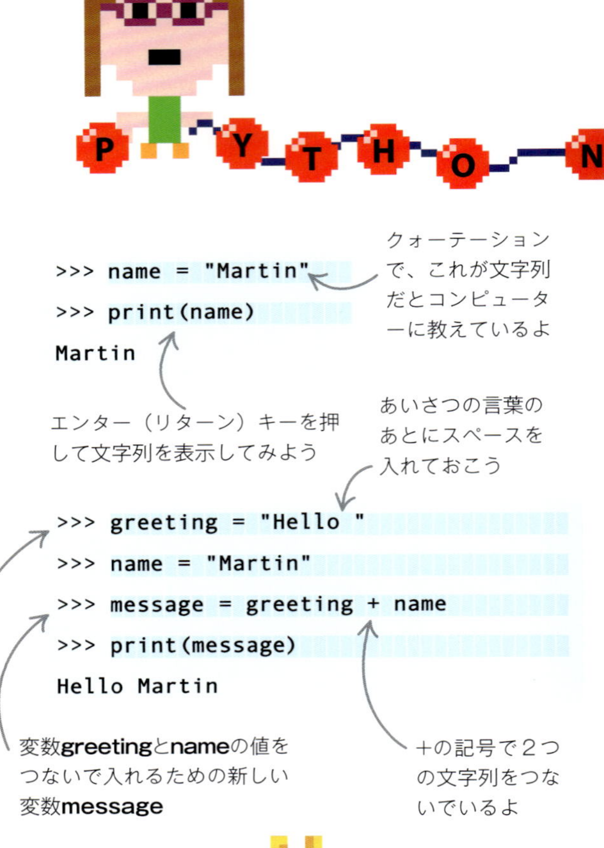

1 変数に文字列を入れる

文字列は変数に代入できるよ。シェルウィンドウに右のように入力してみよう。文字列の**Martin**を変数**name**に入れてから、画面に表示するよ。文字列はクォーテーションではさみ、どこで始まりどこで終わるかをはっきり示そう。

```
>>> name = "Martin"
>>> print(name)
Martin
```

クォーテーションで、これが文字列だとコンピューターに教えているよ

エンター（リターン）キーを押して文字列を表示してみよう

2 文字列をつなぐ

文字列の入った変数同士をつないで、新しい文字列を作れるよ。例えば2つの変数にそれぞれ文字列を入れておき、2つをつないだ文字列を第3の変数に代入するんだ。シェルウィンドウで右のように入力してみよう。変数**greeting**（あいさつ）と変数**name**（名前）から、新しい変数**message**（メッセージ）を作れるよ。

あいさつの言葉のあとにスペースを入れておこう

```
>>> greeting = "Hello "
>>> name = "Martin"
>>> message = greeting + name
>>> print(message)
Hello Martin
```

クォーテーションを忘れないように

変数**greeting**と**name**の値をつないで入れるための新しい変数**message**

＋の記号で２つの文字列をつないでいるよ

うまくなるヒント

文字列の長さ

プログラムによっては、文字列の中の文字数を数えられると便利だ。関数（かんすう）**len( )**を使えば文字列の長さ（文字数）がわかるよ。関数は何行ものソースコードからできているけれど、使うときはソースコードをすべて打ちこむ必要はなく、関数の名前とかっこを書けばいいんだ。**Hello Martin**という文字列の長さを知りたければ、シェルウィンドウで文字列を変数に代入したあと、下のように入力してエンター（リターン）キーを押せばいい。

```
>>> len(message)
12
```

スペースを含む文字数が数えられるぞ

リストを作る

リストはデータの集まりを入れておくのに使うよ。いろいろな値を並べて入れておけるんだ。スナップのようなトランプゲームなら、手札をリストに入れておけば順番に出しやすくなる。それぞれの値がリストのどの位置に入れられているかは、0から始まる番号で示している。この番号を使えば、リストの中の値を変えられるよ。

1 いくつもの値

トランプゲームを作っているとしよう。カード1枚につき変数を1つ使うとしたら、全体で52（ジョーカーを入れれば53だね）の変数が必要になる。今は説明しやすくするため、カードは6枚だけということにしよう。

```
>>> card1 = "1 hearts"
>>> card2 = "2 hearts"
>>> card3 = "3 hearts"
>>> card4 = "4 hearts"
>>> card5 = "5 hearts"
>>> card6 = "6 hearts"
```

リストを使えばこのように入力する必要はないぞ

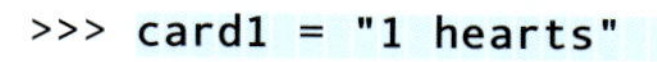

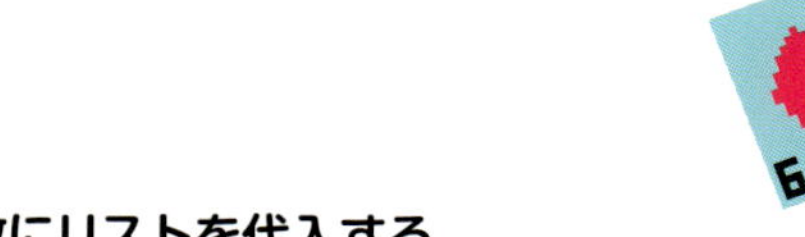

2 変数にリストを代入する

たくさんの変数にカードの値をいちいち代入するよりは、リストを1つ作ってすべての値を入れてしまった方が楽だね。リストを作るには、中に入れるデータを角かっこ[ ]で囲めばいい。

リストの中のアイテムはカンマで区切ろう

```
>>> cards = ["1 hearts", "2 hearts", "3 hearts", "4 hearts", "5 hearts", "6 hearts"]
```

このリストは変数cards（カード）に代入されたね

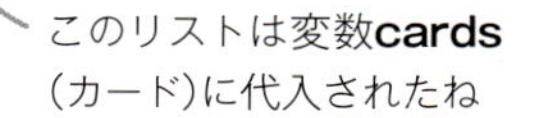

3 リストのアイテムを取り出す

データをすべてリストに入れてしまえば、あとは楽に使えるよ。リストからアイテムを取り出すには、リストの名前のすぐうしろに角かっこを書き、その中にアイテムの順番を示す数を入れればいい。ただしパイソンではリストのアイテムを数えるとき、最初のアイテムは1番ではなく0番になる。リストcardsからカードを取り出してみよう。

この行は最初（0番）のアイテムを取り出しているね

```
>>> cards[0]
>>> "1 hearts"
>>> cards[5]
>>> "6 hearts"
```

この小さなリストの最後は5番だ。もしトランプ全部を使っているなら最後は51番（ジョーカーを入れるなら52番）になる

リストの最後に入っている値だよ

判断する

ゲームをプレイしていると、次に何をするか判断をせまられることがあるね。「ライフはまだ残っている？」「誰かがあとをつけてきている？」「ハイスコアを出したかな？」というように、イエスかノーで答えられる問いかけをもとに判断する場合が多いはずだ。

くらべる質問

コンピューターも自分に問いかけて、その答えをもとに判断している。問いかけでは、「ある数が他の数よりも大きいか？」というように1つの値を別の値とくらべているのがふつうだ。もし大きいならソースコードの特定のブロックを実行せずに飛ばし、大きくないならそのブロックを実行することになる。

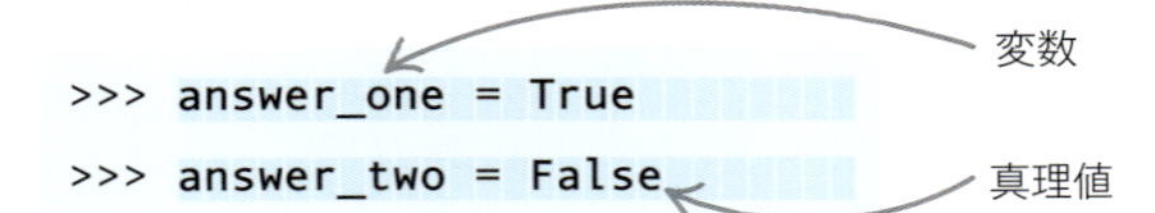

>>> answer_one = True
>>> answer_two = False
変数
真理値

どちらの
ドアを選ぶ？

▲真理値

コンピューターが自分に問いかけるのは、True（真：正しい）とFalse（偽：まちがい）の2つの答えしかない質問だよ。TrueとFalseを真理値と呼び、パイソンでは1文字目のTとFを必ず大文字にする。真理値は変数にも入れられる。真理値をブール値、真偽(しんぎ)値、論理値と呼ぶこともあるよ。

記号	意味
==	等しい
!=	等しくない
<	より小さい
>	より大きい

▲論理演算子

上の記号は「論理演算子(えんざんし)」と呼ばれる。コンピューターが問いかけをするとき、何かをくらべるのに使うよ。

うまくなるヒント

=（イコール記号）

パイソンではこの記号を1つだけ書く場合と、2つ続けて書く場合がある。1つか2つかで意味がちがっている。「=」を1つ使うのは**lives = 10**というように変数**lives**（残りライフ）に**10**という値を代入するとき。「==（ダブルイコール）」を使うのは、下のように2つの値をくらべるときだ。

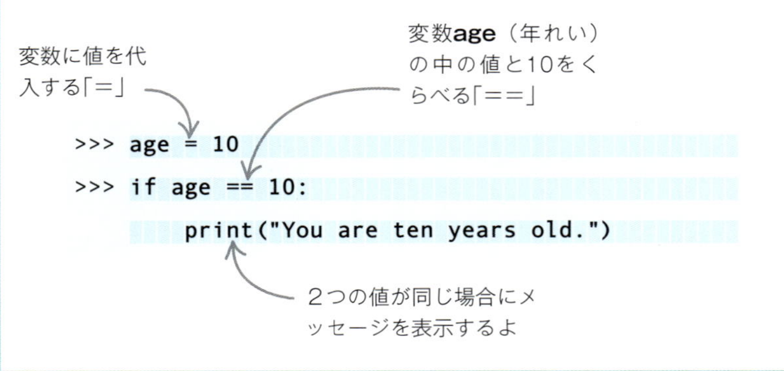

変数に値を代入する「=」
変数**age**（年れい）の中の値と10をくらべる「==」
>>> age = 10
>>> if age == 10:
print("You are ten years old.")
2つの値が同じ場合にメッセージを表示するよ

モンスターとコイン

ここではシェルウィンドウでくらべる実験をしてみる。変数monstersとcoinsは、それぞれ３びきのモンスターと４枚のコインを表すよ。下のようにソースコードを入力してね。

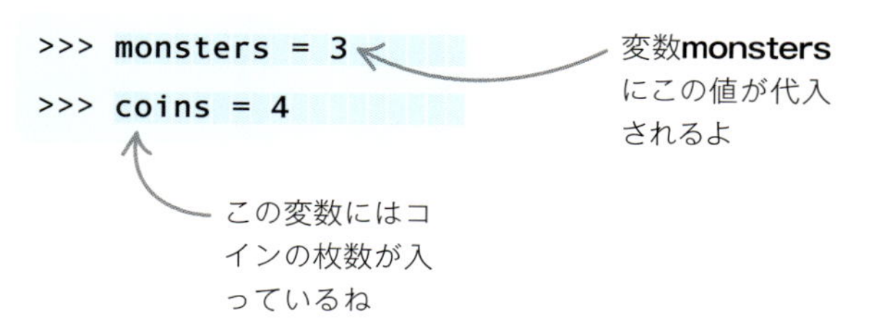

▼くらべてみよう

下のように入力して、２つの変数の値をくらべてみよう。それぞれの行を入力してエンター（リターン）キーを押せば、その論理式がTrue（真：正しい）かFalse（偽：まちがい）かを教えてくれるぞ。

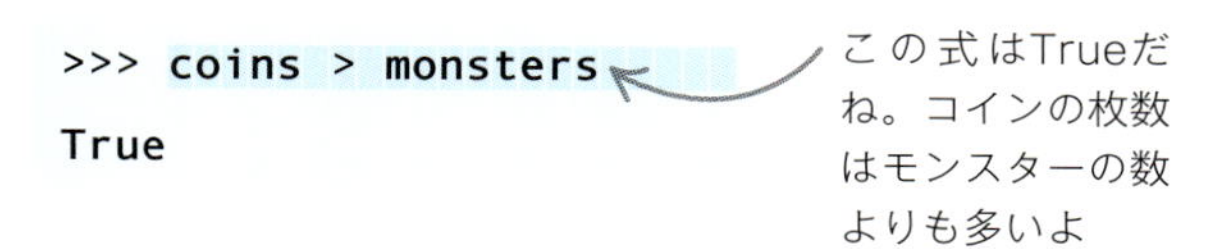

>>> coins > monsters
True
この式はTrueだね。コインの枚数はモンスターの数よりも多いよ

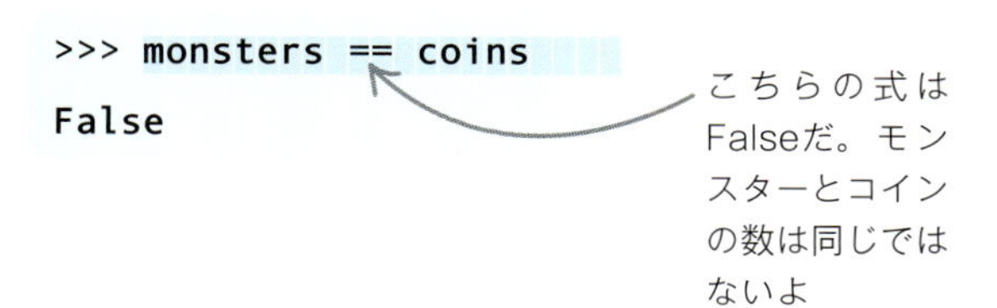

>>> monsters == coins
False
こちらの式はFalseだ。モンスターとコインの数は同じではないよ

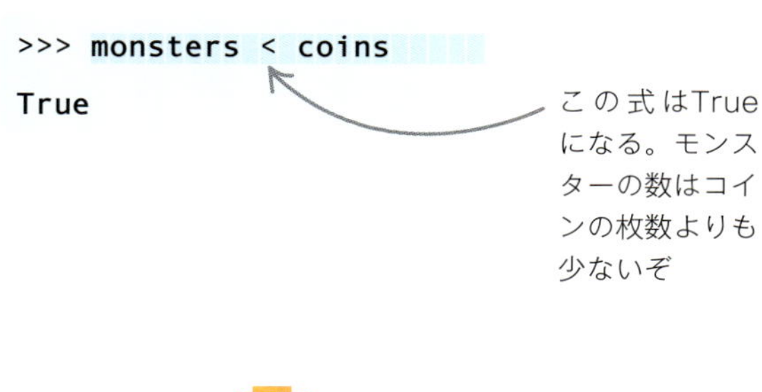

>>> monsters < coins
True
この式はTrueになる。モンスターの数はコインの枚数よりも少ないぞ

キーワード

論理式

変数、値、論理演算子を使った式の答えは真理値（TrueかFalse）になる。このような式を論理式と呼ぶよ。モンスターとコインについての式は、どれも論理式だね。

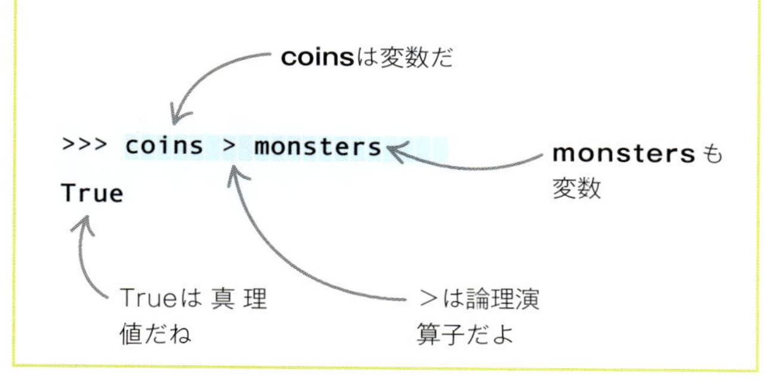

▼複数の論理式

パイソンではandやor（この２つも論理演算子として使うよ）を利用して、いくつもの論理式を組み合わせられるよ。

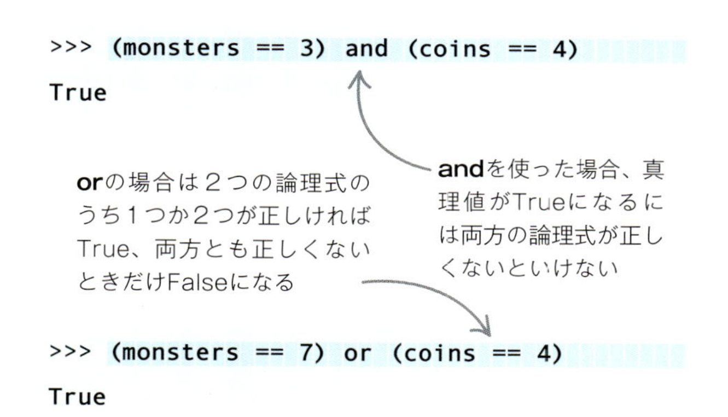

>>> (monsters == 3) and (coins == 4)
True
andを使った場合、真理値がTrueになるには両方の論理式が正しくないといけない
orの場合は２つの論理式のうち１つか２つが正しければTrue、両方とも正しくないときだけFalseになる
>>> (monsters == 7) or (coins == 4)
True

レベルアップ

２つのレベルがあるゲームをプレイしているとしよう。レベル１から２に上がるには、魔法のカタツムリを最低４ひき集めて、スコアが100を超えていないといけない。君のスコアは110ポイントになっているけれど、カタツムリは３びきしかいないぞ。シェルウィンドウを使って、レベル２になれるかチェックしてみよう。まずスコアとカタツムリの数を記録するための変数を作り、それぞれに数を代入しよう。それからレベル２になる条件を論理式で書いてみるよ。

L1
L2

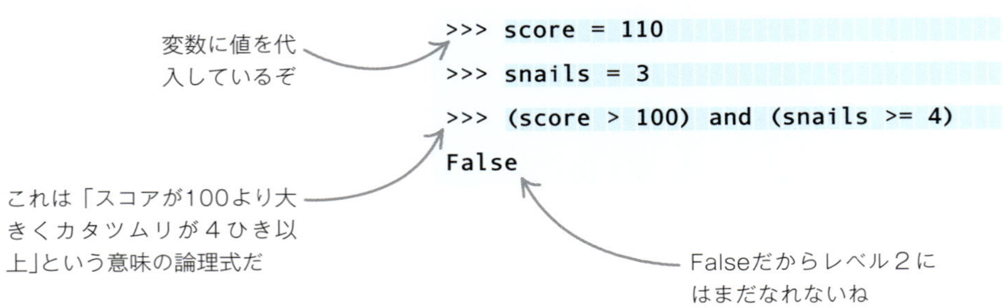

```
>>> score = 110
>>> snails = 3
>>> (score > 100) and (snails >= 4)
False
```

変数に値を代入しているぞ
これは「スコアが100より大きくカタツムリが４ひき以上」という意味の論理式だ
Falseだからレベル２にはまだなれないね

分岐

ゲームをプレイしていると、何か判断をしなければならないときがあるね。右に曲がって図書館を探すべきか、左に曲がってキッチンを見にいくべきか？ プログラムの中には、特定の状況でないと使われない部分があるよ。つまりコンピューターも判断をして、プログラムのどの部分を使うか選んでいるんだね。

◀ボールの行方
サッカーをしていて、ゴールのどちら側にシュートするか決めなければならないとしよう。「キーパーはゴールの左よりにいる」と思ったら、ゴールの右側をねらえばいい。逆に右よりにいると思ったら、ねらうのは左側だね。パイソンのプログラムでは、通るルートによってソースコードのちがうブロックが実行される。コンピューターは論理式や条件によって、どのブロックを使うか決めているよ。

▼1つの条件に合えば実行する

一番かんたんな、if文を1つ使った分岐の命令だ。条件がTrueのときに実行するブロックが1つだけ用意されているよ。

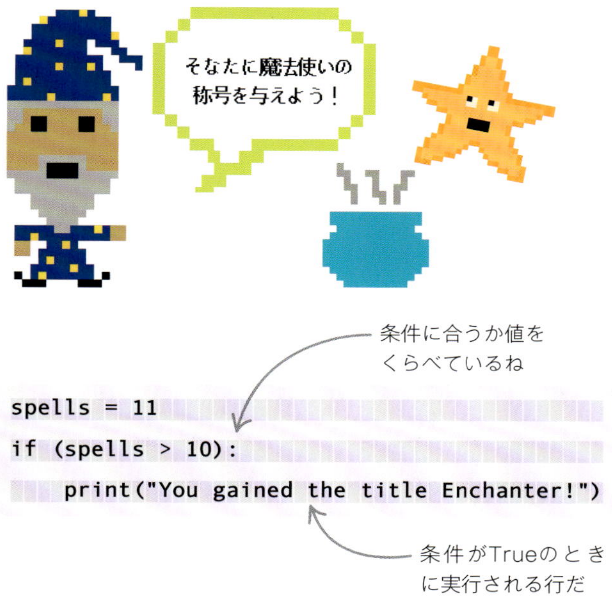


```
spells = 11
if (spells > 10):
    print("You gained the title Enchanter!")
```

しくみ

上の例では、プログラムは君が使ったスペルの数をチェックしている。スペルの数が10を超えるならメッセージ「You gained the title Enchanter!」（君は魔法使いの称号を得た！）を表示し、10以下なら何もしないようになっているよ。

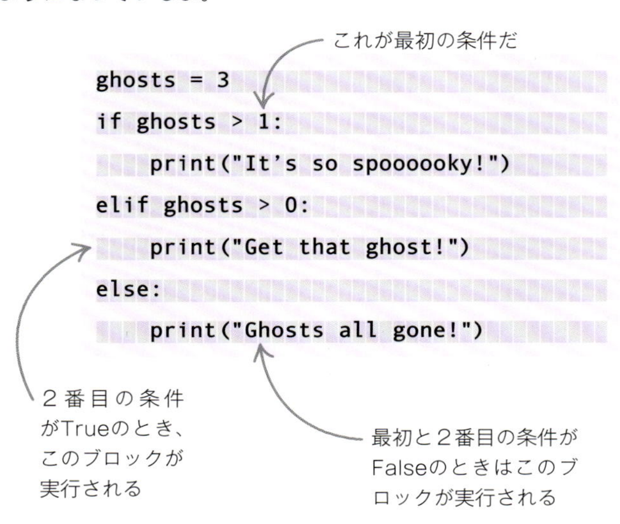


```
ghosts = 3
if ghosts > 1:
    print("It's so spoooooky!")
elif ghosts > 0:
    print("Get that ghost!")
else:
    print("Ghosts all gone!")
```

▼単一分岐

条件がTrueなら１つのブロックを実行し、Falseなら別のブロックを実行させたい場合はどうしたらいいだろうか？ そんなときは**if-else**文という、分岐が１つあり、条件によって実行するブロックを２つ書ける命令を使おう。

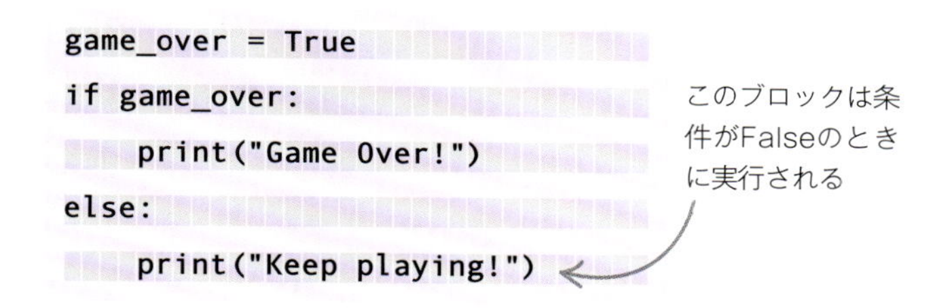

このブロックは条件がFalseのときに実行される

```
game_over = True
if game_over:
    print("Game Over!")
else:
    print("Keep playing!")
```

しくみ

上の例では、まず**game_over**という変数にTrueがセットされているね。if文で**game_over**をチェックして、Trueなら「Game Over!」（ゲームオーバー）と表示する。そうでないなら**else**文からあとの部分が実行され、「Keep playing!」（ゲームを続けよう）が表示される。**game_over**をTrueにして実行したら、今度はFalseにして実行してみよう。どうなるかわかるかな？

◀多方向分岐

３つ以上のルートがあるなら、**elif**（else-ifを短く書いたもの）という命令を使えるよ。左は、ghosts（ゆうれい）を一度にいくつもつかまえるゲームの例だ。

しくみ

このプログラムでは、まず変数**ghosts**に**3**がセットされる。だから最初の分岐の条件はTrueになり、「It's so spoooooky!」（こわすぎる〜）が表示されるんだ。でも**ghosts**の値がもし**1**なら、最初の条件はFalseになり、２番目の分岐が実行されて「Get that ghost!」（あのゆうれいをつかまえろ）が表示される。この２つの条件の両方がFalseの場合は３番目の分岐まで進み、「Ghosts all gone!」（ゆうれいはいなくなってしまった）を表示するぞ。**elif**文は、必ず**if**文と**else**文の間に置かれるよ。

ループで遊ぶ

ゲームのプログラミングでは、同じソースコードを何度も実行させることがよくあるけれど、同じコードを何度も書くのは大変だ。プログラムには「ループ」というものがあって、これを使えばソースコードの中の同じブロックをくり返し実行させられる。ループにはいろいろなタイプがあるぞ。

forループ

何回実行させたいかがはっきりしているときは**for**ループを使えるよ。下の例では「You are the high scorer!」（ハイスコアだ）を10回表示するようになっている。シェルウィンドウで試してみよう。

```
>>> for count in range(1, 11):
        print("You are the high scorer!")
```

ループ変数として**count**を使っているぞ

くり返し実行される部分をループの「本体」や「ボディ」と呼ぶよ

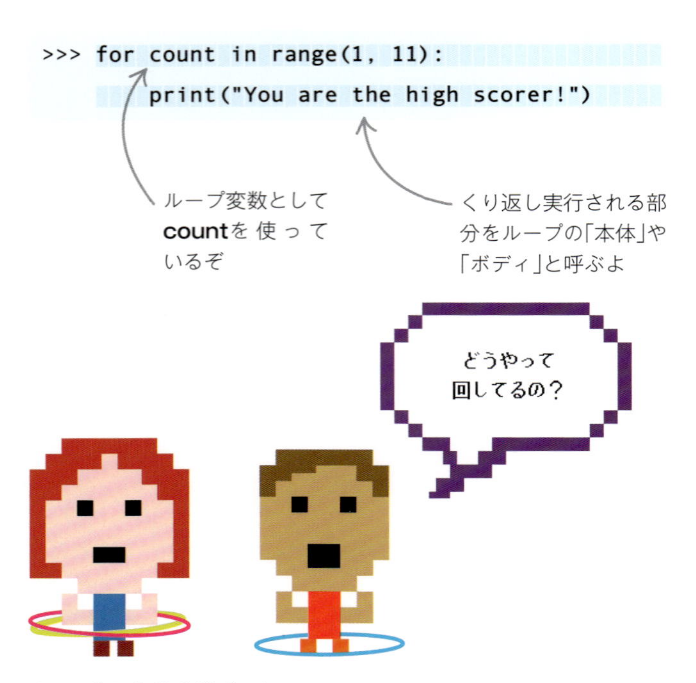

ループの本体（ボディ）

ループの中で実際にくり返し実行されるブロックをループの本体と呼ぶよ。本体を書くときは、**for**で始まる行よりも４文字分、必ず字下げして書くようにしよう。

ループ変数

ループ変数は、ループ本体を何回実行し終えたかを記録する変数だよ。rangeに続く部分は、下のコラムに書かれているように（1, 2, 3, 4…9, 10）になる。ループ変数は、ループ開始時に最初の数（1）と同じ値に、２回目では２番目の数（2）に、３回目では３番目…というように値が変わっていく。ループ変数の値が、かっこ内の右側の数（11）より小さいうちはループ本体が実行されるよ。

うまくなるヒント

range

パイソンでは**range**という言葉のあとに、２つの数字をかっこでくくって続けると、「最初の数から、次の数の１つ前までのすべての数」という意味になる。だから**range(1, 5)**は1, 2, 3, 4で5は入らない。ループの本体は４回しか実行されないね。

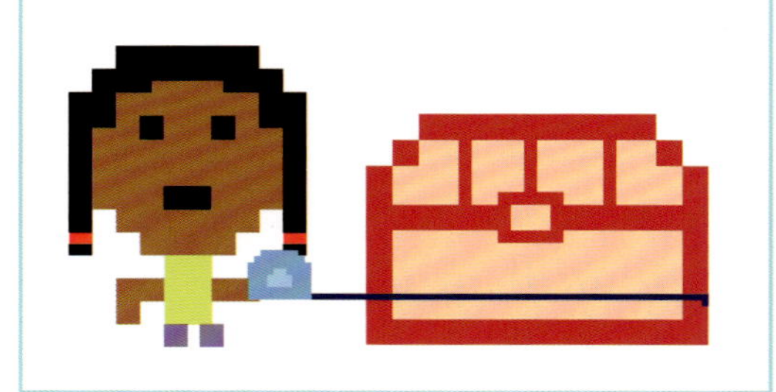

リストを使ったループ

ゲームのプログラムでは、アイテムをリストにまとめておくことが多いよ。リスト内のアイテム１つずつに何か処理をしたい場合は**for**ループを使えばいい。

リストについては
31 ページを
読み直そう。

ロボットのリスト

プレイヤーがロボットから逃げるゲームを考えてみよう。下のようにリストには３体のロボットの名前が入っているぞ。

```
>>> robots = ["Bing", "Bleep", "Bloop"]
>>> for robot in robots:
        print("I am a robot. My name is " + robot)
```

パイソンはロボットのうちの１体の名前をここに入れるよ

robotは一時的に使う変数だ。ループ本体が実行されるごとに、リスト**robots**内の次のロボットの名前が入るよ

しくみ

robotという一時的に使う変数を作るよ。リスト内のアイテムが一度に１つだけ入れられる。そして**robot**の値はループがくり返されるごとに変わっていく。最初はBing、次はBleep、最後にBloopだね。リストの最後まで行けばループも止まるんだ。

２つのリストを使ったループ

パイソンはリストを１つ使ったループの場合、ほぼ自動的にリストの最初から最後のアイテムまで処理してくれる。でも一度に２つのリストを処理したいときがあるよね。そんなときはパイソンに、もう１つのリストも変数を使って処理するのだと教えてあげよう。

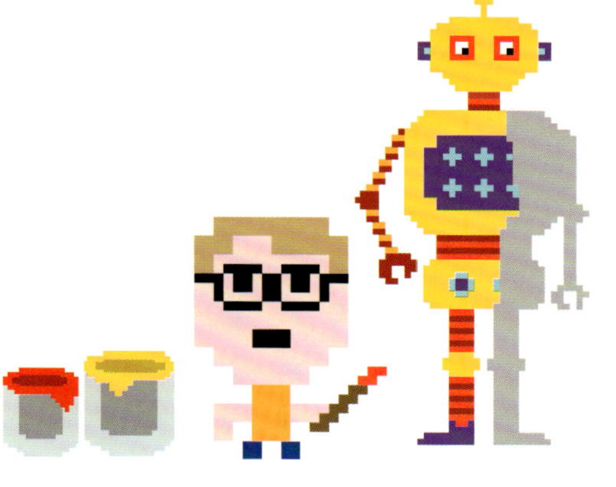

ロボットに色をつける

今度はリストを２つ使うぞ。１つはロボットの名前を入れておくリストの**robots**。もう１つはそれぞれのロボットの色を入れておくリストの**colours**だ。このプログラムでは**index**という変数を作り、２つのリストの中を見ていくときに使うよ。ロボットの名前と色が表示されるよ。

変数**index**は、今リストのどこを見ているか記録している

indexはパイソンがリストの中を順番に見ていくときに使う

この行で**index**を更新しているので、パイソンはループ本体が実行されるたびにリストの先を見ていける

```
>>> robots = ["Bing", "Bleep", "Bloop"]
>>> colours = ["red", "orange", "purple"]
>>> index = 0
>>> for each in robots:
        print("My name is " + robots[index] + ". I am " + colours[index])
        index = index + 1
```

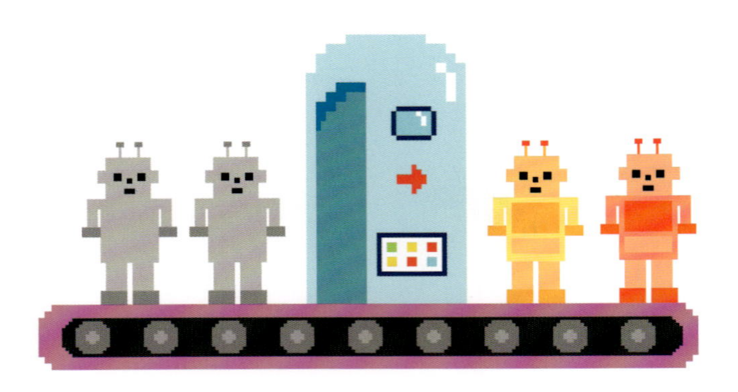

しくみ

robots[index]と**colours[index]**はどちらも**index**の値にしたがってリスト内のアイテムを選んで表示している。最初、**index**には**0**がセットされているね。パイソンではリストの先頭の位置は1ではなく0になる。**0**の位置にあるのは**robots**ではBingで、**colours**ではred（赤）だから、Bingは赤い色をしていることになる。ループの本体が実行されるたびに**index**に1が加えられ、リストの次のアイテムが選ばれていく。だからBleepはorange（オレンジ）でBloopはpurple（むらさき）になるぞ。ループはリストが終わるまで実行され続けるよ。

whileループ

プログラミングをしていると、ループを何回くり返せばいいのかわからないときがあるね。でも心配いらないぞ。そんなときは**while**ループを使えばいい。

ループ条件

whileループでは、答えがTrueかFalseになる質問が使われるよ。これをループ条件と呼ぶ。**while**ループはループ条件がTrueになったときだけ処理を始めるよ。ゲームの中でドラゴンが城を守っていて、君が魔法のカギを持っているのか確かめるとしよう。「魔法のカギを持っているのか？」がループ条件で、城がループの本体だと考えることができる。カギを持っていればループ条件がTrueになり、城（ループ本体）に入れる。でもカギを持っていないならループ条件はFalseだから城（ループ本体）には入れないぞ。

うまくなるヒント

インデントエラー

forループと同じように**while**ループの本体は、ループ開始行よりも半角スペース４つ分字下げしなければならないよ。字下げをしないとパイソンは「unexpected indent」というエラーメッセージを表示するよ。

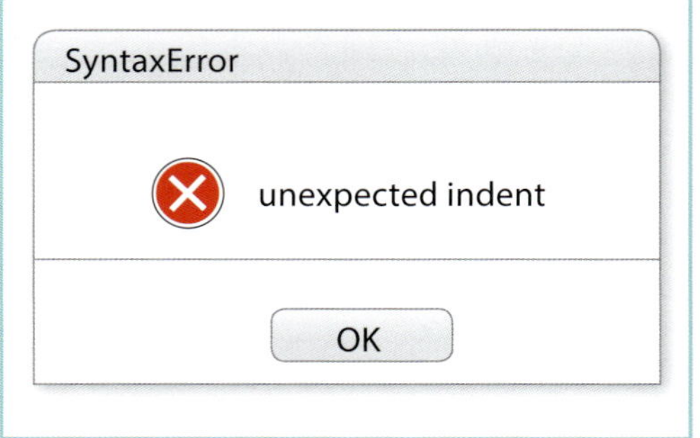

水風船

右の例は、水風船を投げるかどうかをたずねるプログラムだよ。答えが**y**（yes＝はい）なら「Splash!!!」（バシャ！）と表示して、さらに投げるかたずねてくる。**n**（no＝いいえ）と答えた場合は「Goodbye!」（さよなら）と表示してプログラムは終了だ。

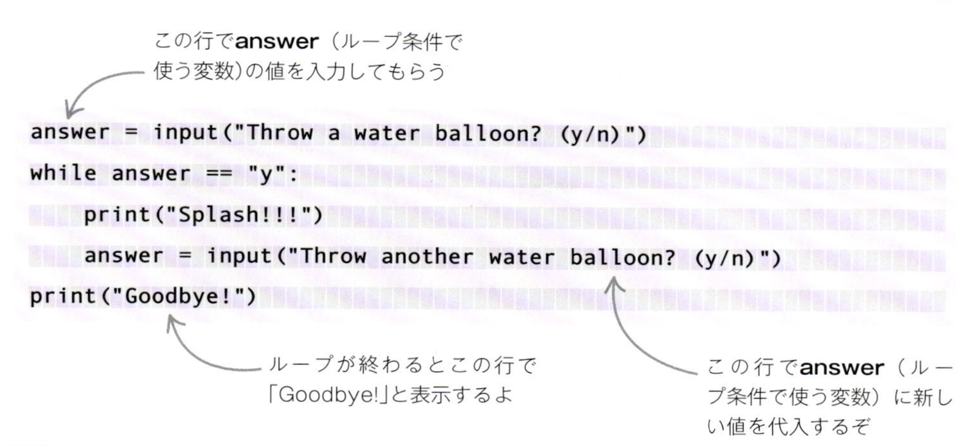

この行で**answer**（ループ条件で使う変数）の値を入力してもらう
ループが終わるとこの行で「Goodbye!」と表示するよ
この行で**answer**（ループ条件で使う変数）に新しい値を代入するぞ

```
answer = input("Throw a water balloon? (y/n)")
while answer == "y":
    print("Splash!!!")
    answer = input("Throw another water balloon? (y/n)")
print("Goodbye!")
```

しくみ

このプログラムのループ条件になっている**answer == "y"**は、「水風船を投げたい」という意味だ。ループの本体では「Splash!!!」と表示して水風船が投げられたことを表し、さらに投げるかたずねている。答えが**y**ならループ条件はTrueなのでループがくり返される。答えが**n**（または**y**以外）の場合、ループ条件はFalseになってプログラムはループからぬけ出し、「Goodbye!」と表示して終了することになる。

無限ループ

プログラムが動いている間はループをくり返し続けたい場合もある。そんなときは無限ループを使えばいい。ループ条件をTrueで固定しておけば、特定のブロックをくり返し実行し続けるよ。

Falseにはならないからループをぬけることはないよ

```
>>> while True:
        print("This is an infinite loop!")
```

ループからぬけ出す

無限ループになると困る場合は、**while**ループの本体に、ループ条件をFalseにするための部分を組みこんでおこう。もし何かの手ちがいで無限ループを実行してしまっても心配する必要はない。キーボードで**Ctrl**キーを押したまま**C**のキーを押せば、プログラムを強制的に終わらせることができるよ。

関数（かんすう）

プログラマーにとって関数はとても便利なツールだ。ソースコードの中で便利な部分に名前をつけ、何度も使い回すことができるんだ。毎回書き直す必要はなくて、つけた名前を書きさえすればいい。パイソンには最初から用意されているビルトイン関数もあるけれど、使いやすい関数を自分で作ってもいいね。

キーワード

関数で使うことば

呼び出す 関数を使いたいときは、名前に続けてかっこを書き、関数を「呼び出す」ぞ。かっこの中に引数を入れることもあるね。

定義（ていぎ） **def**というキーワードを使い、関数を自作することもできる。関数を「定義する」というよ。

引数（ひきすう）**（パラメーター）** 関数が使う情報だ。呼び出すときに関数に渡すよ。

戻り値（返り値） 関数を呼び出したメインのプログラムに、処理を終えた関数から戻される値のことだ。**return**というキーワードを使って受け渡しするよ。

関数を使う

ビルトイン関数を使うには、関数名のあとに空のかっこをつけてソースコードに書くだけだ。ソースコードに書き入れて使うことを、関数を「呼び出す」といい、パイソンはその関数のソースコードをプログラムで実行する。また、関数にデータを渡したいときは、かっこの中に書くことになっている。関数に渡すデータを「引数（ひきすう）」や「パラメーター」と呼ぶよ。

ビルトイン関数

パイソンには、プログラムに組み入れて使えるビルトイン関数がいくつも用意されている。メッセージを表示したりデータのタイプを変えたりと、いろいろな働きをする関数があるぞ。

print()関数が呼び出されている。かっこの中の文字列が引数だ

```
>>> print("This is a parameter")
This is a parameter
```

引数として渡された文字列が表示されたね

▲print ( )

よく使われる関数の１つが**print( )**だ。この関数は文字列（数字を含む文字、記号などを並べたもの）を画面に表示する。文字列は引数として渡されているよ。

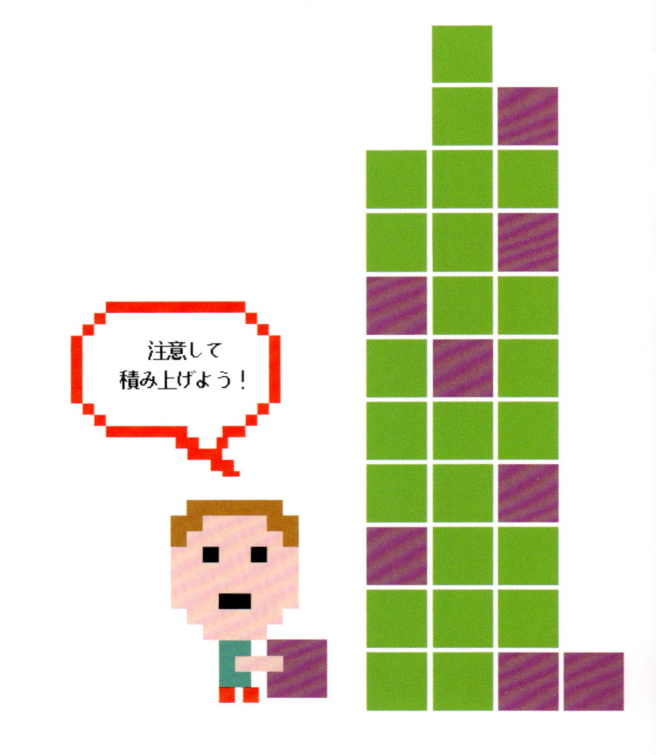

▶input( )

ゲームで使う情報をプレイヤーに入力してもらう場合にこの関数を使おう。例えばゲームを作っていて、プレイヤーの名前を入れるための変数を作ったとする。でも君はプレイヤーの名前を知らないぞ。こんなときはinput()関数を使い、ゲームの中でプレイヤーに名前を入力してもらうんだ。右の例ではプレイヤーが入力した文字列が戻り値になり、それが変数nameに代入されるよ。

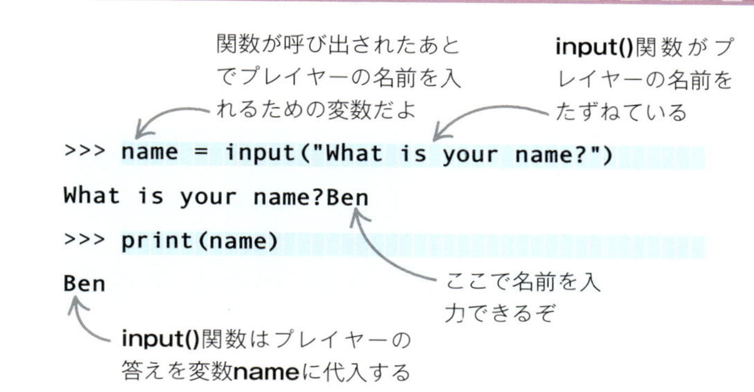

関数が呼び出されたあとでプレイヤーの名前を入れるための変数だよ
input()関数がプレイヤーの名前をたずねている
>>> name = input("What is your name?")
What is your name?Ben
>>> print(name)
Ben
ここで名前を入力できるぞ
input()関数はプレイヤーの答えを変数nameに代入する

関数を呼び出す別の方法

整数や文字列などデータのタイプによっては、データを操作するための特別なビルトイン関数が用意されているよ。このような関数を「メンバ関数」と呼び、データの名前を書いたあとにドットを打ち、それから関数の名前、かっこ（必要なら引数を入れる）をつなげて書けばいい。いくつか例をあげたので、シェルウィンドウで実験してみよう。

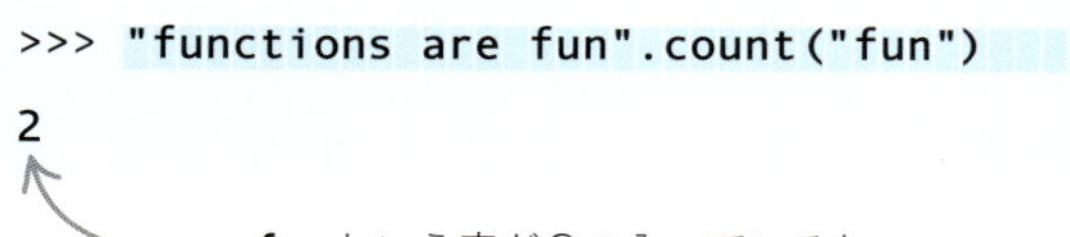

>>> "functions are fun".count("fun")
2
funという字が2つ入っているね

▲count( )

文字列で使う関数だ。文字列のあとにcount()と書き、かっこ内にはもう1つの文字列が引数として入る。最初の文字列の中に2番目の文字列が何個現れるかが戻り値になるよ。

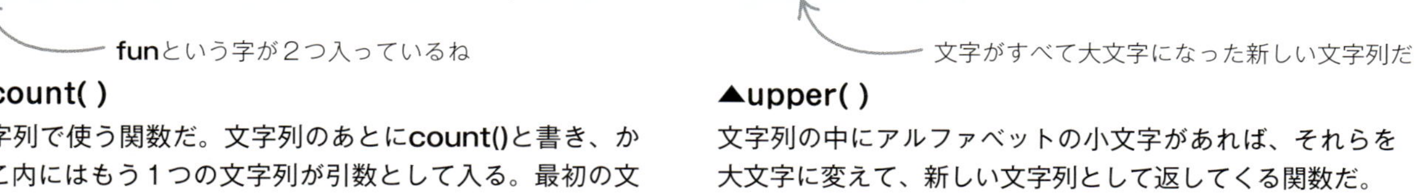

>>> "blue".upper()
'BLUE'
文字がすべて大文字になった新しい文字列だ

▲upper( )

文字列の中にアルファベットの小文字があれば、それらを大文字に変えて、新しい文字列として返してくる関数だ。

数が入ったリストを変数に代入しているよ

reverse()関数が呼び出されている

```
>>> countdown = [1, 2, 3]
>>> countdown.reverse()
>>> print(countdown)
[3, 2, 1]
```

▲reverse( )

変数とともにメンバ関数を呼び出すこともできる。上の例では、リスト内のアイテムを逆順で並びかえる関数reverse()が使われているよ。countdownの中の数が逆順になっているね。

カンマで区切って、引数を2つ渡しているね

```
>>> message = "Coding makes me happy"
>>> message.replace("happy", ":D")
'Coding makes me :D'
```

▲replace( )

この関数を使うには引数が2つ必要だ。最初の引数の文字列を、2番目の引数の文字列で置きかえてしまう関数だよ。戻り値は、置きかえが終わった新しい文字列だ。

関数を自分で作る

ビルトイン関数だけでなんでもできるわけではないよ。どのように関数を書く（定義する）か、やり方を学んでおこう。１つの関数は１つの目的のために作るようにしよう。そして何をするのかがすぐにわかる名前をつけることも大切だ。ここでは、プレイヤーのスコアを計算する関数を定義してみよう。

うまくなるヒント
関数に名前をつける

何をする関数なのか正しく理解できる名前にするのは大事なことだ。関数の名前には文字（数字を含む）とアンダースコア（_）が使えるけれど、１文字目は数字ではない文字にしてね。スペースは使えないから、いくつかの言葉を並べた名前にするときは、言葉と言葉をアンダースコアで区切ろう。ゲームを終わらせるための関数なら、**game_over()**のように書けるよ。

1 関数を定義する

ゲームのスコアを記録する関数を作ろう。IDLEのエディタウィンドウを開き、functions.pyという名前で新しいファイルをセーブするよ。それから下のようにソースコードを入力するけれど、字下げ（インデント）はすべてきちんと行ってね。これからはステップごとにファイルをセーブしていくぞ。では**Run**メニューから**Run Module**を選ぼう。

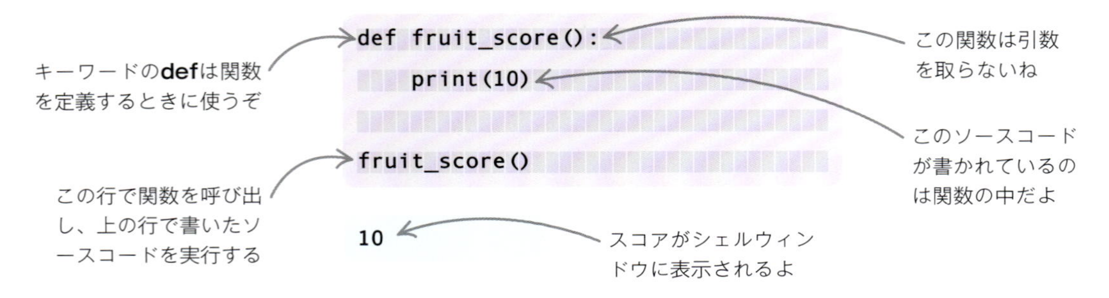

2 引数を加える

関数**fruit_score()**はうまく動いたかな。でも、フルーツの種類によって数がちがうときはどうすればいいかな？ 関数にどのフルーツのスコアを表示するか教えるには、集めたフルーツの種類がわかっていないといけない。それから、リンゴは１個10ポイント、オレンジは１個５ポイントで点数をつけることにしよう。関数に引数を加えてみるよ。

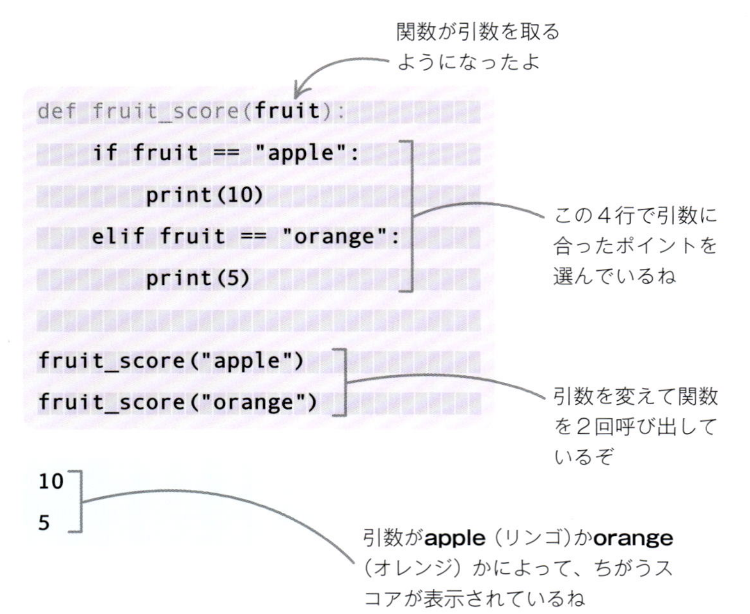

def fruit_score(fruit):
    if fruit == "apple":
        print(10)
    elif fruit == "orange":
        print(5)

fruit_score("apple")
fruit_score("orange")

10
5
関数が引数を取るようになったよ
この４行で引数に合ったポイントを選んでいるね
引数を変えて関数を２回呼び出しているぞ
引数が**apple**（リンゴ）か**orange**（オレンジ）かによって、ちがうスコアが表示されているね

3 戻り値

スコアを表示するのではなく、スコアの値をプログラムの別の部分で使いたい場合もある。スコアを戻り値にして関数から受け取り、あとで使えるようにしよう。関数が値を「返す」ようにするわけだ。returnというキーワードを返したい値の前に入れる。print文をreturn文に変えればいいね。

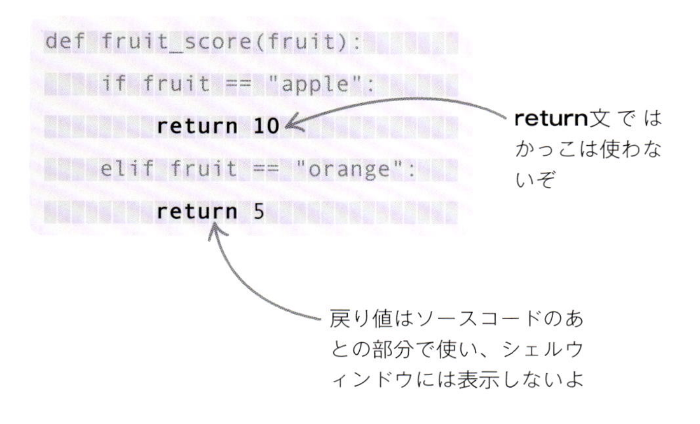

```
def fruit_score(fruit):
    if fruit == "apple":
        return 10
    elif fruit == "orange":
        return 5
```

return文ではかっこは使わないぞ

戻り値はソースコードのあとの部分で使い、シェルウィンドウには表示しないよ

うまくなるヒント

インデントエラー

パイソンではソースコードのブロック（一まとまり）がどこからどこまでかを示すため字下げ（インデント）を使っている。字下げに関するまちがいがあると、「Indentation Errors」と表示されるよ。ある行がコロン（：）で終わると、次の行は字下げする必要があるぞ。忘れないようにしよう。パイソンは自動的に字下げをしてくれるけど、うまくいかないときもある。そのときは**スペースキー**を押して半角スペースを4つ入力してね。

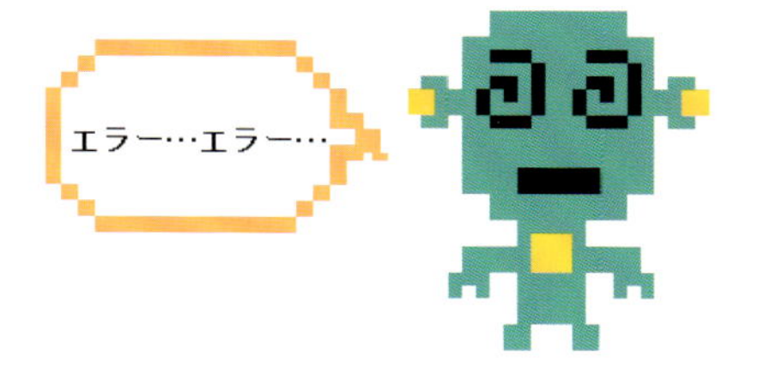
エラー…エラー…

4 戻り値を使う

関数からの戻り値は、プログラムのどこでも利用できるよ。今作っているサンプルでは、フルーツの種類ごとに合計2回、関数が呼び出されているね。そこで両方の戻り値を足し算して、全体のスコアを計算してみよう。ステップ3で書いたソースコードに続けて、下のようにソースコードを書き加えるよ。それからRunメニューのRun Moduleをクリックだ。

このオレンジを
返品してリンゴに
したいの。

```
        return 5

apple_score = fruit_score("apple")
orange_score = fruit_score("orange")

total = apple_score + orange_score
print(total)
```

2つの戻り値を合計しているよ

デバッグ（バグ取り）

ソースコードにまちがい（バグと呼ぶよ）があると、パイソンはエラーメッセージを表示してくれる。ちょっとわかりにくいメッセージが表示されることもあるけれど、何がいけなかったかを知り、バグを直すのに利用できるよ。

エラーメッセージ

IDLEのエディタウィンドウにもシェルウィンドウにも、何か予想外のことが起きたらエラーメッセージが表示される。エラーメッセージは、エラーのタイプと、ソースコードのどこを見ればいいかを教えてくれるよ。

▼コマンドプロンプト（ターミナル）のメッセージ
Pygame Zeroは、エラーメッセージをコマンドプロンプトやターミナルに表示する。エラーが見つかるとプログラムの実行を止めて、どのようなエラーがソースコードのどこで見つかったかを教えてくれるんだ。

Rabiahma – bash – 80x24

```
  File "/Library/Frameworks/Python.framework/Versions/3.6/bin/pgzrun", line 11, in <module>
    load_entry_point('pgzero==1.1', 'console_scripts', 'pgzrun')()
  File "/Library/Frameworks/Python.framework/Versions/3.6/lib/python3.6/site-packages/
pgzero/runner.py", line 88, in main
    exec(code, mod.__dict__)
  File "score.py", line 2, in <module>
    print("Game Over: Score " + score)
TypeError: must be str, not int
```

エラーが出たのは2行目だと言っているよ

型（タイプ）エラーが起きているね

うまくなるヒント

バグを取り除く

コマンドプロンプト（Windows機）やターミナル（マッキントッシュ）にエラーメッセージが表示されたら行番号に注目だ。IDLEに戻り、ソースコードを表示しているエディタウィンドウのどこかをクリックしてみよう。ウィンドウの右下に「Ln : 12」というように行番号が表示されるはずだ。そうしたら**上向き**か**下向き**矢印キーを押して、エラーがある行まで移動しよう。

文法エラー

プログラミングで命令を書くときに守らなければならないルールをsyntax（シンタックス）と呼ぶ。文法のことだね。SyntaxErrorという表示が出たら、ソースコードで何かをまちがえて入力したということだ。命令を正しく入力していなかったり、言葉を書くときにスペルミスをしたりしたのかもしれない。エラーがある行を見て、打ちまちがいを直そう。

▶よくあるミス

プログラムを書くとき、かっこの記号が多すぎたり少なすぎたりしていないかな？ クォーテーションを忘れていないかな？ スペルミスをしていないかな？ どれも文法エラーでよくある原因だ。

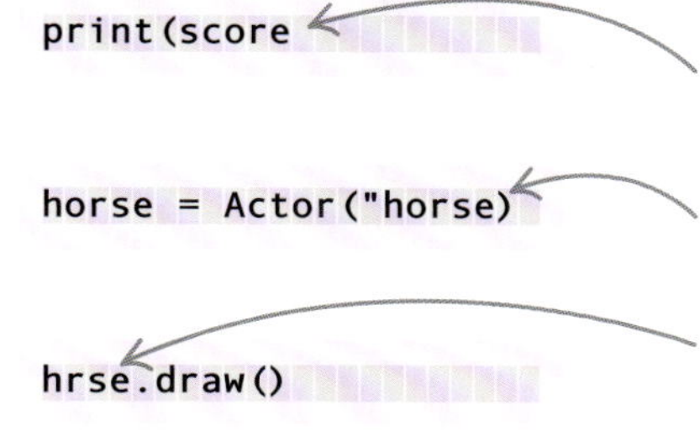

「かっことじ」（終わりのかっこ）がないぞ

終わりのクォーテーションを書き忘れているね

これはスペルミスだ。「horse」という変数名を書きたかったんだね。**horse.draw()**ときちんと書こう

字下げのエラー

パイソンでは字下げ（インデント）で、ソースコードのブロック（一まとまり）を示している。インデントエラー（Indentation Error）が表示されるということは、この字下げで何かまずいことがあったということだ。ある行がコロンで終わるときは、次の行は必ず字下げしなければならないよ。パイソンが自動的に字下げしてくれるはずだけれど、自分で半角スペースを４つ打って字下げしてもかまわないよ。

```
if play:
horse.draw()
```

この行の先頭にスペースがまったく入っていないね。そのため字下げエラーになっているんだ

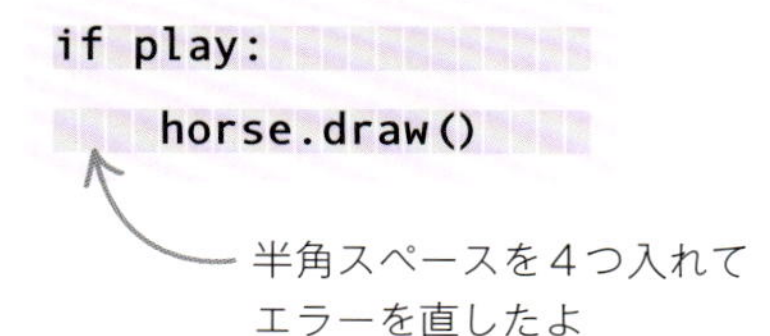

半角スペースを４つ入れてエラーを直したよ

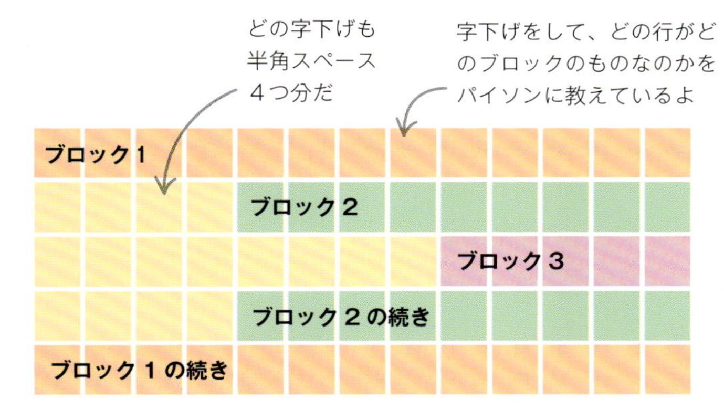

◀新しいブロックは字下げする

パイソンのソースコードでは、ブロックの中にさらに別のブロックを入れることがよくあるね。例えば、ループの中にif文を入れるような場合だ。このとき、同じブロックの行はすべて同じだけ字下げしなければならない。字下げする行の最初で**スペースキー**を４回押せばいいね。ブロックごとに正しく字下げしているかしっかりチェックしよう。

型(タイプ)エラー

このエラーはソースコードでデータ型をまちがえて使ったときに起きるよ。例えば数を使うべきところで文字列を使ったような場合だ。これではプログラムがうまく動かないぞ。

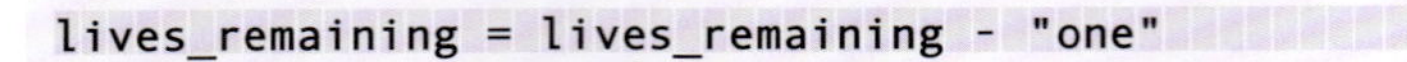

```
lives_remaining = lives_remaining - "one"
```

プレイヤーの残りライフを記録する変数だね

lives_remaining（残りライフ）にはたいていは整数が入っているものだ。そこから文字列の「one（1）」を引くのは意味がない。数字の1を使うべきだね

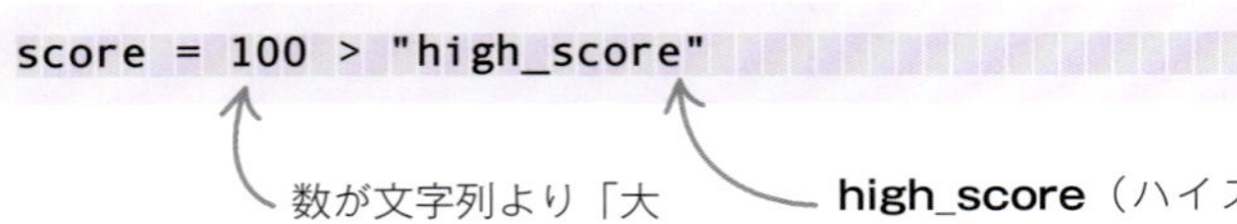

```
score = 100 > "high_score"
```

数が文字列より「大きい」かチェックするのは意味がないよ。データのタイプがちがうからね

high_score（ハイスコア）を囲んでいるクォーテーションを取り去ればうまく動くようになるよ

```
players = ["Martin", "Craig", "Claire", "Daniel"]
find_highest_score(players)
```

この関数は整数のリストがほしいのに、プレイヤーの名前が入れられた文字列のリストを渡してしまっているよ

◀型エラーの例

型エラーは意味がない処理を行おうとすると発生するよ。数値から文字列を引き算しようとしたり、異なるタイプのデータをくらべたり、文字列のリストから最も値が大きいものを選ぼうとするのは、どれも型エラーを起こしてしまうぞ。

名前エラー

名前エラー（Name Error）のメッセージは、まだ作られていない変数や関数を使おうとしたときに表示されるんだ。このエラーを防ぐには、変数や関数を使う前に、それらを定義しておくようにしなければならないよ。

▶名前エラーの例

右の例では、変数を作る前に中身を表示しようとしているので名前エラーになるんだ。最初に変数を作るようにしよう。

```
print("Welcome " + player_name)
player_name = "Martin"
```

最初に「**Martin**」を変数**player_name**に代入するようにしよう

論理エラー

パイソンがエラーメッセージを返してこないのに、プログラムが思ったように動かないことがある。パイソンはプログラムに変なところはないと考えているけれど、ソースコードの論理に何かまちがいがあるんだ。このようなエラーを論理エラーと呼ぶよ。大事な行を書き忘れているか、命令の順番をまちがえて正しく動かないようになっているのかもしれないね。

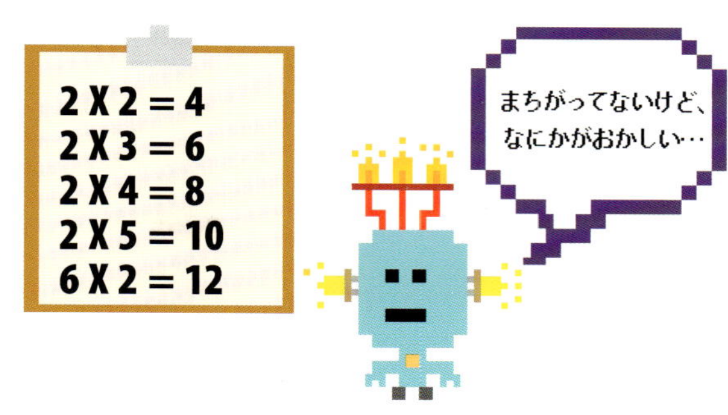

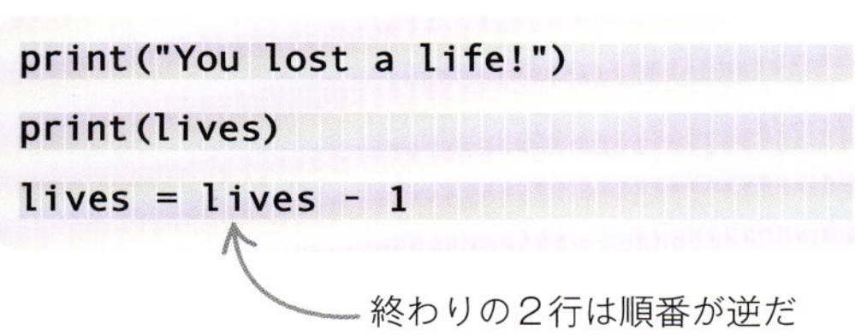

```
print("You lost a life!")
print(lives)
lives = lives - 1
```

終わりの２行は順番が逆だ

◀バグを見つけられるかな？

左のソースコードを実行してもエラーメッセージは表示されない。けれども論理エラーがあるね。変数**lives**（残りライフ）の値が１だけ減らされる前に、その値が表示されてしまっているぞ。プレイヤーはまちがったライフを見せられることになる。このバグを直すには、**print（lives）**を最後に移動させよう。

▶論理を直す

バグの中でも論理エラーは最も見つけにくく直しにくい。論理エラーを見つけやすくするには、プログラムを何度も実行してテストすることだ。ソースコードのある部分があやしいと思ったら、その部分を１行１行じっくり読んでいこう。例えばプログラムの中で変数の値をつぎつぎに変えているなら、ポイントになる個所に**print()**関数を入れてみよう。値がどう変わるかが表示されてバグがある場所を特定しやすくなるよ。

うまくなるヒント

バグ取りのチェックリスト

バグのせいでプログラムがうまく動かず、解決法が見つからなくて不安になるかもしれない。でもあきらめてはだめだ。ここにあげたヒントを利用すれば、たいていのバグは直せるぞ。

チェックしてみよう

- 本のとおりにソースコードを書いているかチェックだ。誰かに見てもらうのもいいね。字下げとスペースには特に注意しよう。
- 誤字や脱字はないか？
- 行の先頭に必要のないスペースを入れていないか？
- 「0」（数字のゼロ）と「O」（アルファベットのオー）など、似た文字をまちがえていないか？
- アルファベットの大文字と小文字をまちがえていないか？
- 「かっこ」と「かっことじ」が（）、［］、｛｝のように組になっているか？
- クォーテーションにはシングル(' ')とダブル(" ")がある。それぞれ正しい組になっているか？
- ソースコードを書きかえてから、セーブをしているか？

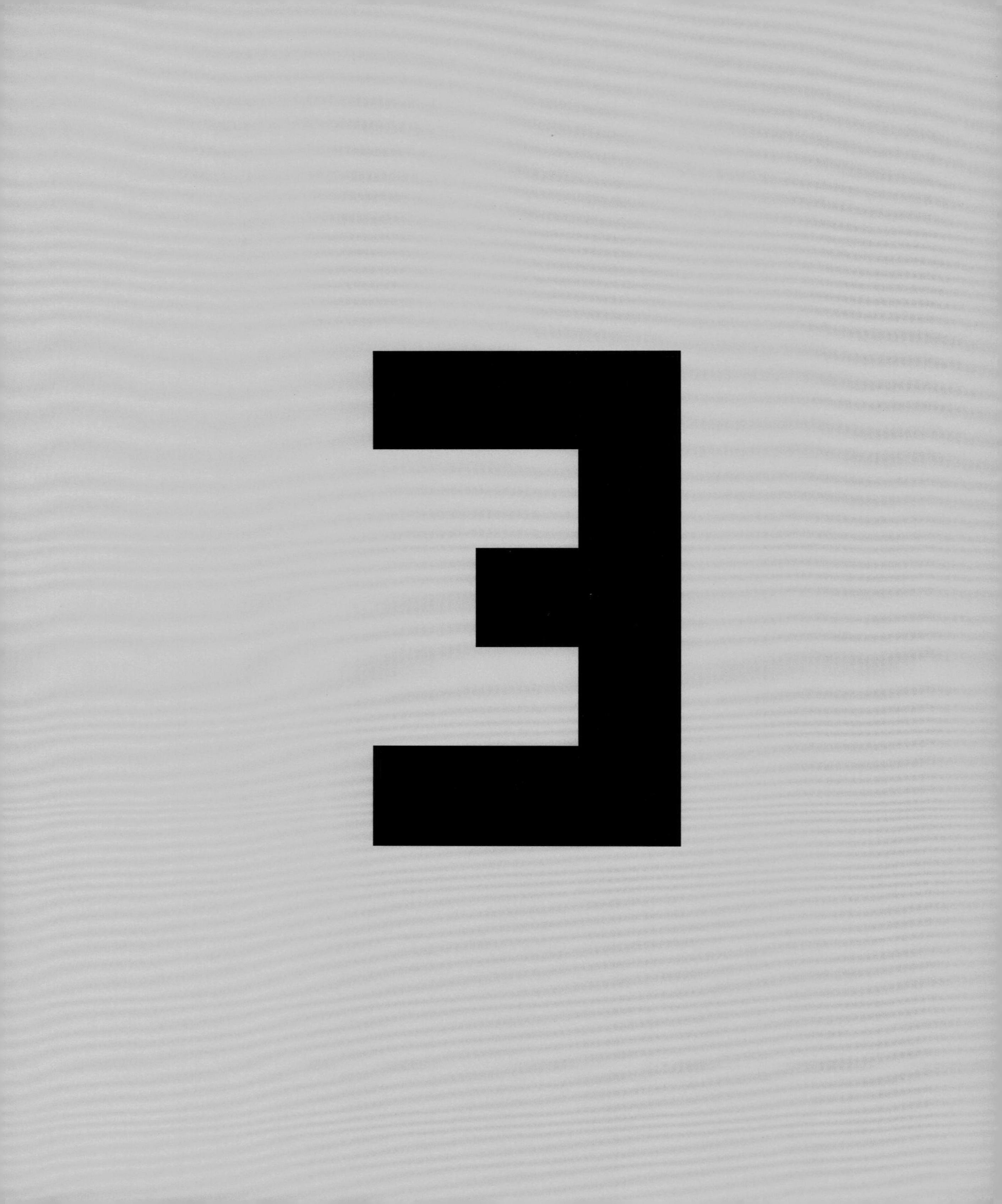

シュート・ザ・フルーツ

シュート・ザ・フルーツの作り方

初めてゲームを作るのにぴったりな、シンプルなシューティングゲームだよ。現れたリンゴをクリックして「シュート」しよう。よくねらってシュートだ。失敗するとゲームオーバーになるぞ。

何が起こるのかな

ゲームが始まると画面にリンゴが現れる。「シュート」してヒットすると「Good shot!」というメッセージが表示されるよ。そして別の場所にまたリンゴが現れる。ミスすると、「You missed!」とメッセージが表示されてゲームオーバーだ。

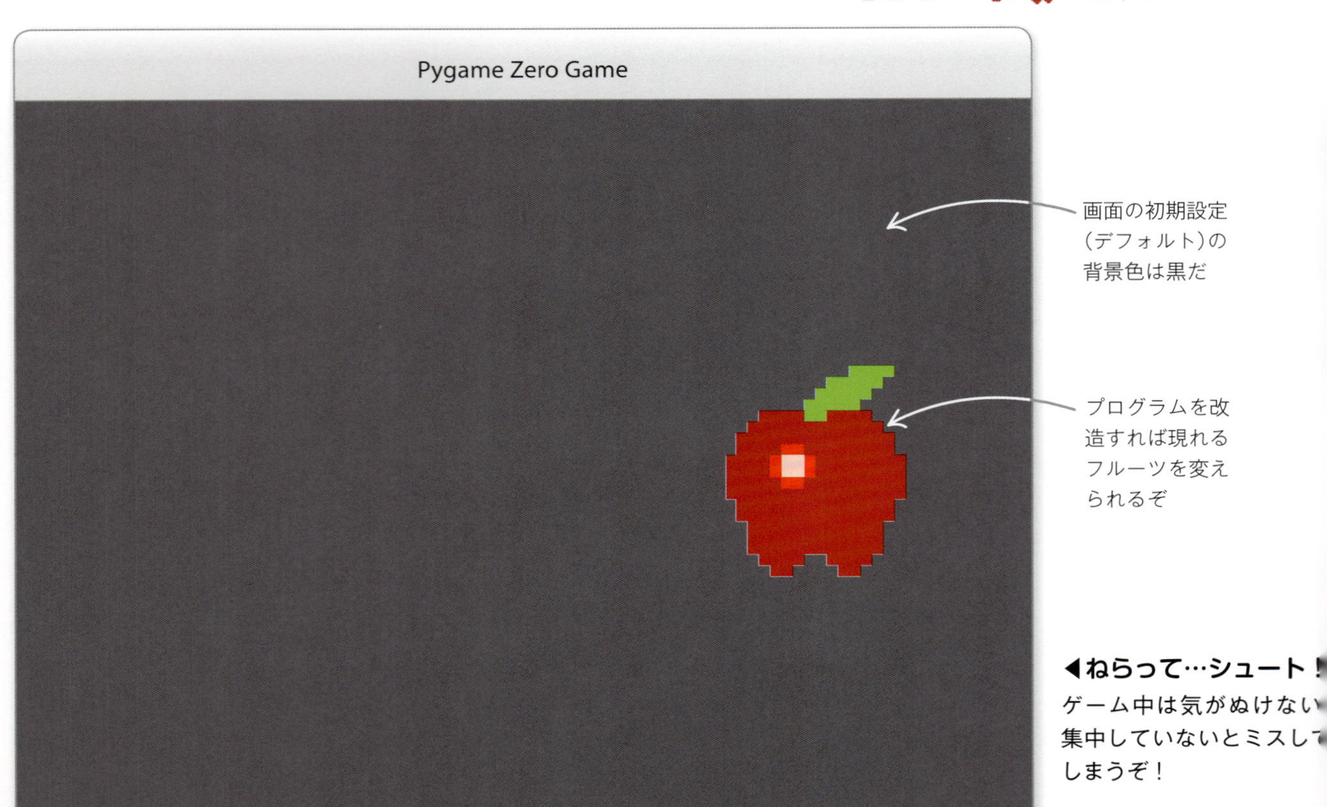
Pygame Zero Game
画面の初期設定（デフォルト）の背景色は黒だ
プログラムを改造すれば現れるフルーツを変えられるぞ

◀ねらって…シュート！
ゲーム中は気がぬけない。集中していないとミスしてしまうぞ！

しくみ

このゲームのプログラムは、マウスのボタンがクリックされたかどうかを常にチェックしている。リンゴの上でクリックすると、別の場所にリンゴを描き直さなければならない。リンゴ以外のところでクリックしたときはゲームを終わらせるんだ。

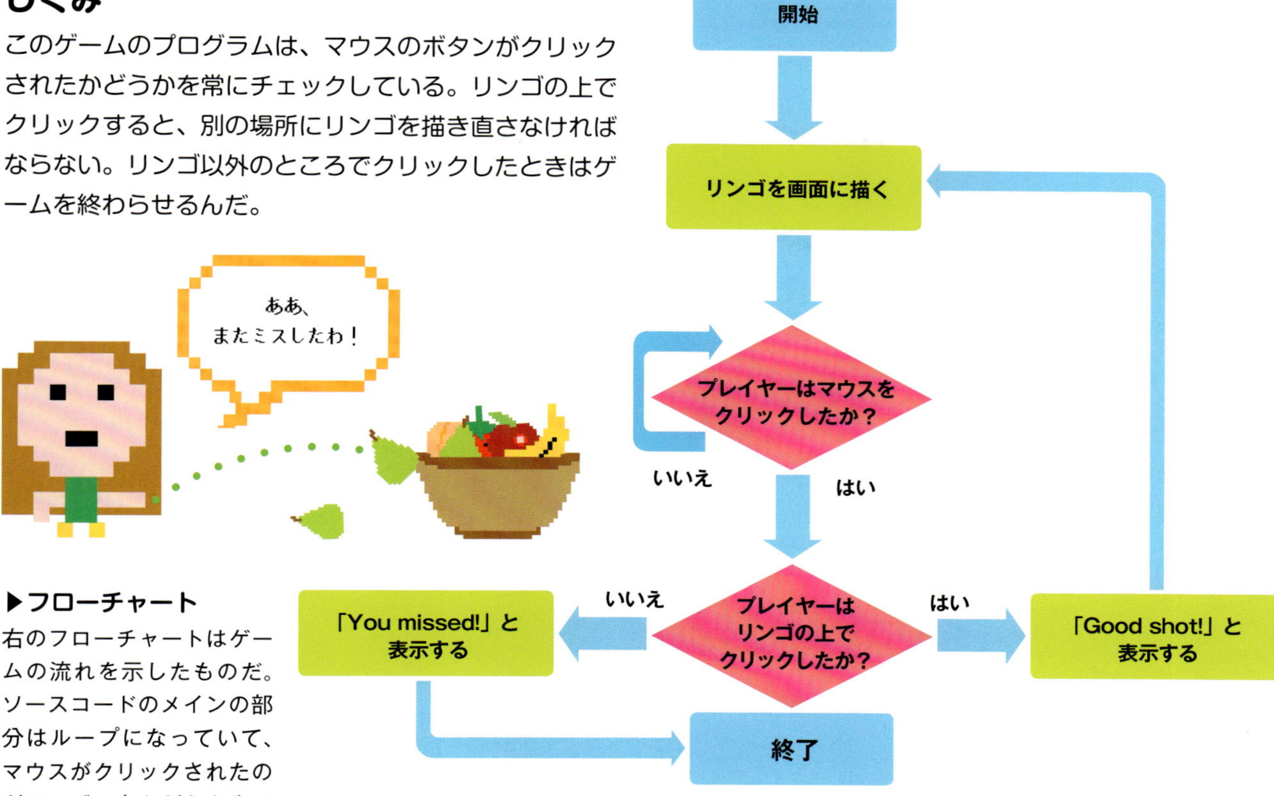

▶フローチャート

右のフローチャートはゲームの流れを示したものだ。ソースコードのメインの部分はループになっていて、マウスがクリックされたのがリンゴの上かどうかをチェックしているよ。

さあ始めるぞ！

まずは画面にリンゴを表示させる部分から作っていこう。それからゲームの開始前にリンゴをランダムな位置に置く方法を学ぶよ。用意はいいかな？ では始めよう。

1 IDLEを開く

Fileメニューから**New File**を選んで新しいファイルを作ろう。

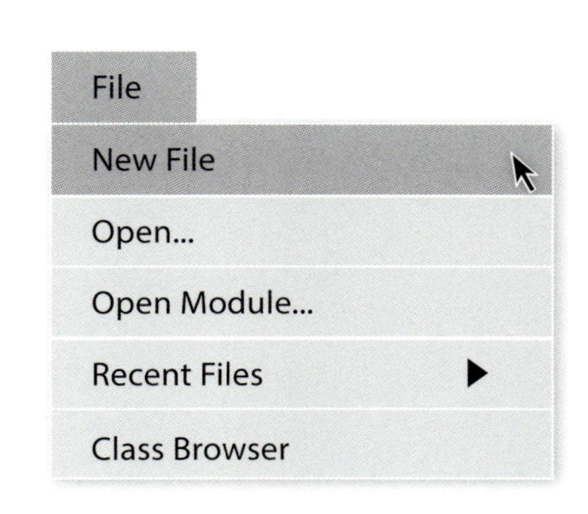

2 ファイルをセーブする

Fileメニューから**Save As**を選び、22ページで作ったpython-gamesのフォルダーにセーブするよ。このフォルダーの中にさらにフォルダーを作ってshoot-the-fruitという名前にする。IDLEのファイルはこのshoot-the-fruitフォルダーにshoot.pyという名前でセーブだ。

Save As: shoot.py
Tags:
Where: shoot-the-fruit
Cancel　Save

3 画像用のフォルダー

このゲームではリンゴの画像を使うよ。shoot-the-fruitフォルダーの中で右クリックして**新規作成**から**フォルダー**を選び、imagesという名前のフォルダーを作ろう。このフォルダーはIDLEファイルのshoot.pyと同じフォルダー内に置くようにしてね。

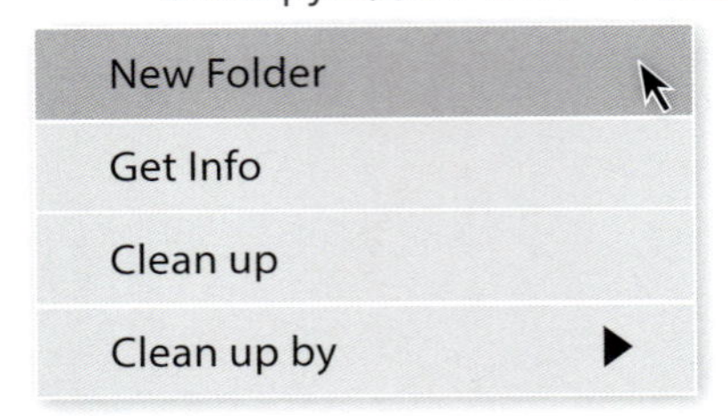

4 画像をフォルダーに入れる

www.dk.com/uk/information/the-python-games-resource-pack/というサイトにアクセスして、Shoot the Fruit用の画像ファイルをダウンロードしよう。apple.pngというファイルを探してさっき作ったimagesフォルダーの中に入れるぞ。

shoot-the-fruit
shoot.py
images
apple.png

5 アクターを入れる

これでソースコードを書く準備が整ったよ。IDLEに戻り、エディタウィンドウに下のように入力してエンター（リターン）キーを押そう。

```
apple = Actor("apple")
```

キーワード

アクターとスプライト

スクラッチ（Scratch）というプログラミング言語では「スプライト」と呼ばれるキャラクターやイメージを使う。パイソンの「アクター」はこのスプライトに似ているんだ。アクターは画面に表示され、動き回り、他のアクターとやりとりもできる。それぞれのアクター用にスクリプト（短いソースコード）を書いておき、ゲーム内でどのようにふるまうかをコントロールできるよ。

6 画面にリンゴを描く

次に必要なのは画面にリンゴを「描く」ことだ。そのためにPygame Zeroの**draw()**という関数を使うよ。この関数は画面を更新して描き直すのに使われる。例えばキャラクターが動いたりスコアが変わったりしたときは、この関数で表示内容を更新できるね。下のようにソースコードを書き足そう。

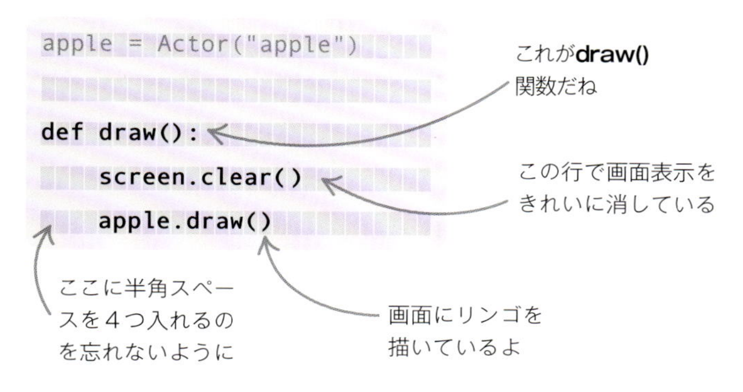

```
apple = Actor("apple")

def draw():
    screen.clear()
    apple.draw()
```

これが**draw()**関数だね
この行で画面表示をきれいに消している
ここに半角スペースを４つ入れるのを忘れないように
画面にリンゴを描いているよ

7 実行してみる

それではソースコードをテストしてみよう。コマンドプロンプト（またはターミナル）のウィンドウで、コマンドラインから命令するよ。やり方を忘れてしまったら24 ～ 25ページを参考にしてね。

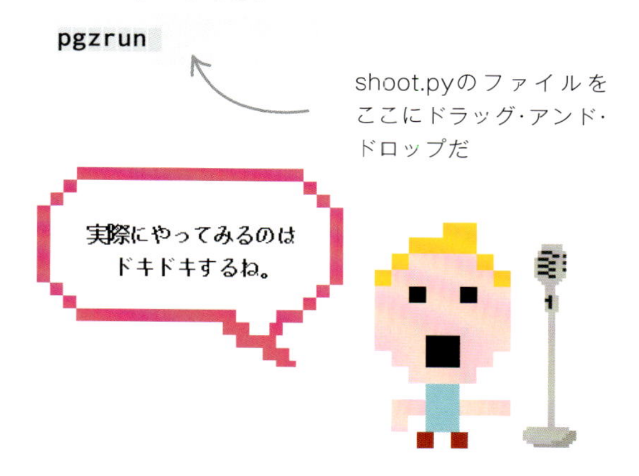

```
pgzrun
```

shoot.pyのファイルをここにドラッグ・アンド・ドロップだ
実際にやってみるのはドキドキするね。

8 最初の画面

プログラムが正しく動けば、下のような画面になるはずだ。もしうまく描けないかエラーメッセージが表示されるときは、前に戻ってソースコードをチェックしてバグを探そう。

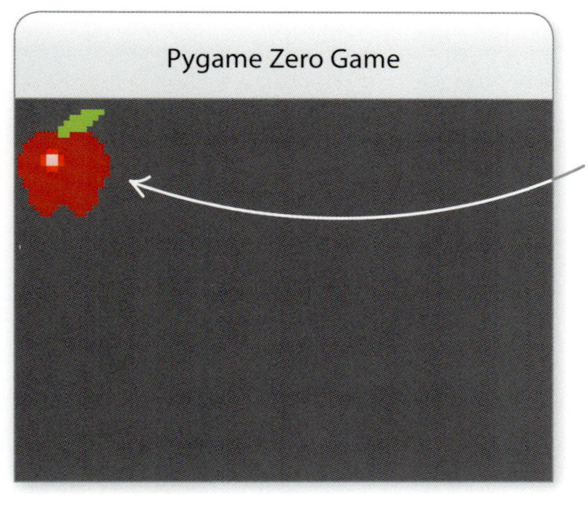

Pygame Zero Game
左上にリンゴが１個だけ表示された画面が現れるはずだ

9 リンゴを置き直す

リンゴがウィンドウの左上に現れたね。ソースコードを書きかえれば、画面の決まった位置にリンゴを置ける。下の関数は、リンゴを座標（300, 200）に置くためのものだよ。

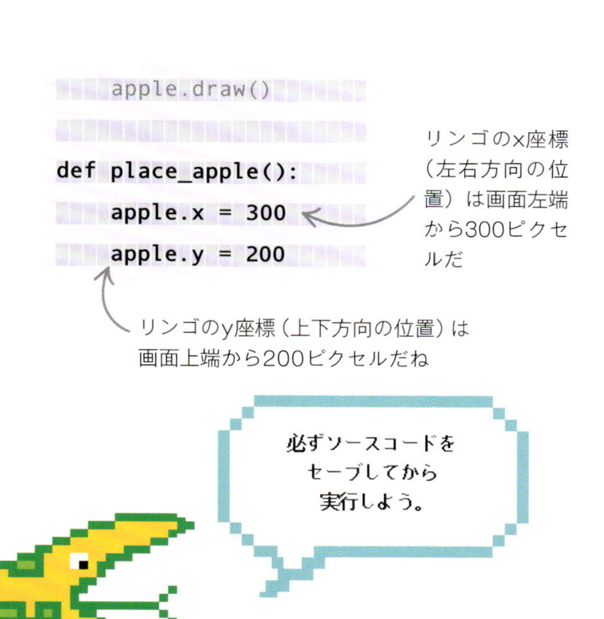

```
    apple.draw()

def place_apple():
    apple.x = 300
    apple.y = 200
```

リンゴのx座標（左右方向の位置）は画面左端から300ピクセルだ
リンゴのy座標（上下方向の位置）は画面上端から200ピクセルだね
必ずソースコードをセーブしてから実行しよう。

うまくなるヒント

Pygameのグラフィックス

オブジェクトを置く場所は座標を使って指定できる。つまり座標を表す2つの数字でどんな場所でも示せるんだ。最初の数はx座標といい、画面左端から右にどれだけ離れているか、2つ目の数はy座標といい、画面上端から下にどれだけ離れているかを示すよ。座標はこの2つの数をかっこでくくって表す。(x, y)のようにx座標を先に書くのがルールだ。

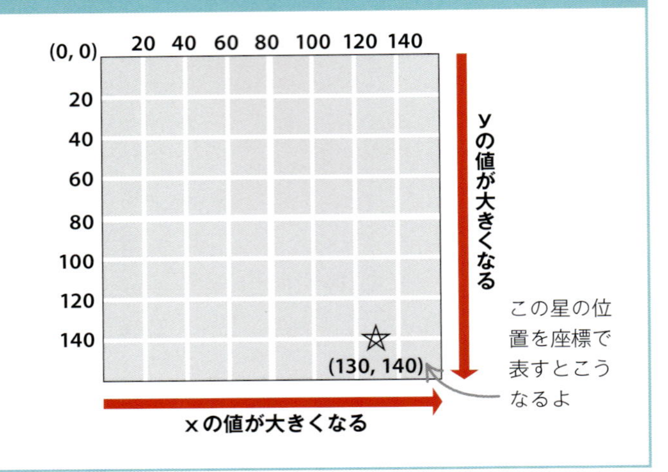

10 関数を呼び出す

リンゴを画面上に置く関数を書いたら、パイソンに関数を呼び出させよう。下の太字の行を書き足して、関数**place_apple()**を実行するんだ。

```
def place_apple():
    apple.x = 300
    apple.y = 200

place_apple()
```

この関数はリンゴを座標(300, 200)に置くよ

11 再テスト

ファイルをセーブしたらコマンドラインからプログラムを実行しよう。コマンドラインで**上向き**矢印キーを押せば、以前入力した命令が表示されるのは覚えているかな。実行する命令を表示したらエンター（リターン）キーを押そう。今度はリンゴが座標(300, 200)に現れるぞ。

リンゴが座標(300, 200)に置かれている

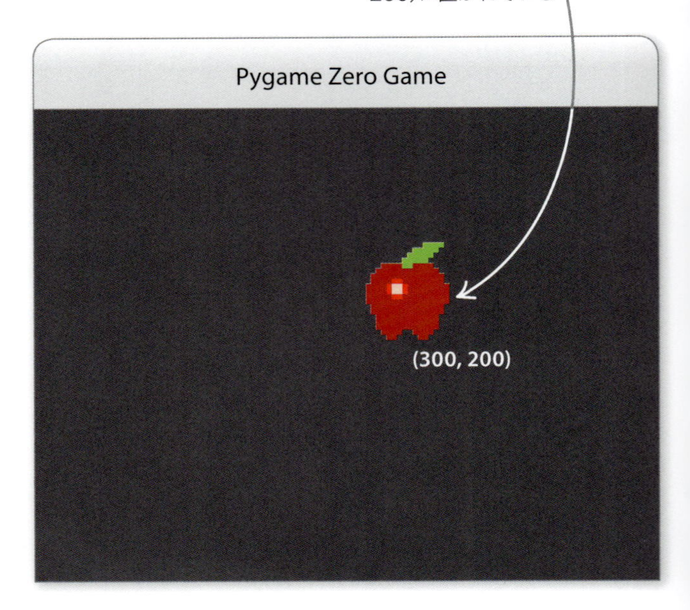

12 クリックに反応する

いよいよ、マウスをクリックしたときに実行するソースコードを書くよ。Pygame Zeroには**on_mouse_down()**というビルトイン関数があり、マウスがクリックされると必ず実行される。右のようにステップ9と10で書いたコードの間に書き加えよう。そうしたらコマンドラインから実行だ。画面上でマウスをクリックするたびに「Good shot!」のメッセージがコマンドプロンプト（またはターミナル）のウィンドウに表示されるぞ。

```
def place_apple():
    apple.x = 300
    apple.y = 200

def on_mouse_down(pos):
    print("Good shot!")
    place_apple()

place_apple()
```

プログラマーはソースコードを見やすくするため、このように空白の行を入れることがあるよ。でも絶対に必要なわけではない。パイソンはこのような改行を無視してプログラムを実行するよ

13 ロジックを追加する

マウスをクリックするたびに「Good shot!」というメッセージが表示されるようになったよ。でも、プレイヤーが実際にリンゴをヒットしたときだけメッセージを表示したいね。ステップ10から12で書いたソースコードに手を入れよう。**if**文を追加して、リンゴとマウスのカーソルが同じ位置にあるかチェックするんだ。同じ位置にある場合だけメッセージを表示しよう。

posはマウスをクリックしたときのカーソルの位置だよ

```
def on_mouse_down(pos):
    if apple.collidepoint(pos):
        print("Good shot!")
        place_apple()
```

この２行の先頭に半角スペースが８個あるようにしよう

この関数はカーソルとリンゴが同じ位置にあるかチェックするよ

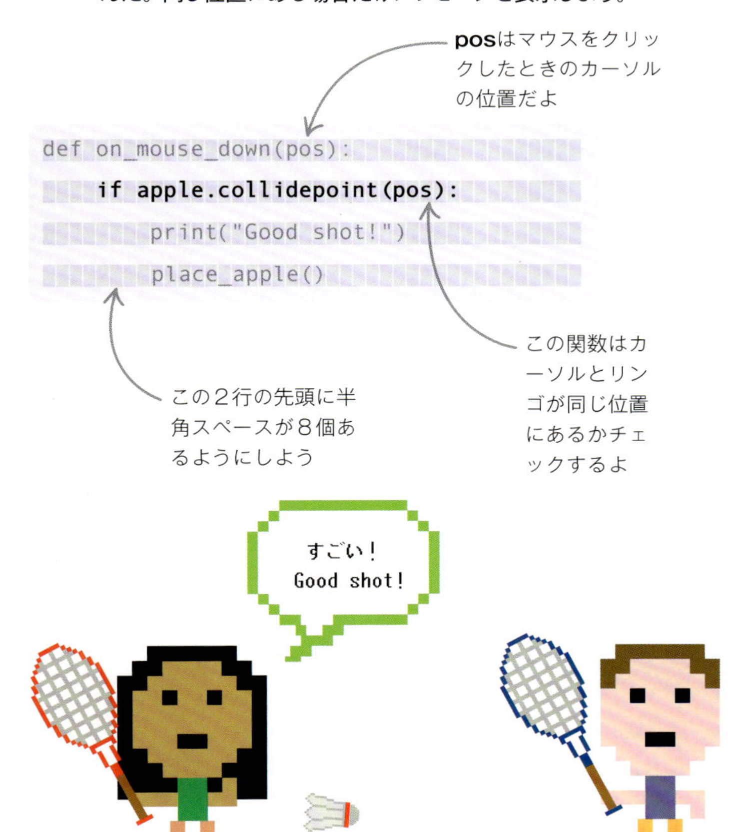

うまくなるヒント

字下げ（インデント）

パイソンはどの行がどのブロックに入るのかを字下げで区別している。もし字下げのやり方をまちがえると、プログラムはバグのおかげで終了してしまうぞ。字下げは半角スペース４個分で、字下げが２回（半角スペースが８個分）以上行われる場合もあるよ。自動的に字下げしてくれるときもあるけれど、ステップ13のように後から手を加えたときは、自分で字下げしなければならないこともある。半角スペースの数をまちがえないようにしよう。

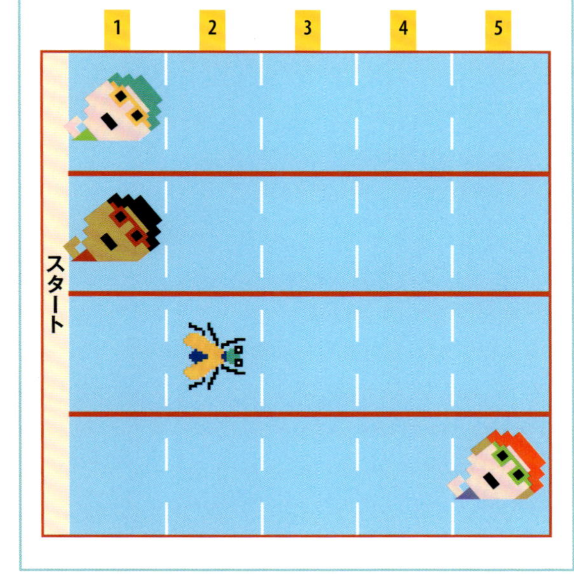

14 ミスしたらゲームオーバーだ！

さらにソースコードを書き加えて、シュートをミスしてリンゴ以外の場所をクリックしたら、ゲームを終わらせるようにしよう。

```
    if apple.collidepoint(pos):
        print("Good shot!")
        place_apple()
    else:
        print("You missed!")
        quit()
```

この命令はプログラムを完全に止めてゲームを終わらせるよ

15 randomモジュールを加える

このままだととてもかんたんなゲームだね。リンゴがいつも画面の同じ位置に現れるからだ。パイソンのrandom（ランダム）モジュールを使えば、リンゴが現れる位置が毎回ランダムに決められるので、ゲームをもっとおもしろくできる。まず下の行をソースコードの先頭に入れよう。

```
from random import randint
apple = Actor("apple")
```

randomモジュールから**randint()**関数を組み入れているよ

16 randomモジュールを使う

ステップ9で書いたソースコードを下のように書きかえよう。**randint()**関数を使い、10から800の間の数をランダムに選んでx座標に、10から600の間の数をランダムに選んでy座標にするよ。

```
def place_apple():
    apple.x = randint(10, 800)
    apple.y = randint(10, 600)
```

この関数は座標に使うための数をランダムに選ぶ

17 シュートしよう！

やったね！ プログラムを実行してゲームをプレイしよう。リンゴを「シュート」すると、リンゴはランダムに決まる別の位置に移動するから再び「シュート」しよう。

ぼくって
うますぎ！

うまくなるヒント

ランダムな数

サイコロをふる、何枚ものカードから1枚を選ぶ、コイントスで決める。これらは乱数（ランダムな数）を作っているのと同じだ。**Help**メニューから**Python Docs**を選べば、英語だけれどもパイソンのrandomモジュールの使い方がくわしく書かれている。または、https://docs.python.org/ja/3/library/random.html に日本語で説明がのっているぞ。

好きなカードを
1枚引いてください。

改造してみよう

どうすればさらにこのゲームがおもしろくなるか考えてみよう。改造するためのヒントを集めてみたよ。

```
kiwi = Actor("kiwi")
```

▲フルーツサラダ

アクターがリンゴである必要はないぞ。Python Games Resource Pack から他のフルーツの画像を探したり、オンラインで手に入るドット絵用のエディターで自作したりしてもいい。imagesフォルダーに入れる前に、画像のサイズがゲームに合っているかチェックしよう。画像につけた名前に応じてソースコードを書きかえ、新しいフルーツを出現させてみよう。

変数については
28ページが参考になるよ。

▲カウントする

ソースコードを書きかえて、クリックが成功した回数を記録できるようにしよう。役に立つヒントをまとめておくよ。

- 回数は変数に記録する。
- ゲーム開始時に変数に0を代入する。
- リンゴをクリックするたびに変数に1を足す。
- リンゴが描かれるたび、**print()**関数でスコアをコマンドプロンプト（またはターミナル）のウィンドウに表示する。

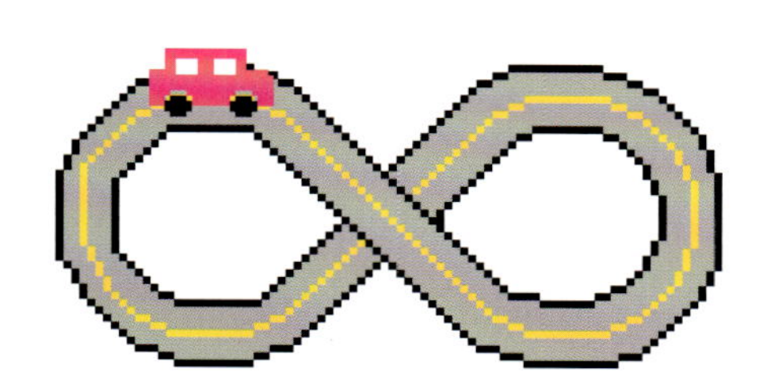

▲ずっと続けられるようにする

このゲームはマウスの操作に慣れたい人にうってつけだ。でもまちがった場所を一度でもクリックするとゲームが終わってしまうのでイライラするかもしれない。ゲームを終わらせている命令を取り去って、もっとかんたんにできるかな？

▲シュート禁止！

プレイヤーがまちがえてクリックしそうなフルーツを追加するのはどうだろう？ 例えば赤いボールはリンゴに似ているから、うっかり者のプレイヤーはクリックしまちがえるかもしれないぞ。

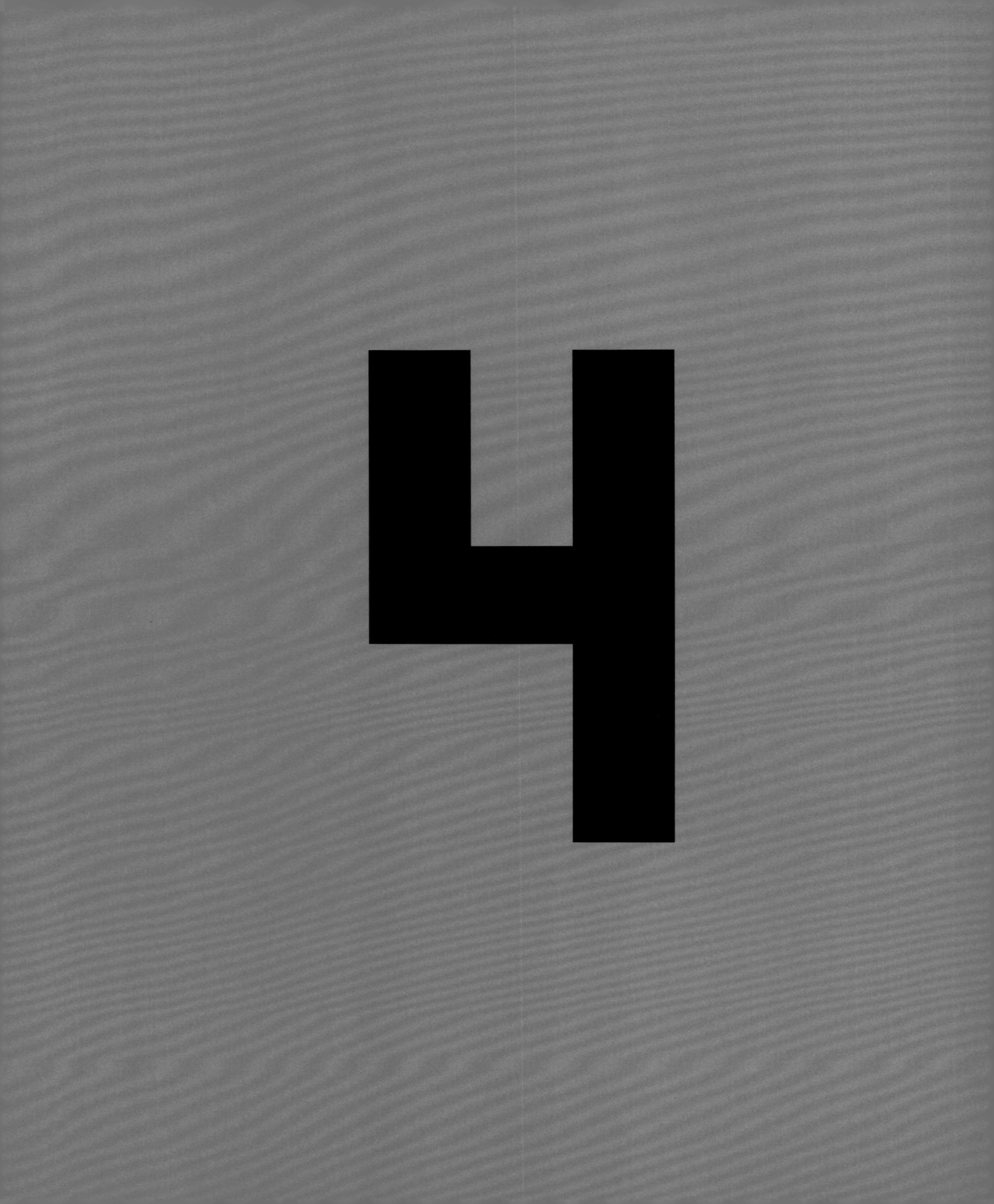

コイン・コレクター

コイン・コレクターの作り方

ずるがしこいキツネが、できるだけ多くのコインを集めようとしているよ。手伝ってあげよう。集めたコインが多いほどスコアは高くなる。急ごう！ 時間は少ししかないぞ。

何が起こるのかな

画面にキツネとコインが現れるから、矢印キーを使ってキツネをコインのところまで動かそう。キツネがコインにタッチすると10ポイント入り、どこか他の場所にコインがまた現れる。ゲームはスタートから７秒後に終わり、合計スコアが表示されるよ。

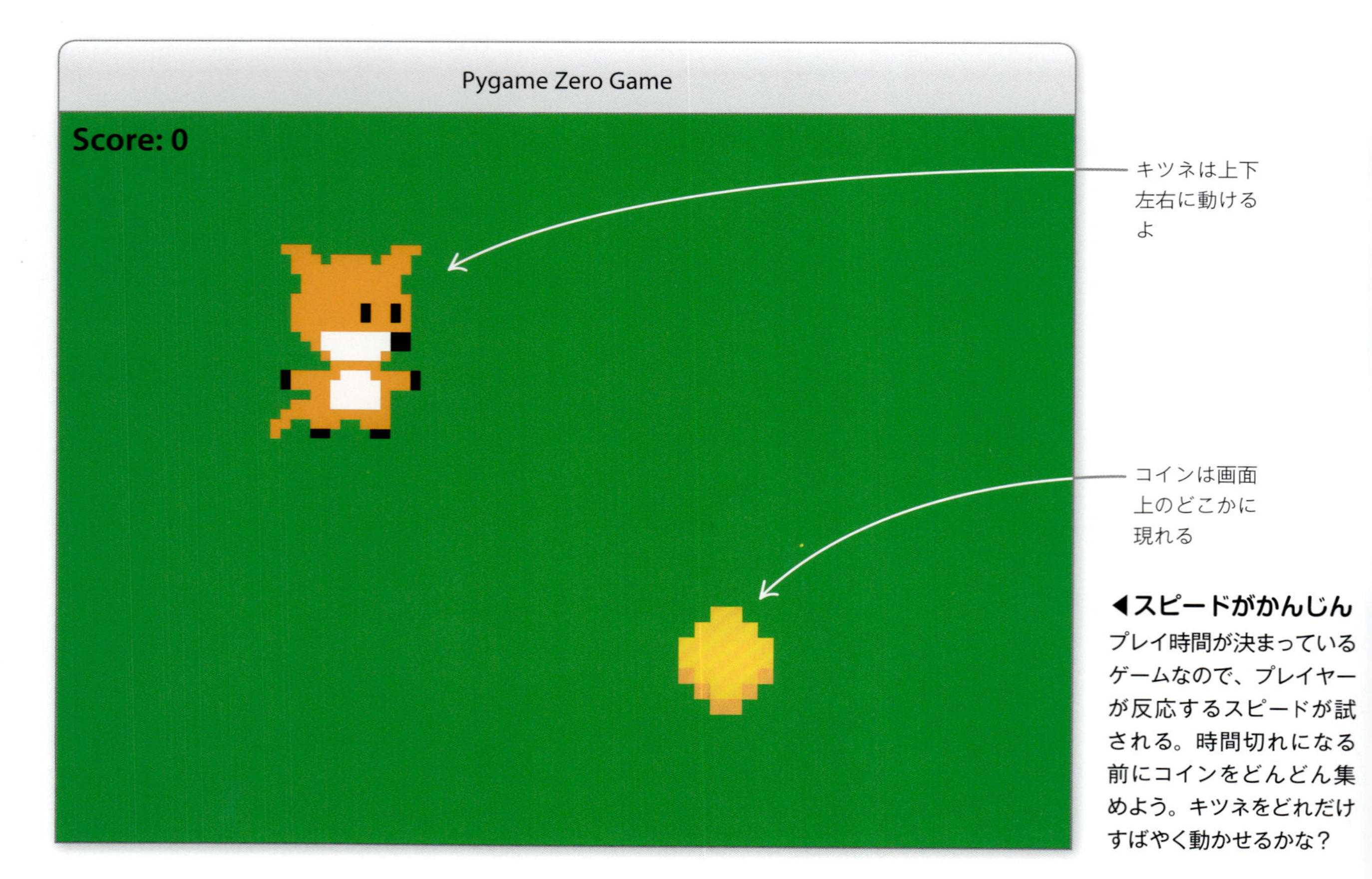

◀スピードがかんじん
プレイ時間が決まっているゲームなので、プレイヤーが反応するスピードが試される。時間切れになる前にコインをどんどん集めよう。キツネをどれだけすばやく動かせるかな？

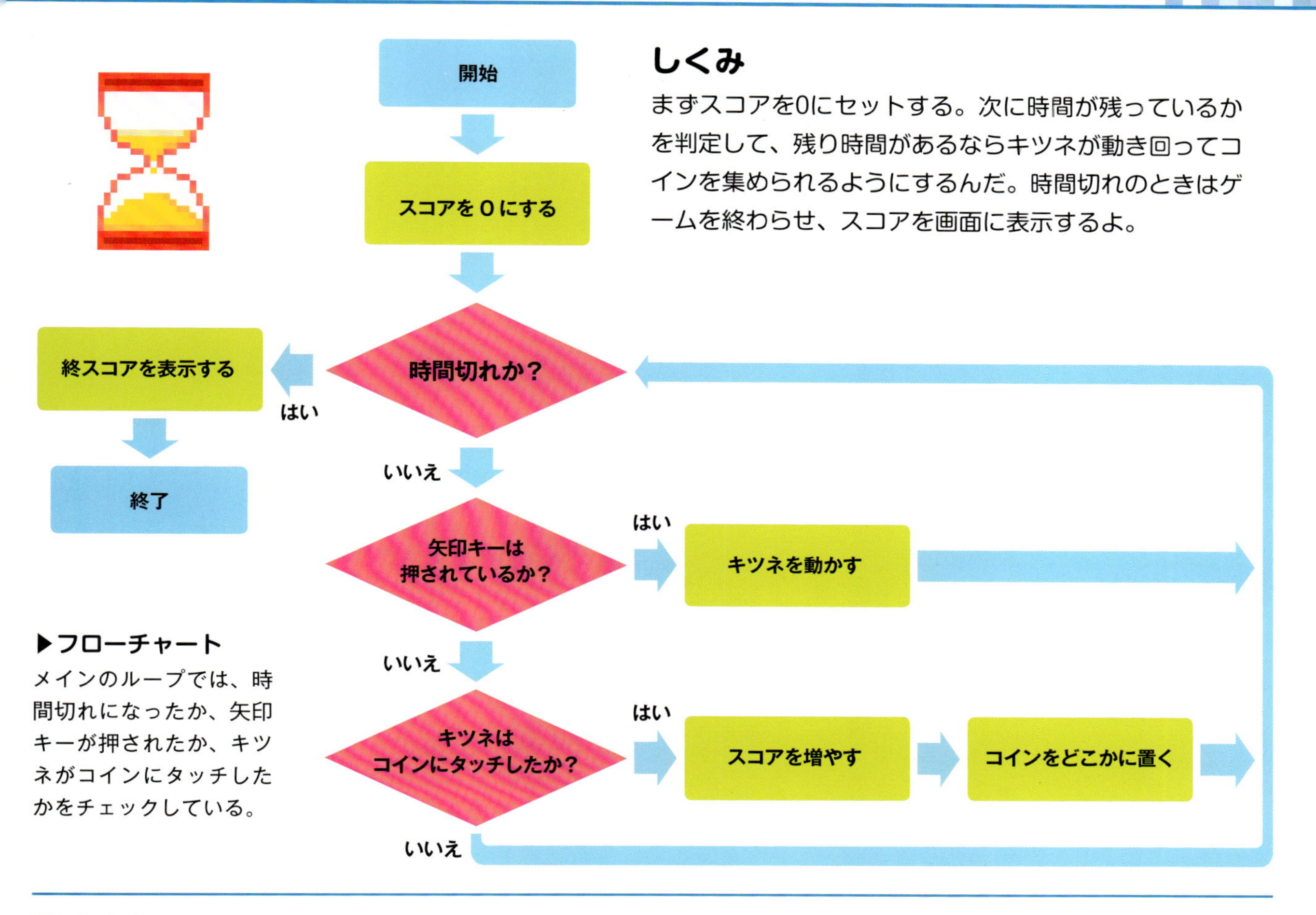

しくみ

まずスコアを0にセットする。次に時間が残っているかを判定して、残り時間があるならキツネが動き回ってコインを集められるようにするんだ。時間切れのときはゲームを終わらせ、スコアを画面に表示するよ。

▶フローチャート
メインのループでは、時間切れになったか、矢印キーが押されたか、キツネがコインにタッチしたかをチェックしている。

始めよう

さっそくゲームを作っていこう。最初に新しいファイルを用意し、利用するモジュールを組み入れるよ。それからアクターを描いて、関数を定義する。幸運をいのる！

宝さがしはこちら

1 セットアップ

coin-collectorというフォルダーを新しく作る。そうしたらIDLEを開いて**File**メニューから**New File**を選び、からっぽのファイルを作ろう。同じメニューにある**Save As**を選んで、ファイルをcoin.pyという名前でcoin-collectorのフォルダーにセーブだ。

Save As: coin.py
Tags:
Where: coin-collector
Cancel　Save

2 画像用フォルダーを作る

このゲームではキツネとコインの画像を使うよ。coin-collectorフォルダーの中に新しくimagesというフォルダーを作ろう。新しいimagesフォルダーはcoin.pyと同じフォルダーに入れておかなければならないぞ。

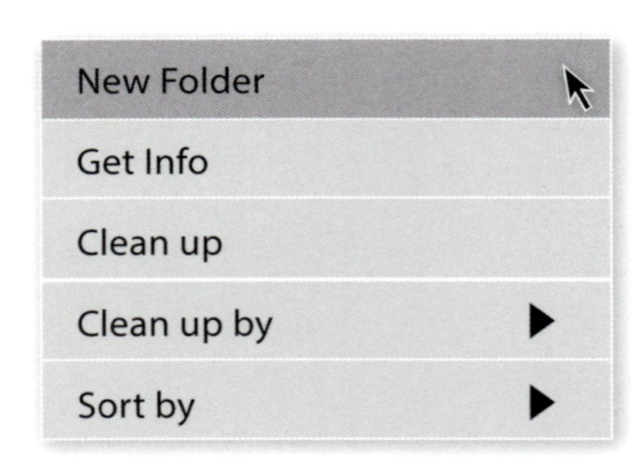

3 画像をフォルダーに入れる

www.dk.com/uk/information/the-python-games-resource-pack/からダウンロードしたCoin Collecter用の画像の中からcoin.pngとfox.pngというファイルを探そう。この2つをimagesフォルダーの中にコピーするんだ。

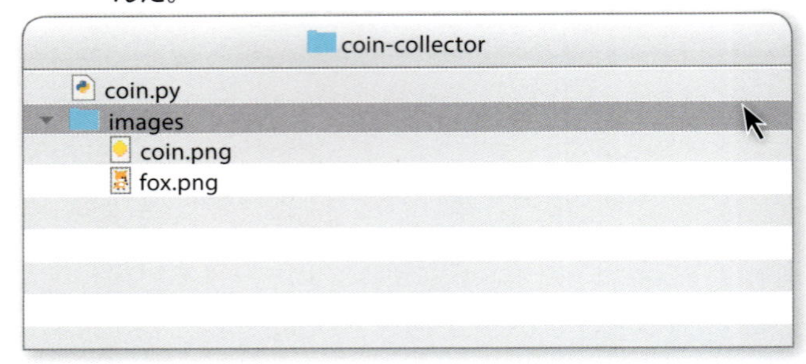

4 プログラミングを始める

これで準備は完了だ。このゲームはシュート・ザ・フルーツと同じようなしくみで動くから、前に書いたソースコードで使える部分があるよ。まずゲームで使うエリアを設定するために、ファイルの先頭に下のように入力してね。

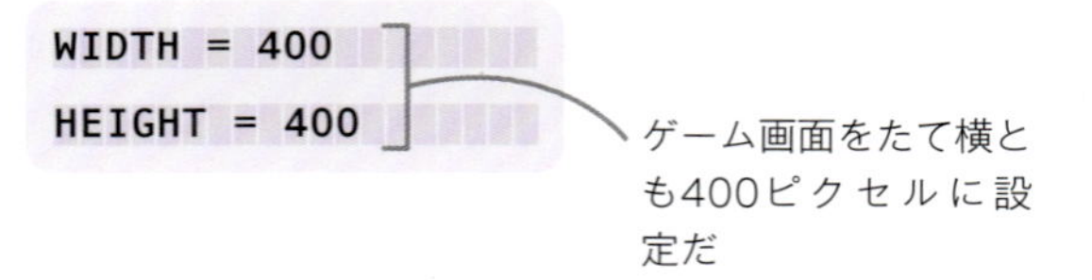

WIDTH = 400
HEIGHT = 400
ゲーム画面をたて横とも400ピクセルに設定だ

5 スコアをセットする

ゲームの開始時にスコアを0にセットするようにしよう。下のように変数**score**が必要になるね。ステップ4のソースコードに続けて、下の黒字の部分を入力するよ。

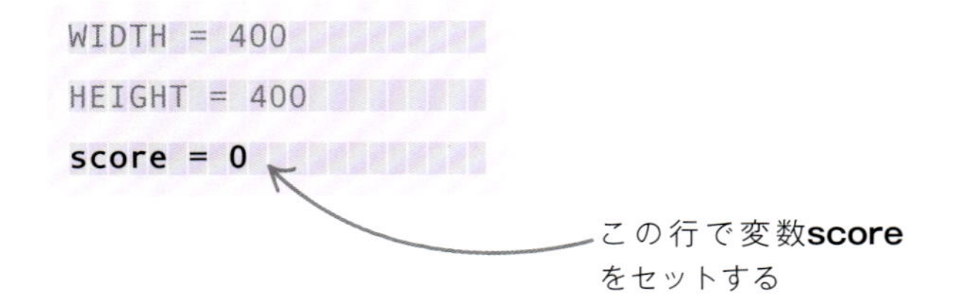

WIDTH = 400
HEIGHT = 400
score = 0
この行で変数scoreをセットする

キーワード

パターン

ゲームの中には、パターンを利用しているものが多いぞ。例えば2つのゲームのキャラクター、パワーアップの方法、むずかしさがちがったとしても、基本的なルールはとても似ていることがある。プログラマーは、作っているプログラムの中に同じパターンがないか探すことがよくある。もしパターンがあれば、それまでに書いたソースコードを使い回しできるかもしれない。そうすれば新しいプログラムを作るのが楽になるし時間も節約できる。テストがすんでいるなら、バグがある可能性も低くなるね。

6 ゲームオーバーかな？

真理値（TrueかFalseのどちらかになる）が代入されるブール変数（論理変数とも呼ぶよ）を使って、Pygame Zeroにゲームが終わったかどうかを教えるよ。今はFalseをセットしておこう。

```
WIDTH = 400
HEIGHT = 400
score = 0
game_over = False
```

7 アクターを加える

このゲームにはアクターが2つ出てくる。キツネ（fox）とコイン（coin）だね。この2つのアクターを作ってから、ステージでの位置を決めよう。ステップ6のソースコードの下に、右のようにソースコードを書き足してね。

```
fox = Actor("fox")
fox.pos = 100, 100

coin = Actor("coin")
coin.pos = 200, 200
```

imagesフォルダーのfox.pngファイルを使ってキツネのアクターを作っているよ

コインの位置は画面左上から右に200ピクセル、下に200ピクセルだ

8 画像を画面に表示する

draw()関数を使ってアクターを画面に表示しよう。画面の背景色を変えて、スコアも表示するよ。下のようにソースコードを書いてね。

```
coin.pos = 200, 200

def draw():
    screen.fill("green")
    fox.draw()
    coin.draw()
    screen.draw.text("Score: " + str(score), color="black", topleft=(10, 10))
```

この2行でキツネとコインを画面に表示するよ

スコアを画面の左上に表示しよう

9 試してみよう

では、ここまで書いたソースコードを実行してみよう。コマンドプロンプト（またはターミナル）のウィンドウでコマンドラインを使って実行するけれど、やり方は覚えているかな？

```
pgzrun
```

coin.pyをドラッグしてここにドロップしてからリターン（エンター）キーを押そう

10 動いたかな？

ゲームは動いたかな？　キツネとコインが画面に表示され、左上にはスコアも出ているはずだ。まだプレイはできないけれど、このようにこまめに実行して、バグがないかチェックした方がいいよ。

実行のやり方を
忘れてしまったら、
24～25ページを見直そう。

11 関数の場所を取っておく

ゲームを完成させるにはいくつかの関数を作らなければならない。関数のための場所取りをしておこう。passというキーワードを使えば、今すぐ関数を定義しなくてもソースコードに場所を取っておけるよ。あとですぐに関数を定義できるよう、下の黒字のソースコードを入力だ。

```
    coin.draw()
    screen.draw.text("Score: " + str(score), color="black", topleft=(10, 10))

def place_coin():
    pass

def time_up():
    pass

def update():
    pass
```

ソースコード全体の構造(つくり)を考えやすくするため、このように関数の場所だけ取っておき、あとで関数を完成させるようにする

12 randint( )を組み入れる

関数を定義していこう。最初の関数はビルトイン関数randint()を利用するから、randint()をプログラムに組み入れよう。ソースコードの先頭に下のように入力してね。

```
from random import randint
```

これまで書いたソースコードよりも前に書き加えるぞ

13 コインを置く

次にplace_coin()関数を書きかえるぞ。この関数は画面のランダムな位置にコインを置くんだ。passを削除して下のような命令を書いていこう。

```
def place_coin():
    coin.x = randint(20, (WIDTH - 20))
    coin.y = randint(20, (HEIGHT - 20))
```

コインは画面の端から少なくとも20ピクセル離れた位置に置かれる

14 関数を呼び出す

関数を定義するだけではなく、呼び出さなければならなかったね。ソースコードの最後に下の1行を追加しよう。

```
def update():
    pass

place_coin()
```

place_coin()関数の中に書いたソースコードは、この行で実行されるぞ

うまくなるヒント

pass

パイソンの場合、関数内部の処理がきちんと決められないうちは、**pass**というキーワードだけ書いておいて、あとで書きかえることができる。クイズで正解がわからないとき、「パス！」と言うのに似ているね。

15 時間切れ！

time_up()関数をきちんと定義していこう。この関数は呼び出されるとブール変数**game_over**にTrueをセットして、プログラムにゲームを終えるよう知らせるよ。下のように入力してね。

```
def time_up():
    global game_over
    game_over = True
```

キーワードの**pass**を削除するのを忘れないように。新しい行は**pass**を取り去ってから入力しよう

16 タイマーをセットする

time_up()の定義は終わったから、プログラムで呼び出すようにしよう。ただしゲーム開始から７秒後に呼び出す必要があるね。Pygame Zeroで用意してある**clock**というツールを利用するぞ。このツールは、決めておいた時間がたってから関数を呼び出すためのものだ。下のように書き加えよう。

```
clock.schedule(time_up, 7.0)
place_coin()
```

関数**time_up()**をゲーム開始から７秒後に呼び出すよ

17 ゲームを終わらせる

ゲームを開始して７秒たつと、**clock.schedule**が**time_up()**関数を呼び出してゲームを終わらせる。でもプレイヤーの最終スコアを表示しなければならないよ。そのために**draw()**関数に少しソースコードを書き足そう。

時間切れ！
ゲームをやめよう

```
def draw():
    screen.fill("green")
    fox.draw()
    coin.draw()
    screen.draw.text("Score: " + str(score), color="black", topleft=(10, 10))

    if game_over:
        screen.fill("pink")
        screen.draw.text("Final Score: " + str(score), topleft=(10, 10), fontsize=60)
```

変数**game_over**がTrueなら画面の背景色をピンクにしよう

最終スコアを画面に表示するよ

この命令は画面に表示する文字の大きさを決めている

18 update( )を使う

あとは**update()**関数を定義しなければならないね。この関数はPygame Zeroに用意されていて、他の関数とはちがっていつ呼び出すかプログラマーが心配しなくてもいいんだ。定義さえしておけば、Pygame Zeroが１秒間に60回も自動的に呼び出してくれるよ。**def update()**の下の**pass**を削除して、右のようにソースコードを書き入れよう。これでキーボードの左向き矢印キーを押したとき、キツネが左に動くようになるぞ。

```
def update():
    if keyboard.left:
        fox.x = fox.x - 2
```

左向き矢印キーが押されたとき、キツネを左に２ピクセル動かすよ

19 上下左右に動かす

ソースコードをテストしてみよう。キツネを左に動かせたかな。でも他の方向にも動くようにしたいね。右のようにソースコードに追加だ。

```
def update():
    if keyboard.left:
        fox.x = fox.x - 2
    elif keyboard.right:
        fox.x = fox.x + 2
    elif keyboard.up:
        fox.y = fox.y - 2
    elif keyboard.down:
        fox.y = fox.y + 2
```

どのelif(else-if)で分岐するかは、どの矢印キーが押されたかで決まるよ

20 コインを集める

最後に、キツネがコインにタッチしたときにスコアを変えるためのソースコードを書いておこう。右のように**update()**関数に書き加えてね。

```
def update():
    global score

    if keyboard.left:
        fox.x = fox.x - 2
    elif keyboard.right:
        fox.x = fox.x + 2
    elif keyboard.up:
        fox.y = fox.y - 2
    elif keyboard.down:
        fox.y = fox.y + 2

    coin_collected = fox.colliderect(coin)

    if coin_collected:
        score = score + 10
        place_coin()

clock.schedule(time_up, 7.0)
place_coin()
```

関数を定義しているソースコードの最初に書こう

キツネがコインにタッチしたらこの変数がTrueになるよ

ここでスコアに10を足している

21 ゲームの完成だ！

さあ、これでソースコードは全部書き終わったよ。実際にプレイをしてみて、ゲームオーバーまでに何枚のコインを集められるか挑戦してみよう。

こんなに集めたよ！

改造してみよう

ゲームを改造する方法はいろいろあるよ。キツネを君の好きなキャラクターに変えてもいいし、ゲームをもっと長くプレイできるようにしてもいいね。

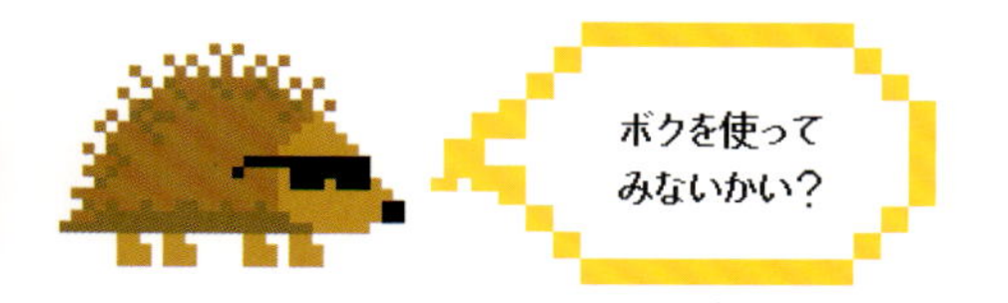


```
hedgehog = Actor("hedgehog")
```

▲ちがうアクター

Python Games Resource Packの中を探して、キツネ以外の画像を使ってみよう。オンラインで使えるドット絵エディター（8ビットエディター）で、オリジナルのキャラクターを描いてアクターにしてもいいよ。プログラム全体を見直して、キツネ（fox）から新しいキャラクターの名前に書きかえるのを忘れないでね。

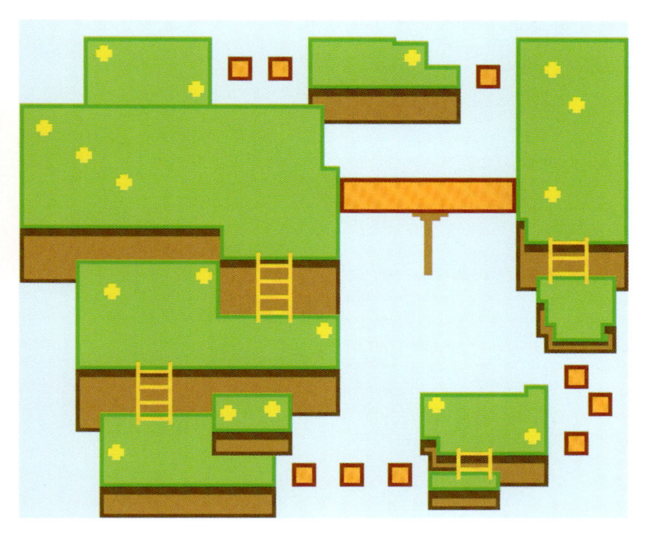

▲プレイエリアを変える

変数**WIDTH**と**HEIGHT**の値を変えれば、ゲームのプレイエリアを変えてしまうこともできるぞ。代入している値を変えてどうなるか見てみよう。ソースコードのどの部分を変えたらいいかわかるかな？

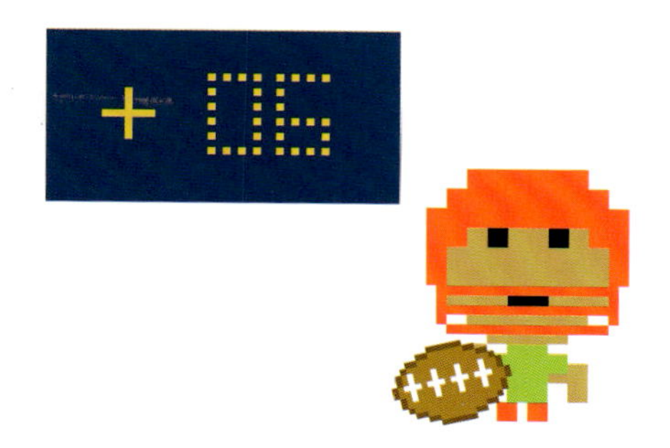

```
clock.schedule(time_up, 15.0)
```

▲時間を延長する

ゲームは7秒後に終わるようになっている。もっとゲームをやさしくするため、プレイヤーの持ち時間を長くしてあげよう。ソースコードの中の1行を変えるだけだ。

```
    if keyboard.left:
        fox.x = fox.x - 4
    elif keyboard.right:
        fox.x = fox.x + 4
    elif keyboard.up:
        fox.y = fox.y - 4
    elif keyboard.down:
        fox.y = fox.y + 4
```

▲もっと速く！

キツネがもっとすばやく動くようにできるぞ。そのためには**update()**関数の一部を書きかえる必要がある。今は矢印キーが押されるたびにキツネは2ピクセル動くようになっているね。ソースコードを上のように変えれば、倍の4ピクセル動くようになるよ。

コネクト・ザ・ナンバーズ

コネクト・ザ・ナンバーズの作り方

番号がふられた点を順番につないでいけるかな？ どれだけ短い時間でつなげられるかチャレンジしてみよう。でもクリックする位置をまちがえると最初からやり直しだ！

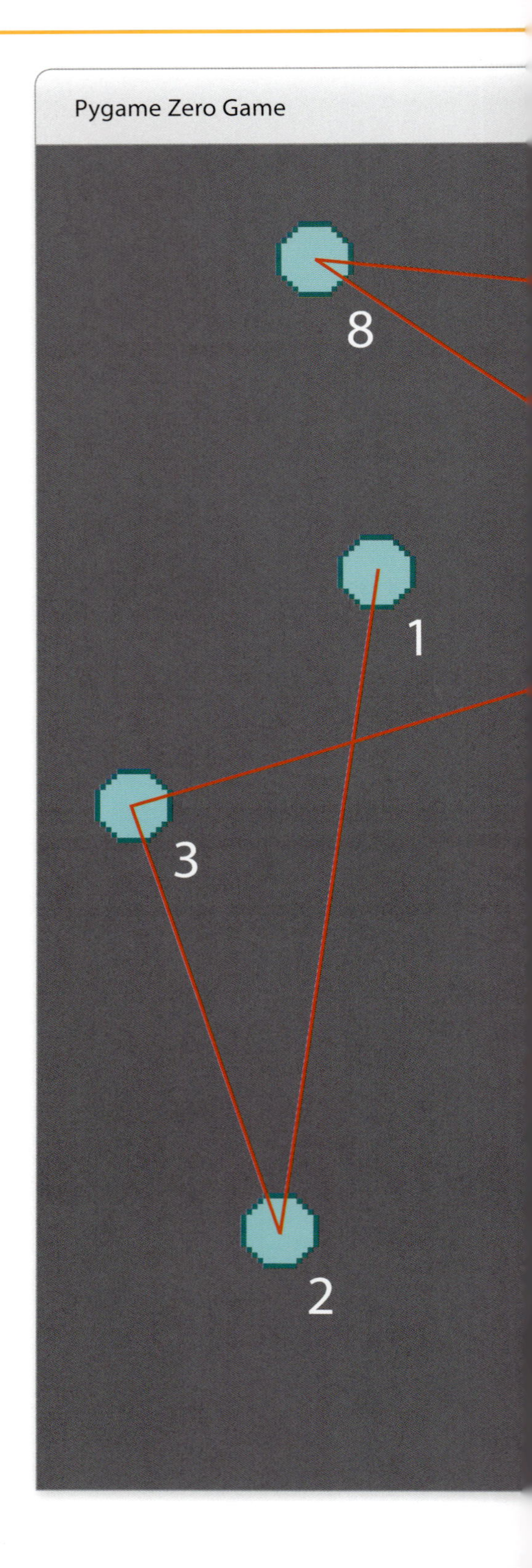

何が起こるのかな

ゲームを始めると、画面のランダムな位置に10個の点が現れる。それぞれの点には番号がふってあるよ。この点を番号どおりにクリックして線でつないでいこう。全部の点をつなぐとゲーム終了だけれど、ミスをすると線がすべて消えてしまって、最初からやり直しになるよ。

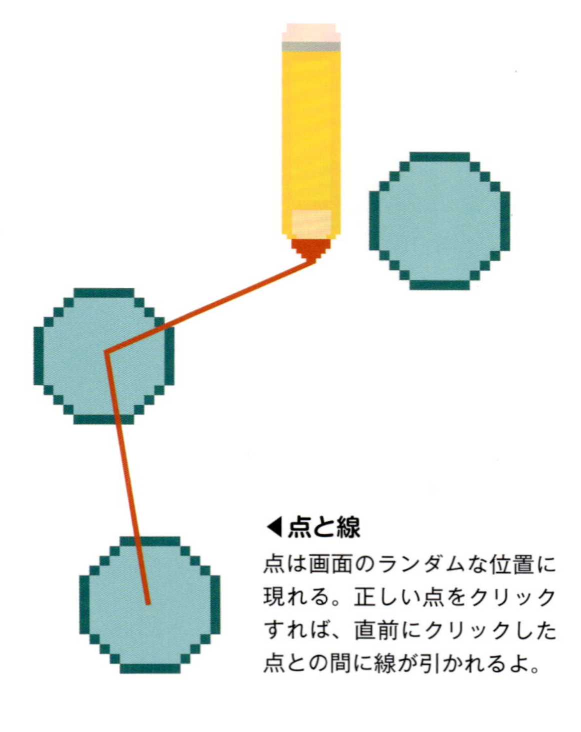

◀点と線
点は画面のランダムな位置に現れる。正しい点をクリックすれば、直前にクリックした点との間に線が引かれるよ。

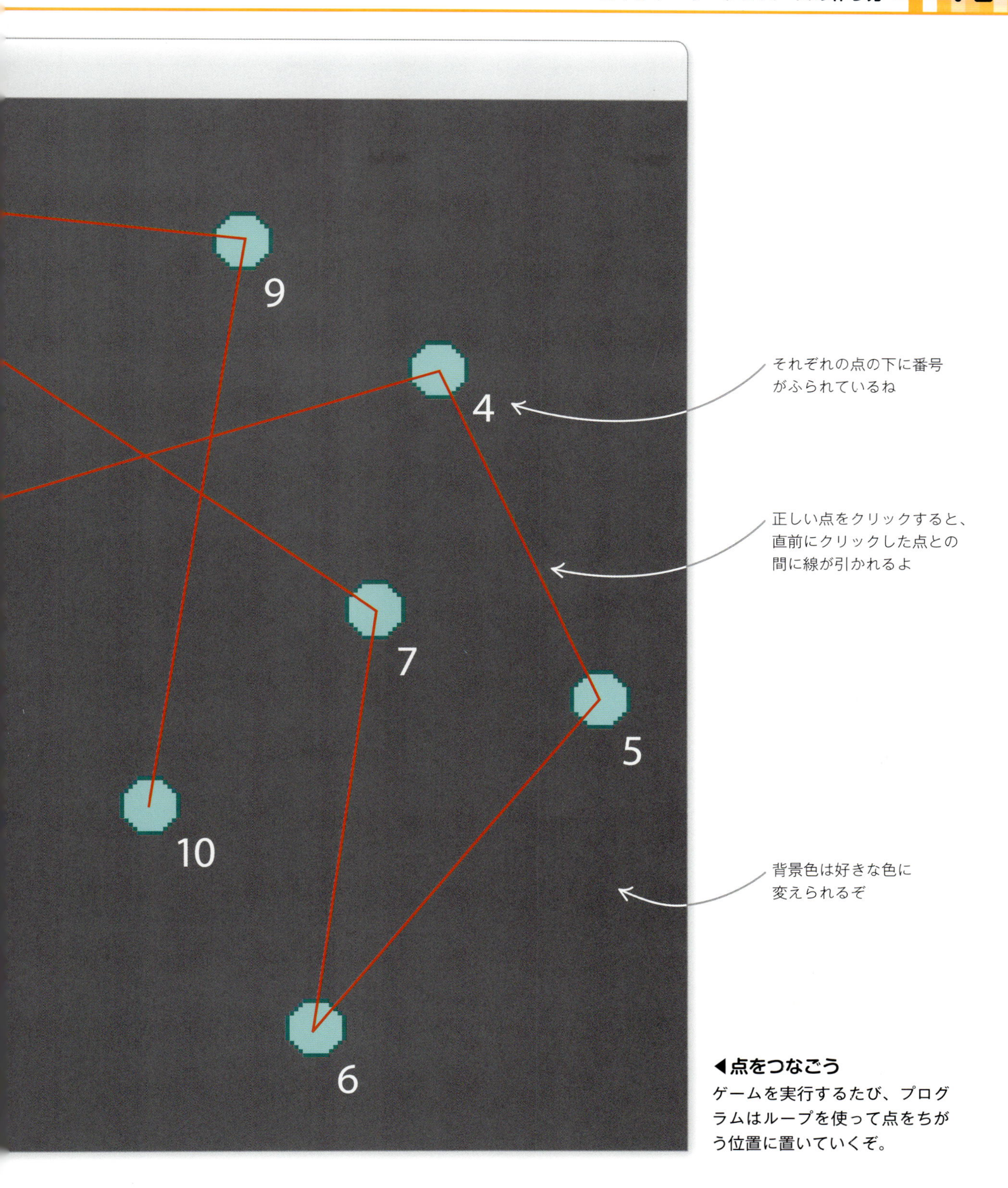
9
4
7
5
10
6
それぞれの点の下に番号
がふられているね
正しい点をクリックすると、
直前にクリックした点との
間に線が引かれるよ
背景色は好きな色に
変えられるぞ

◀点をつなごう
ゲームを実行するたび、プログラムはループを使って点をちがう位置に置いていくぞ。

しくみ

このゲームではパイソンの**randint()**関数を使って点のx座標とy座標をランダムに決め、画面のあちこちに点が置かれるようにしている。そして**on_mouse_down()**関数を使って、プレイヤーが点をクリックしたかをチェックする。プレイヤーが正しい点をクリックすれば、点と点が線でつながれる。まちがえた点か、画面上の点ではないところをクリックしたときは、すべての線が消えてしまい、プレイヤーはゲームの最初からやり直しになるよ。すべての点を線でつないだらゲーム終了だ。

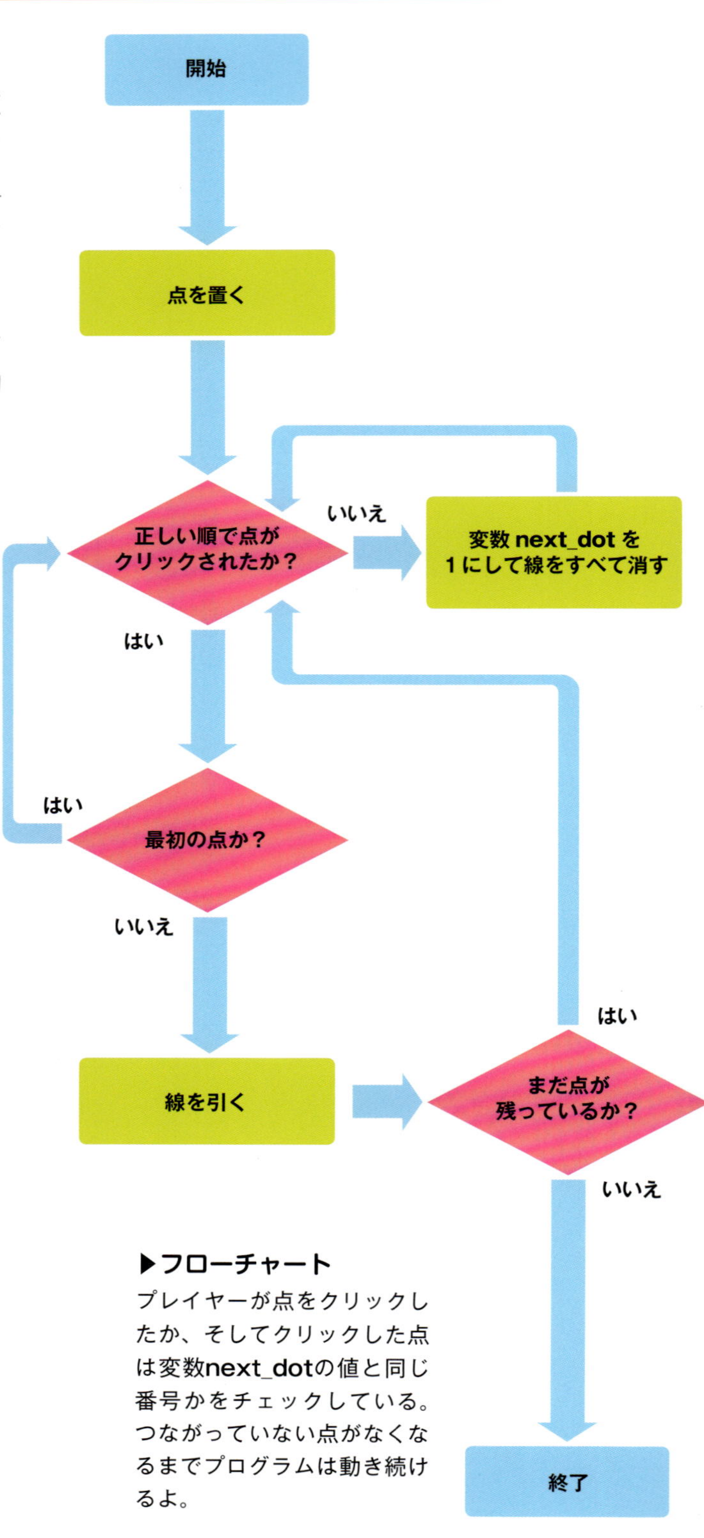

▶フローチャート

プレイヤーが点をクリックしたか、そしてクリックした点は変数next_dotの値と同じ番号かをチェックしている。つながっていない点がなくなるまでプログラムは動き続けるよ。

プログラミング開始

ではプログラミングを始めよう。このゲームで必要なパイソンのモジュールを組み入れるのが第一歩だ。それから点と線を描く関数を定義していこう。

1 準備

IDLEを起動して**File**メニューから**New File**を選んで新しいファイルを作ろう。

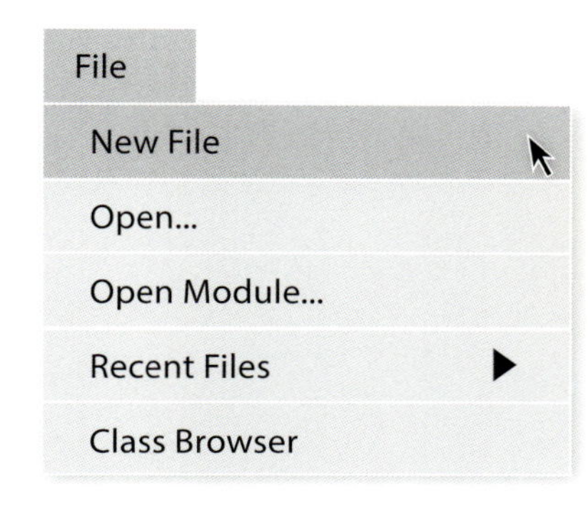

2 セーブする

第1章で作ったpython-gamesのフォルダーを開いて、connect-the-numbersというフォルダーを新しく作ろう。それから**File**メニューの**Save As**を選び、numbers.pyという名前でファイルをセーブするよ。

Save As: numbers.py
Tags:
Where: connect-the-numbers
Cancel Save

3 画像用フォルダー

すべての点を描くため、画像を1つ使うぞ。新しくimagesというフォルダーをconnect-the-numbersフォルダーの中に作ろう。

New Folder
Get Info
Clean up
Clean up by
Sort by

4 画像をセットする

www.dk.com/uk/information/the-python-games-resource-pack/の中からFollow the Numbers用のdot.pngというファイルを探してね。見つけたらimagesフォルダーにコピーしよう。

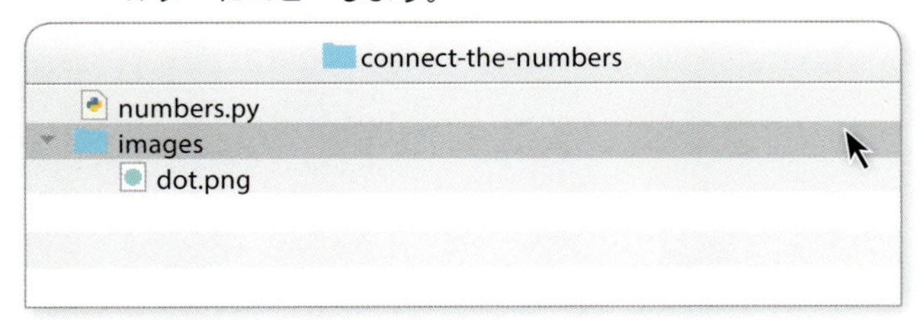

5 モジュールを組み入れる

プログラミングの準備が終わったよ。IDLEファイルに戻って、下のソースコードを1行目に入力しよう。

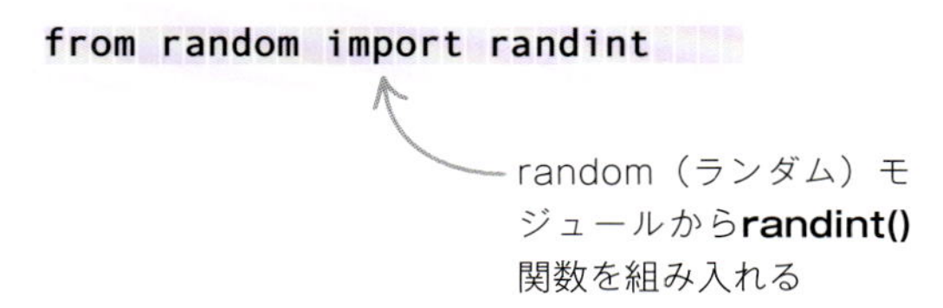

```
from random import randint
```

random（ランダム）モジュールから**randint()**関数を組み入れる

6 画面サイズをセットする

次に必要なのは、ゲームの画面サイズを設定することだ。ステップ5で書いたソースコードに続けて、下のように書き加えよう。

```
WIDTH = 400
HEIGHT = 400
```

画面サイズをグローバル変数にセットしている。単位はピクセルだね

大きい画面のほうがいい！

うまくなるヒント

グローバル変数とローカル変数

変数にはグローバル変数とローカル変数の2種類があるよ。グローバル変数はソースコードのどこででも使えるけれど、ローカル変数は、そのローカル変数が定義された関数の中でしか使えないよ。関数の中でグローバル変数の値を変えたいときは、**global**というキーワードに続けて変数の名前を書いておけばいい。

7 リストを準備する

点を入れておくリストだけでなく、点をつなぐ線を入れておくリストも必要だ。それと、次にクリックされるはずの点の番号を入れておく変数も必要だね。右のように入力して、これらのリストと変数を作ろう。

```
HEIGHT = 400

dots = []
lines = []

next_dot = 0
```

この2つのグローバルリストに点と線を入れるぞ

このグローバル変数には最初は0が代入されるよ。次にどの点をクリックすべきかを示すための変数だ

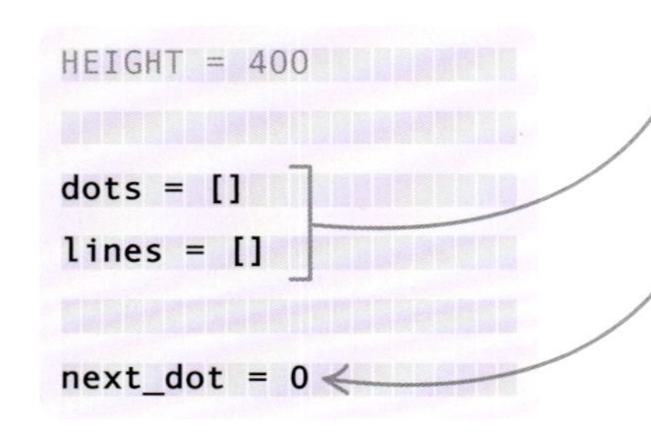

このシーンではそのしるしの上に立って！

8 アクターをセットする

次にアクターをセットしよう。このゲームのアクターは点が10個だよ。ループで10個の点を作り、それぞれの位置はランダムに決めてアクターリストに加えていく。ステップ7で書いたソースコードのあとに、下のように書き加えてね。

```
next_dot = 0

for dot in range(0, 10):
    actor = Actor("dot")
    actor.pos = randint(20, WIDTH - 20), \
    randint(20, HEIGHT - 20)
    dots.append(actor)
```

imagesフォルダーの点の画像を使って、新しいアクターを作っているね

点の画像全体が画面に表示されるよう、画面から少なくとも20ピクセル離れた位置に点を置くようにしているぞ

ループの回数は10回だね

長い行を2行以上に分けて書きたいときは「\」（バックスラッシュ）を使おう。日本語版Windowsでは「\」キーを押すか、半角の￥記号を使って代用できるよ

9 アクターを描く

draw()関数を使って、点を番号といっしょに画面に表示しよう。screen.draw.text()関数は文字列を引数として受け取るように作られているけれど、変数numberに入っているのは整数だ。そこでstr()関数を使って整数を文字列に変えなければならないぞ。下のソースコードをステップ8で書いたあとに続けよう。

背景色を黒にしているよ

```
    dots.append(actor)

def draw():
    screen.fill("black")
    number = 1
    for dot in dots:
        screen.draw.text(str(number), \
                         (dot.pos[0], dot.pos[1] + 12))
        dot.draw()
        number = number + 1
```

直前にクリックした点の番号を入れておくための変数を作っている

この部分で、点を番号といっしょに画面に描いているね

10 線を引く

最後に下のソースコードを加えて、draw()関数を完成させるよ。プレイヤーが最初の2つの点をクリックするまで、線のリストは空のままだ。だから画面には線が引かれないよ。

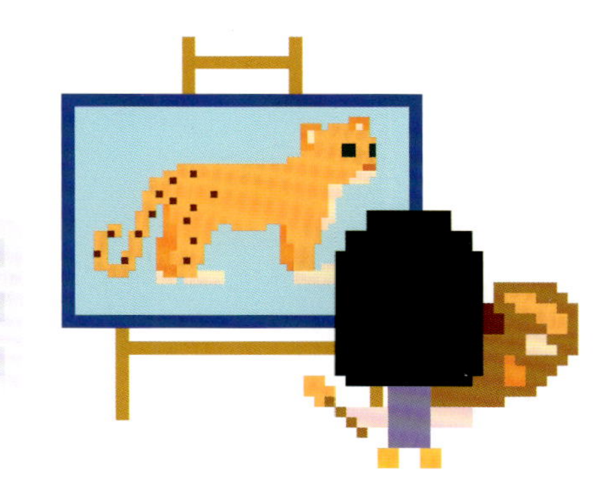

```
        number = number + 1
    for line in lines:
        screen.draw.line(line[0], line[1], (100, 0, 0))
```

うまくなるヒント

line関数

この関数は画面上の2つの点の間に線を引く。点xをスタートして点yに向けて線を引くんだ。線の色は赤(R)、緑(G)、青(B)か、この3つの色を混ぜた色(RGB)を選べる。ある色をどれくらい使うかは、まったく混ぜない(0)から最大量を混ぜる(255)まで数値で指定できるよ。例えば(0, 0, 100)なら色は青になるね。名前を指定できる色もあるけれど、RGBの値を変えて色合いを変えてみるのもいいね。

```
screen.draw.line(x, y, (0, 0, 100))
```

この3つの値を変えて線の色を指定できる

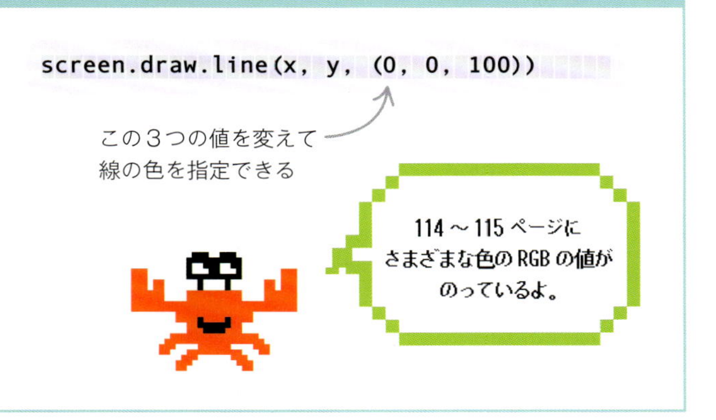

114～115ページにさまざまな色のRGBの値がのっているよ。

11 テストする

ここまでに書いたソースコードをテストしてみよう。コマンドプロンプト（またはターミナル）のコマンドラインを使って実行するぞ。やり方を忘れてしまったら24 ～ 25ページを見て思い出そう。

```
pgzrun
```

ここにnumbers.pyのファイルをドラッグしてこよう

12 何が表示されたかな？

プログラムがうまく動いたら、画面には下のように点が表示されているはずだ。点の位置がちがうのはいいけれど、おかしな画面やエラーメッセージが表示されたら、ソースコードをよく見て何かまちがいをしていないかチェックしよう。

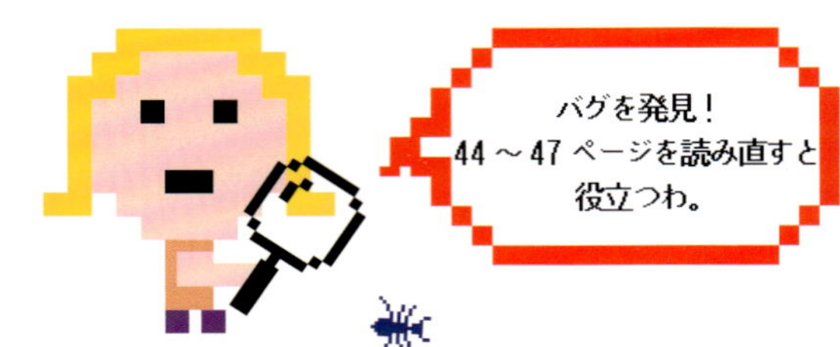
バグを発見！
44 ～ 47 ページを読み直すと役立つわ。

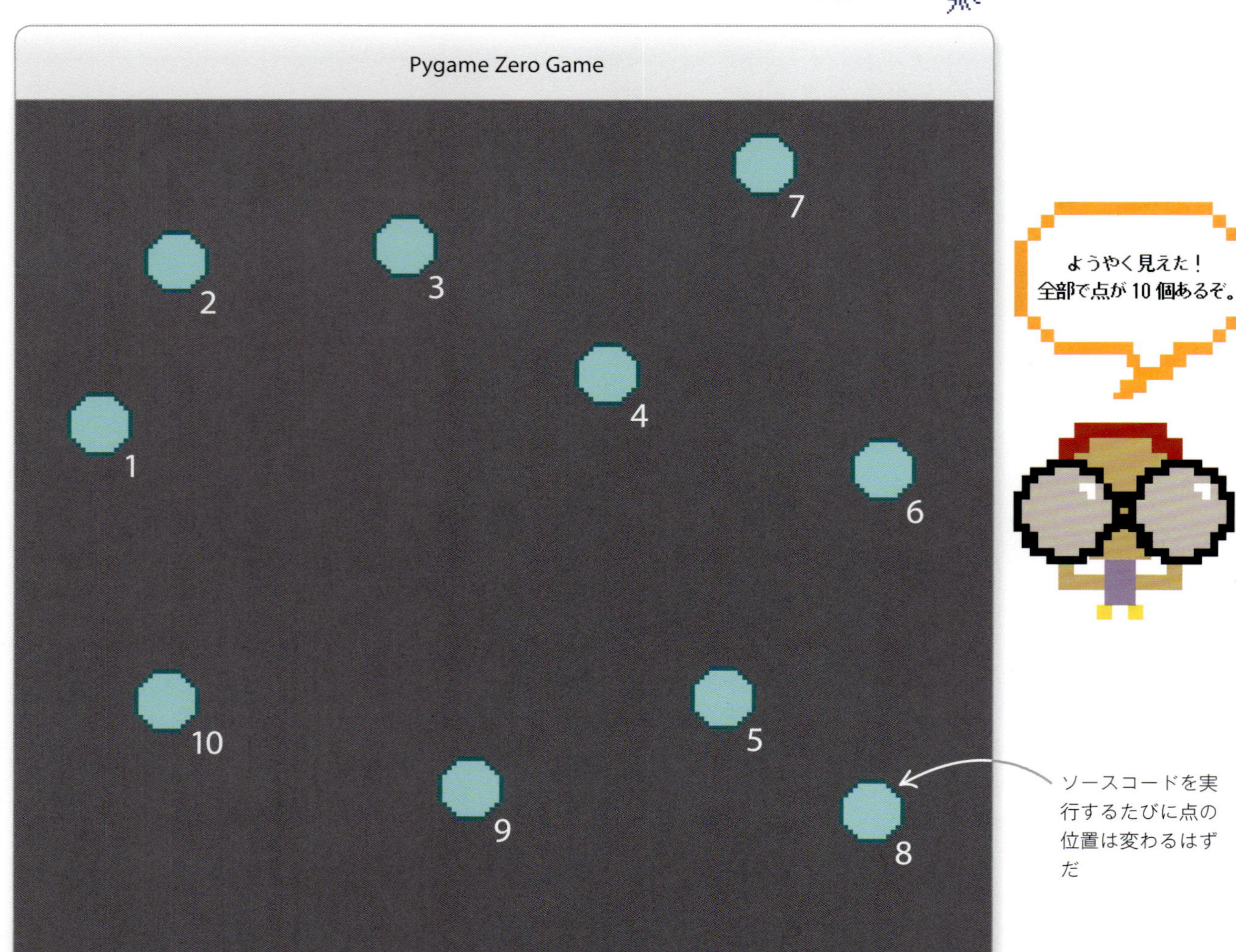
Pygame Zero Game
1
2
3
4
5
6
7
8
9
10
ようやく見えた！
全部で点が 10 個あるぞ。
ソースコードを実行するたびに点の位置は変わるはずだ

13 新しい関数を加える

前のステップで実際にプログラムを動かしてみたね。点をクリックしても何も起きないことに気づいたかな。これではいけないので、on_mouse_down(pos)関数をステップ10で書いたソースコードのあとに加えよう。

```
def on_mouse_down(pos):
    global next_dot
    global lines
```

グローバル変数のnext_dotとlinesの値を変えるには、この2行を入れておかなければならないぞ

14 線をつなぐ

次に点がクリックされたときの処理を書こう。ステップ13で書いたdef on_mouse_down(pos)の下に行を追加しよう。

```
    global lines
    if dots[next_dot].collidepoint(pos):
        if next_dot:
            lines.append((dots[next_dot - 1].pos, dots[next_dot].pos))
        next_dot = next_dot + 1
    else:
        lines = []
        next_dot = 0
```

プレイヤーが次の点を順番どおりにクリックしたかチェックしているぞ

プレイヤーが最初の点をすでにクリックしたかのチェックだ

今クリックした点と、直前にクリックした点を線でつなぐよ

次の点の番号をnext_dotに代入しているね

プレイヤーがまちがえた点をクリックしたときは、next_dotの値を最初の状態に戻し、描かれている線をすべて消してしまう

15 つないでみよう

さあこれで完成だ。ソースコードを書き終えたらセーブしてコマンドラインから実行してみよう。ようやくゲームができるぞ。できるだけ早く点を線でつないでいこう！

うまくなるヒント

collidepoint()

collidepoint()関数は、マウスでクリックした位置がアクターの位置と同じかどうかをチェックするのに使えるぞ。

```
dot = Actor("dot")

def on_mouse_down(pos):
    if dot.collidepoint(pos):
        print("Ouch")
```

点の画像を使ってアクターを作っている

on_mouse_down()関数に、マウスがクリックされた位置を引数として渡しているよ

マウスがクリックされた位置と点の位置が同じだったらシェルウィンドウに「Ouch」（いたい！）と表示するぞ

改造してみよう

このゲームを少しむずかしく、そしておもしろくしてみよう。ヒントをいくつか紹介するから参考にしてね。

▲点を増やす
点の数を増やしてゲームをむずかしくできるぞ。ステップ８で点を10個書くループを作ったのを覚えているかな？ **range**の設定を変えて点の数をもっと多くできるはずだ。

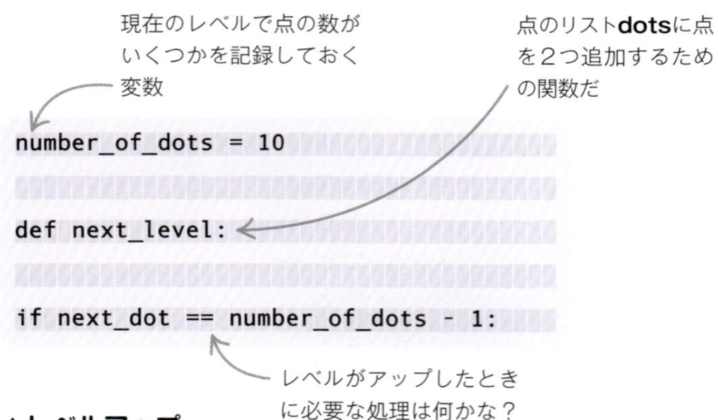

▲レベルアップ
レベルという考え方を取り入れて、ゲームをクリアするたびにレベルが上がってむずかしくなるようにしてみよう。レベルが上がるたびに点の数が２つずつ増えるよ。関数**next_level()**を定義すればいいね。上のソースコードを参考にしてね。

▲一発勝負
今のままだとプレイヤーは何回でもゲームに挑戦できるぞ。ソースコードを書きかえて、ミスをしたらゲームオーバーになるようにしよう。「Game Over!」というメッセージが出るようにするのもいいね。そのときは画面にメッセージ以外のものを表示しないようにしよう。

▲点のセットを増やす
さらにゲームをむずかしくするには、点のセットを増やすという方法がある。ダウンロードしたPython Games Resource PackのHacks and Tweaksというフォルダーには、赤い点の画像が用意されている。下に書いたことをどうすれば実現できるか考えてみよう。

- 赤い点のために別のリストを作る
- 赤い点をつなぐ青い線のためにリストを追加する
- 赤い点のための**next_dot**変数を作る
- ゲーム開始時に赤い点も画面上に置く
- 赤い点は青い線でつなぐ
- 次の赤い点がクリックされたかチェックする

▶時間を競う

システム時計を利用して、すべての点をつなぐまでの時間を計れるよ。そのためには**time()**関数を使う必要がある。ゲームのクリアまでにかかった時間を画面に表示するんだ。画面のすみに時計を表示してもいいね。数値をメッセージ表示するときは、**str()**関数で文字列に変えるのを忘れないようにしよう。やり方はステップ９に書いてあるから読み直してね。ただし今のソースコードでは、**draw()**関数が呼び出されるのはプレイヤーがマウスをクリックしたときだけだ。時計はマウスをクリックしたときにしか更新されないぞ。このバグを直すには、**update()**関数を使って**draw()**関数が１秒間に60回呼び出されるようにすればいい。呼び出された**draw()**関数がさらに**draw()**関数を呼び出すようにしておけば、時計は常に更新され続けるようになる。

```
from time import time
```

Time（タイム）モジュールを組み入れるため、ソースコードの最初に書き加えるよ

```
def update():
    pass
```

今回はpassを他のソースコードに書き直す必要はないぞ

うまくなるヒント

time( )

time()関数を使うと、思ってもみない結果になることがある。この関数は「エポック」から何秒たったかを示してくれる。エポックはオペレーティングシステムが決めた「開始時刻」で、Windows機の場合は1601年１月１日になっているぞ。ゲームをクリアするのにかけた時間は、下のようなかんたんな計算で求められるよ。

```
total_time = end_time - start_time
```

このような式でゲームの所要時間がわかる

うまくなるヒント

round( )

time()関数で計算すると、小数点より下にいくつもの数字が並ぶ数で結果が返ってくる。そこで**round()**関数を使って、小数点以下の特定の位置で数字を丸めて（四捨五入して）読みやすくできるんだ。そのため**round()**関数には、処理をしたい数と、小数点以下の第何位に丸めるかを指示する数の２つを引数として渡すよ。

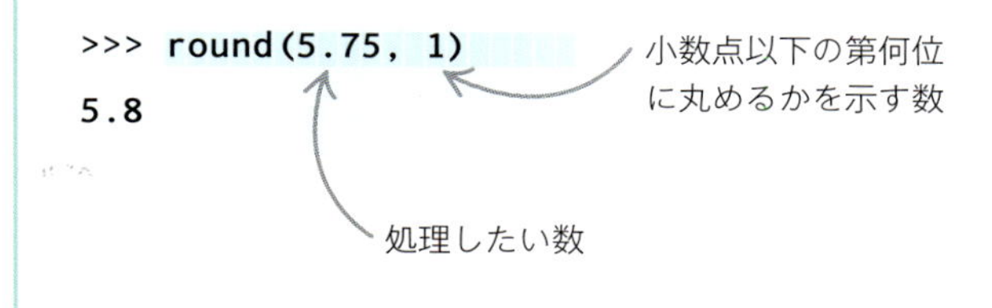

```
>>> round(5.75, 1)
5.8
```

レッド・スター

レッド・スターの作り方

このゲームではすばやい動きが求められるぞ。ゲームを続けるには赤い星をクリックしなければならない。他の色の星をクリックするとやっかいなことになってしまうぞ。

何が起こるのかな

ゲームが始まると星が２つ現れて画面の下へと落ちていく。星が画面の一番下に着く前に、赤い星をクリックしなければならない。赤い星がクリックされるたびに、レベルに上がるぞ。レベルが上がると緑と青の星が増えていき、星が落ちるスピードも速くなる。赤以外の色の星をクリックするか、星が画面の一番下に着いてしまうとゲームオーバーだ。

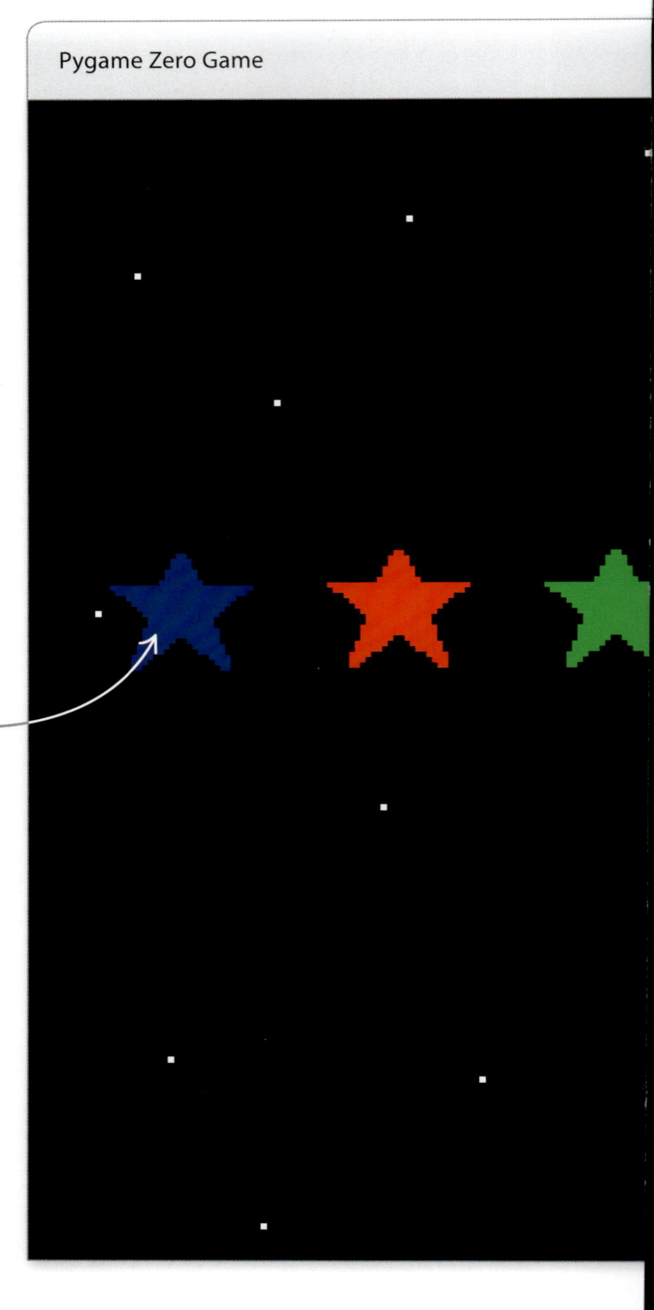

星の数はレベルが上がると増えていくよ

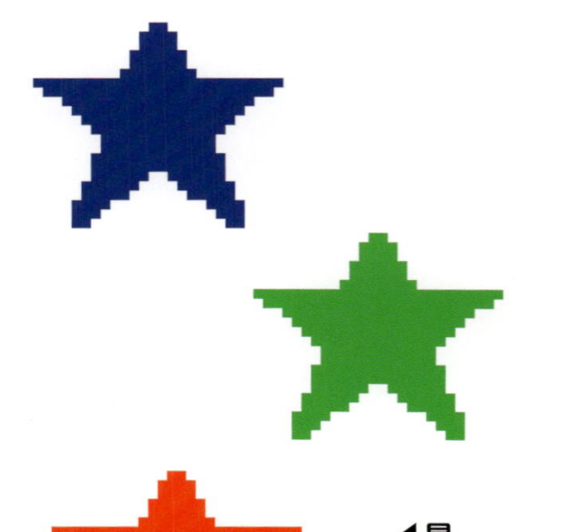

◀星
このゲームでは３色の星のアクターを使うよ。赤、青、そして緑だ。

あの星座は
なにかしら？
星はいつも一直線上に現れるよ

◀星をつかまえよう
このプログラムでは、Pygame Zeroの**animate()**関数を使って星を画面の下へと動かしている。アニメーションの設定を変えることで、ゲームをもっとおもしろくできるよ。星が落ちるスピードを速くもおそくもできるからね！

しくみ

このゲームはdraw()関数とupdate()関数を使って星を画面上に描いている。draw()関数が呼び出されるたびにプログラムは画面をすべてクリアし、星を描き直すよ。update()関数はプレイヤーが星をクリックしたかどうか、ずっとチェックし続けているよ。

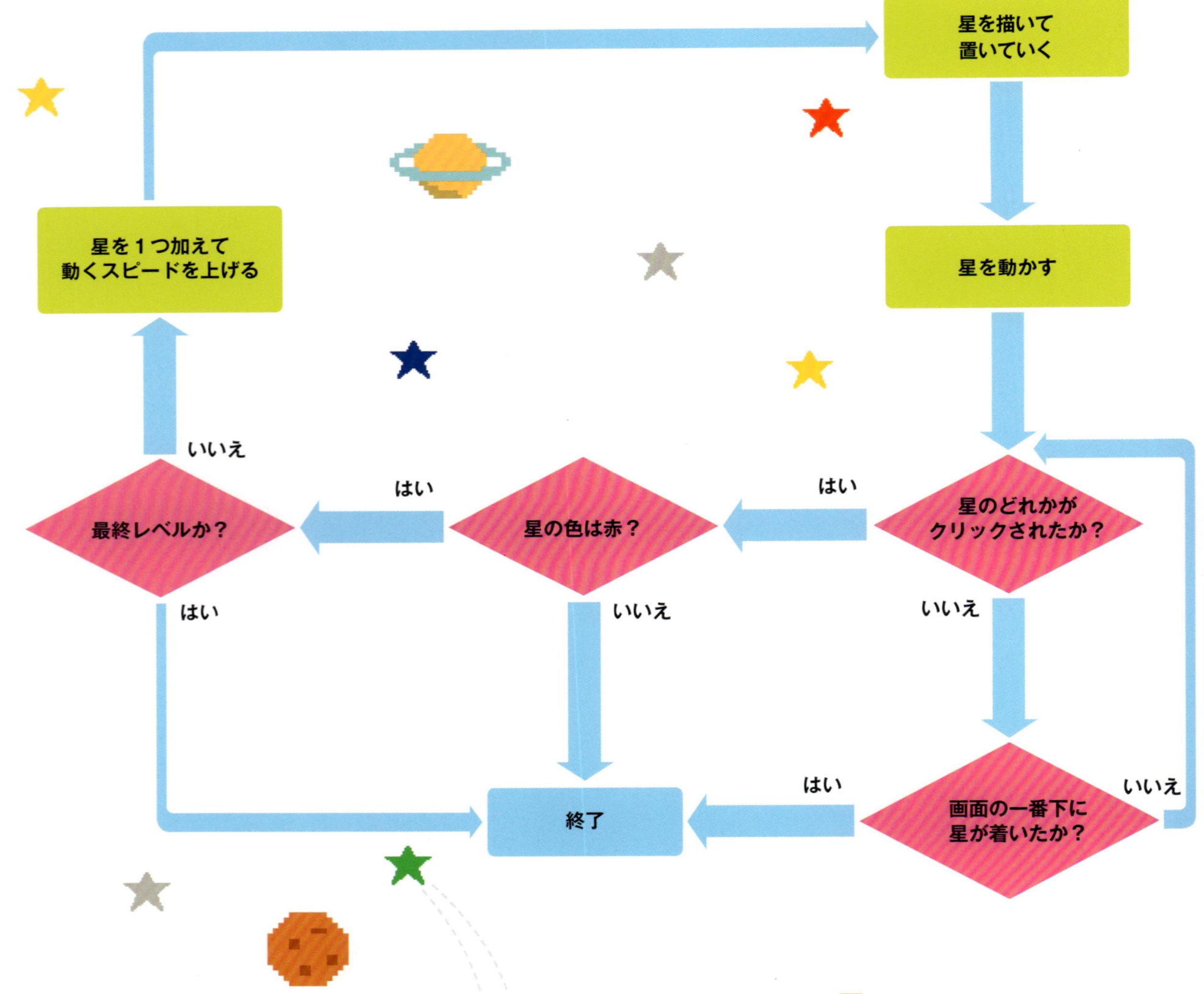

▲フローチャート

このプログラムではメインのループが1つ動いていて、「星が画面の一番下に着いたか？」と「星のどれかがクリックされたか？」をチェックしているよ。プレイヤーの行動によって、ゲームオーバーになるか次のレベルに行くかが決まることになる。

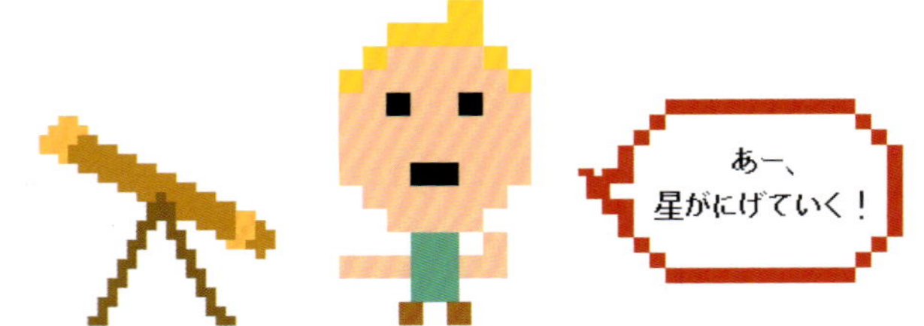

さあ始めよう

ではプログラミングを始めよう。ゲームの動きをコントロールする変数をまず作り、それから星を描いて動かす関数を定義していこう。ステップどおりにやっていけば、カラフルな星が画面に現れるよ。

1 新しいファイルを作る

まずIDLEを開いて**File**メニューから**New File**を選んでからっぽのファイルを作ろう。

File
New File
Open...
Open Module...
Recent Files
Class Browser

2 ファイルをセーブする

第１章で作ったpython-gamesのフォルダーを開き、その中にred-starというフォルダーを追加しよう。ステップ１で作ったIDLEのファイルを、red.pyという名前でred-starフォルダーの中にセーブだ。

Save As: red.py
Tags:
Where: red-star
Cancel　Save

3 画像用フォルダーをセットする

このゲームでは赤、青、緑色の星の画像を使うことになる。新しいフォルダーをred-starフォルダーの中に作ってimagesという名前をつけてね。この中に画像を入れておくよ。このimagesフォルダーはred.pyのファイルと同じフォルダーに入れておこう。

New Folder
Get Info
Clean up
Clean up by
Sort by

4 画像をフォルダーに入れる

www.dk.com/uk/information/the-python-games-resource-pack/の中のRed Alert用の画像ファイル４つをimagesフォルダーにコピーしよう。フォルダーの中は下のようになってるはずだ。

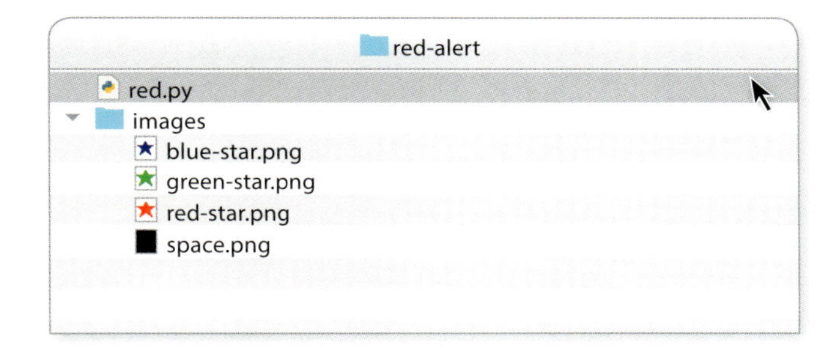

5 モジュールの組み入れ

最初にしなければならないのは、パイソンのrandomモジュールを組み入れることだ。モジュール全体を組み入れるには、右のようにimportと書き、続けてモジュールの名前を書けばいい。今回はrandomモジュールのchoice()関数とshuffle()関数を使うことになるよ。

```
import random
```

これでrandomモジュールが組み入れられるよ

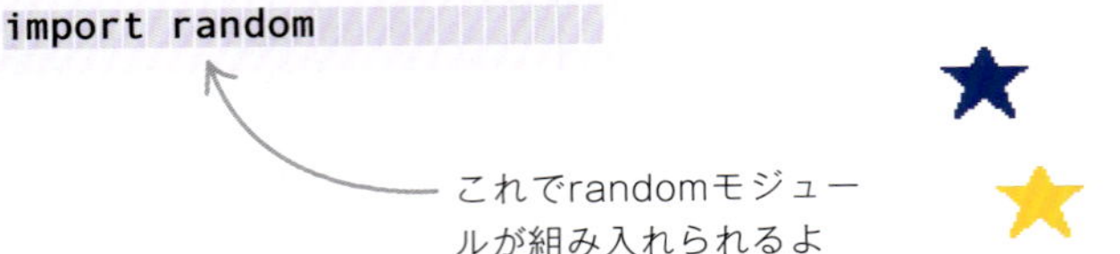

6 定数の宣言

ふつう、定数はプログラムの最初の部分で定義する（「宣言(せんげん)する」とも言うよ）。定数と呼ばれる理由は、代入した値を変えずに使うからだ。右の黒字で書かれた部分を入力しよう。

```
import random

FONT_COLOUR = (255, 255, 255)
WIDTH = 800
HEIGHT = 600
CENTRE_X = WIDTH / 2
CENTRE_Y = HEIGHT / 2
CENTRE = (CENTRE_X, CENTRE_Y)
FINAL_LEVEL = 6
START_SPEED = 10
COLOURS = ["green", "blue"]
```

ゲームの終わりに表示されるメッセージの文字色を決めている

この２つの定数にはゲーム画面のサイズが代入されているよ

ゲームのレベルがセットされる

星が下に動くスピードを決めている定数だ

クリックしてはいけない星の色はここで指定されているよ

7 グローバル変数を宣言する

定数と同じようにグローバル変数も、ふつうはプログラムの先頭で宣言（定義）するけれど、定数とちがって中の値は変えられるぞ。このゲームではグローバル変数を利用してゲームの進行をコントロールする。ステップ６で書いたソースコードに続けて右のように書き足そう。

```
FINAL_LEVEL = 6
START_SPEED = 10
COLOURS = ["green", "blue"]

game_over = False
game_complete = False
current_level = 1
stars = []
animations = []
```

これらの変数で、ゲームオーバーかどうかを判断する

現在のプレイヤーのレベルを記録し続けるよ

この２つのリストで画面上の星をコントロールし続ける

キーワード

定数（ていすう）

プログラミングでの定数は、最初に代入した値を変えてはいけない変数と考えることができる。プログラマーは定数の値を変えないよう、わざと大文字で名前をつけ、わかりやすくしているよ。このようなルールを「命名規則」と呼ぶよ。みんながこのルールを守ってプログラミングしているから、ソースコードは見た目が似ていて理解しやすいんだね。

8 星を描く

いよいよ関数を定義するぞ。draw()関数を使って星を描き、画面にメッセージを表示しよう。ステップ７のソースコードのあとに下のように続けよう。

```
current_level = 1
stars = []
animations = []

def draw():
    global stars, current_level, game_over, game_complete
    screen.clear()
    screen.blit("space", (0, 0))
    if game_over:
        display_message("GAME OVER!", "Try again.")
    elif game_complete:
        display_message("YOU WON!", "Well done.")
    else:
        for star in stars:
            star.draw()
```

この関数で使うグローバル変数だよ

この行でゲーム画面の背景画像をセットしている

ゲームオーバーになるかゲームがコンプリートされたときは、この部分で画面にメッセージを表示するぞ

このブロックが画面に星を描くよ

9 update()関数を定義する

前のステップで定義した**draw()**関数は、星をあらかじめ作っておかないと何も描かないよ。そこで**stars**リストに星が入っているかチェックし、入っていなければ作ろうとする**update()**関数を定義しよう。星がないときは**make_stars()**関数を呼び出すようになっている。ステップ８のソースコードのあとに書き入れよう。

```
        star.draw()

def update():
    global stars
    if len(stars) == 0:
        stars = make_stars(current_level)
```

すでに星が作られているかをここでチェックするよ

リスト**stars**に何も入っていないなら**make_stars()**関数を呼び出すぞ

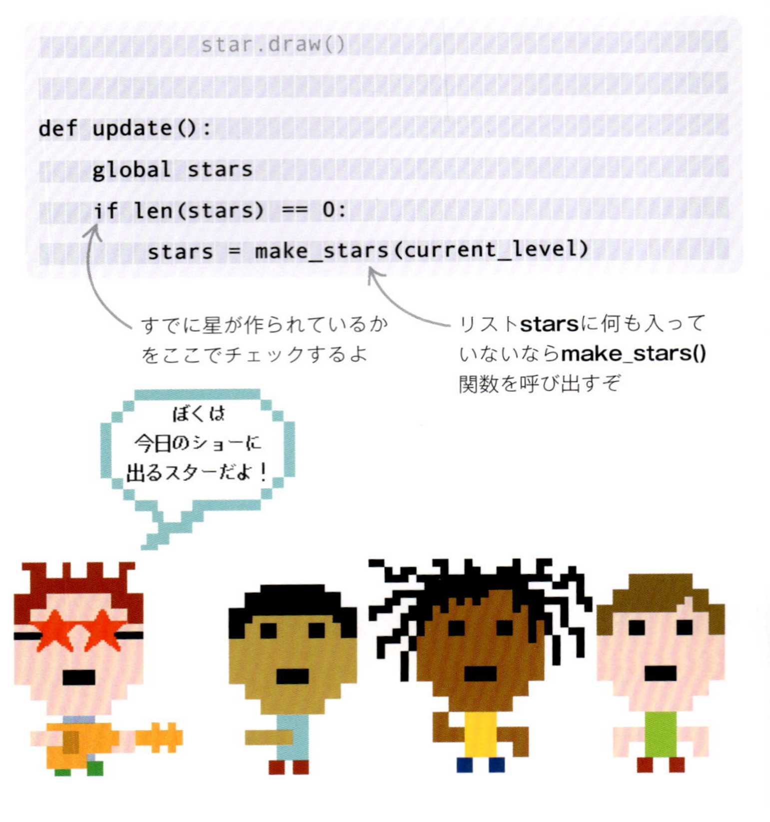

10 星を作る

今度は**make_stars()**関数を作らなければならない。この関数は他の関数をいくつか呼び出すようになっているよ。ステップ９のソースコードのあとに書くぞ。

```
        stars = make_stars(current_level)

def make_stars(number_of_extra_stars):
    colours_to_create = get_colours_to_create(number_of_extra_stars)
    new_stars = create_stars(colours_to_create)
    layout_stars(new_stars)
    animate_stars(new_stars)
    return new_stars
```

星を描くのに必要な、星の色のリストが戻り値になっている

色のリストを引数にして、星ごとにアクターを作るための関数だよ

星を画面の決められた位置に置いていく関数だ

星を画面下に向けて動かす関数だね

11 関数のための場所取り

ソースコードをテストする前に、必要なすべての関数を作っておかなければならないよ。でも今のところは**get_colours_to_create()**関数と**create_stars()**関数は**return[]**でからっぽのリストを戻り値にするようにしておいて、**layout_stars()**関数と**animate_stars()**関数はキーワードの**pass**を使って場所取りだけしておこう。ソースコードは右のようになるね。

```
    return new_stars

def get_colours_to_create(number_of_extra_stars):
    return []

def create_stars(colours_to_create):
    return []

def layout_stars(stars_to_layout):
    pass

def animate_stars(stars_to_animate):
    pass
```

12 ソースコードをテストする

IDLEファイルをセーブしてコマンドプロンプト（またはターミナル）ウィンドウのコマンドラインから実行してみよう。まだ星は１つも画面に表示されないね。でもここまで書いた中にバグがあるかどうかはチェックできるよ。

```
pgzrun
```

red.pyファイルをここにドラッグして実行だ

13 色リストに色をセットする

このゲームでは赤、青、緑色の星を使う。まず文字列の「red」（赤）を１つ入れたリストを作り、変数**colours_to_create**に代入しよう。このリストは赤から始まることになる。画面には赤い星を必ず１個だけ表示するんだ。赤い星以外に緑と青の星を加えるため、**number_of_extra_stars**を引数にしてループを動かすよ。追加する星の色を緑にするか青にするかはランダムに決める。ステップ11で書いた**def get_colours_to_create(number_of_extra_stars)**のあとの**return[]**を、下の黒字のソースコードで置きかえよう。

```
def get_colours_to_create(number_of_extra_stars):
    colours_to_create = ["red"]
    for i in range(0, number_of_extra_stars):
        random_colour = random.choice(COLOURS)
        colours_to_create.append(random_colour)
    return colours_to_create
```

リストの最初の星を赤色に指定している

ループが実行されるとiに１が加えられ、iの値がrangeの範囲内のうちはループがくり返される

星を加えるごとに色を１つランダムに決める

リストに決めた色を追加するよ

14 星を作る

画面に星を描かなければいけないね。new_starsというからっぽのリストを作ることから始めよう。それからcolours_to_createというリストのアイテムをループで取り出しながら、指定されている色で新しい星のアクターを作っていくぞ。作った星をリストnew_starsに入れていこう。def create_stars(colours_to_create)のあとのreturn[]を、右の黒字のソースコードで置きかえればいいね。

新しく作った星を入れるためのリストだ

colours_to_createのアイテムを取り出しながらループを実行だ

```
def create_stars(colours_to_create):
    new_stars = []
    for colour in colours_to_create:
        star = Actor(colour + "-star")
        new_stars.append(star)
    return new_stars
```

更新したnew_starsリストを返しているね

2つの文字列をつないでいるよ

もう星はじゅうぶんかな？
それともまだ作る？

15 試してみよう

ソースコードにバグが入りこんでいないかチェックだ。ソースコードのファイルをセーブして、コマンドラインから実行してみよう。画面に何が表示されるかな？

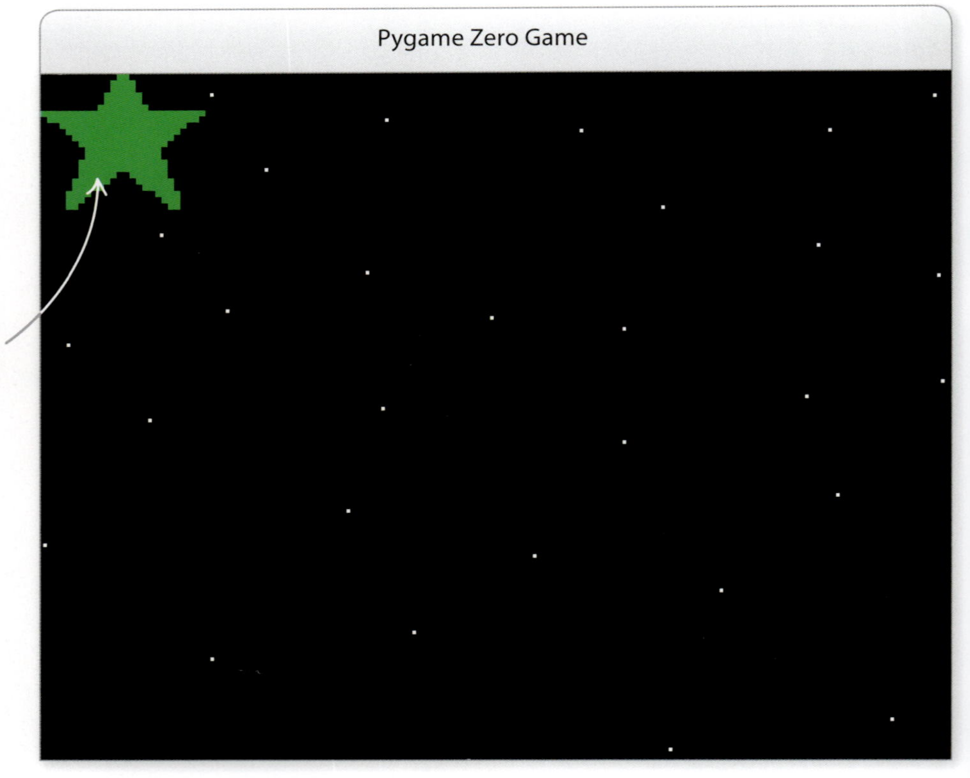

今のところ、2つの星が画面左上に重なって表示されてしまうね

16 星を置く

このステップではlayout_stars()関数を使ってすべての星を画面に配置するよ。まず星と星の間の、何もないすき間を何か所作るか決めなければならない。すき間の数は、画面に表示する星の個数よりも１つ多くしよう。例えば星が２個ならすき間は３か所だ。すき間の幅は、画面の幅をすき間の合計数で割って計算しよう。それから、赤い星がいつも決まった位置に置かれないよう、星のリストをshuffle（シャッフル）しておかないといけない。**def layout_stars(stars_to_layout)**のあとの**pass**を下のように書きかえてね。

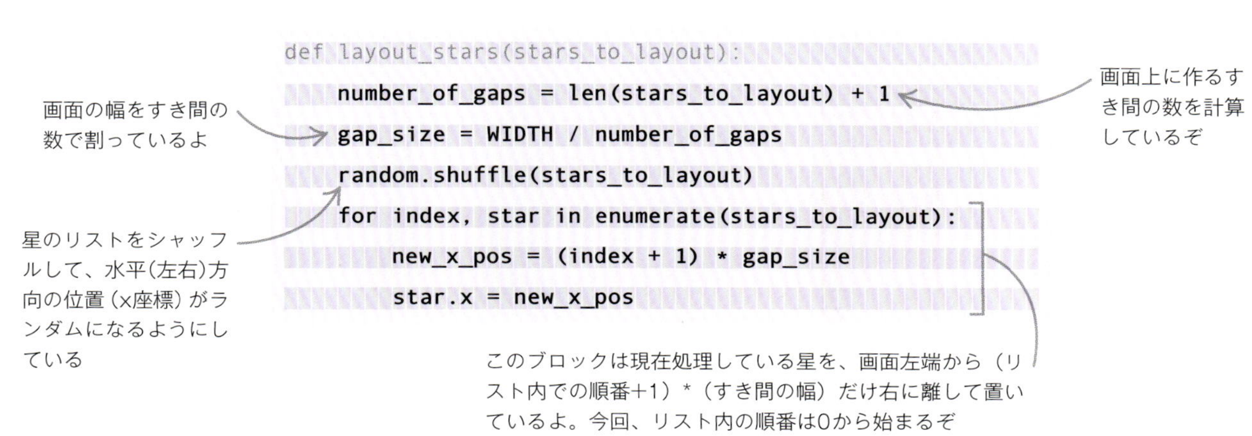

```
def layout_stars(stars_to_layout):
    number_of_gaps = len(stars_to_layout) + 1
    gap_size = WIDTH / number_of_gaps
    random.shuffle(stars_to_layout)
    for index, star in enumerate(stars_to_layout):
        new_x_pos = (index + 1) * gap_size
        star.x = new_x_pos
```

画面の幅をすき間の数で割っているよ
画面上に作るすき間の数を計算しているぞ
星のリストをシャッフルして、水平(左右)方向の位置（x座標）がランダムになるようにしている
このブロックは現在処理している星を、画面左端から（リスト内での順番+1）*（すき間の幅）だけ右に離して置いているよ。今回、リスト内の順番は0から始まるぞ

17 テストし直す

もう一度プログラムを実行して、画面がどのように変わるか見てみよう。

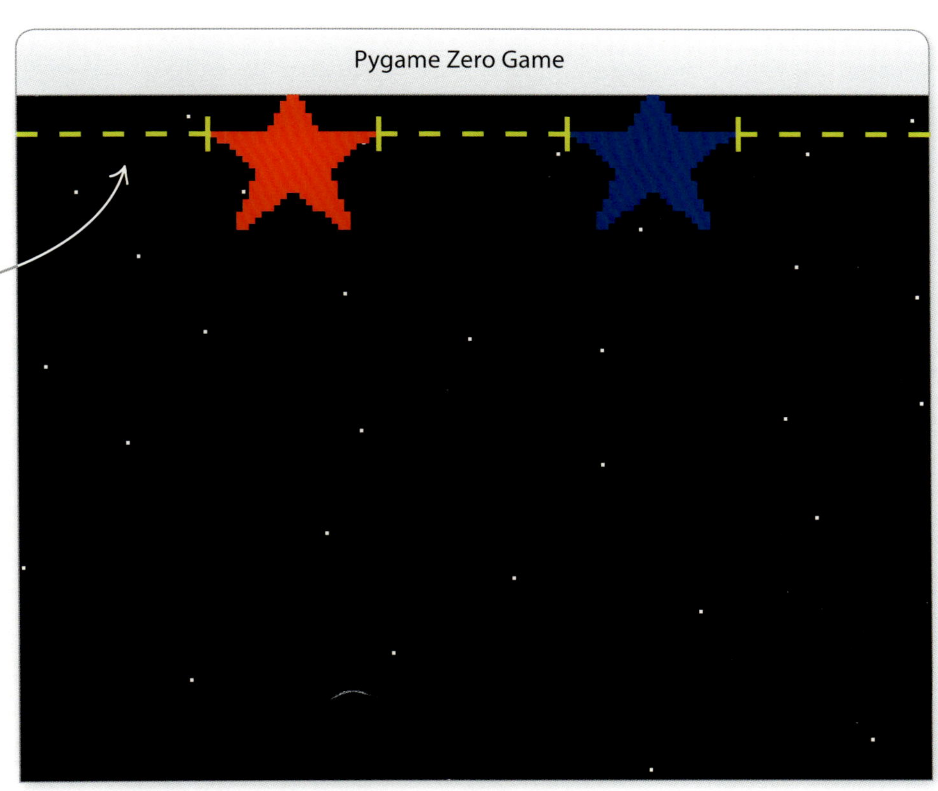

右のイラストではすき間を黄色の点線で表しているけれど、コンピューターの画面には点線は表示されないぞ

18 星を動かす

ようやくいくつか星が現れたね。今度は星を動かして、ゲームらしくしていこう。それぞれの星を画面の下に向けて動かすには、さらにコードに書き足す必要があるよ。あと、星を動かすとき１つの画像（アニメーションでは「フレーム」と呼ぶ）をどれだけの時間表示しておくかを決めておき、レベルが上がったら星のスピードを上げられるようにしておこう。フレームの表示時間が短いと早く動いているように見えるんだ。また「アンカー」は星の底に設定しておき、画面下に星が着いたとたん動くのをやめるようにしておく。ステップ11で書いたソースコードの**def animate_stars(stars_to_animate)**のあとの**pass**を、下の黒字のソースコードに書きかえよう。

キーワード

アンカー

コンピューターグラフィックスでは図形のある１点を「アンカー」と呼んでいるよ。画面上での図形の位置を決めるときに使う特別な点だ。例えば四角形のアンカーが左下の頂点だとしよう。この四角形を座標(0, 0)に置くということは、左下の頂点の座標が(0, 0)になるように置くということだ。

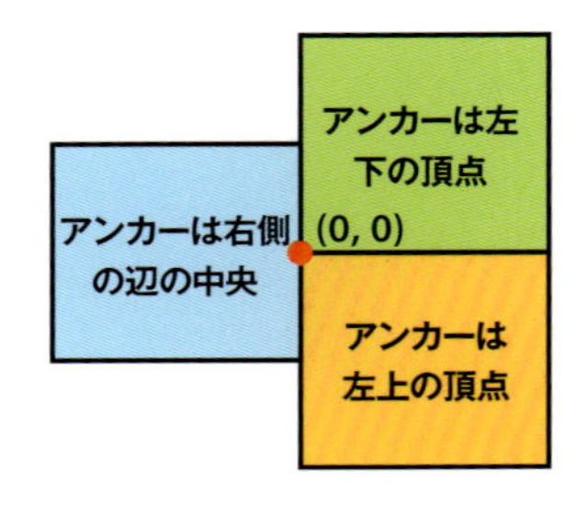

最初にセットされているスピードから現在のレベルを引いた値を、フレームが表示される時間にしているよ。値が小さければ星は速く動くね

```
def animate_stars(stars_to_animate):
    for star in stars_to_animate:
        duration = START_SPEED - current_level
        star.anchor = ("center", "bottom")
        animation = animate(star, duration=duration, on_finished=handle_game_over, y=HEIGHT)
        animations.append(animation)
```

星のアンカーを画像の一番下にしている

アニメーションの処理が終わったときに**handle_game_over()**関数を呼び出すよう指示しているぞ

19 ゲームオーバー

次にしなければならないのは、**handle_game_over()**関数の定義だ。この関数はプレイヤーがミスをしたときにゲームを終わらせるためのものだよ。ステップ18で書いたソースコードのあとに、下の黒字の部分を書き加えよう。

```
        animations.append(animation)

def handle_game_over():
    global game_over
    game_over = True
```

うまくなるヒント

animate()関数

Pygame Zeroのライブラリに入っている**animate()**関数はとても便利だ。この関数を使えば、画面上でアクターをかんたんに動かせるよ。使うにはいくつかの引数が必要だよ。

- 最初の引数で動かしたいアクターを必ず指定する。
- **tween**= オプションの引数で、アニメーションのふるまいを変化させるのに使える。
- **duration**= アニメーションのフレームを何ミリ秒表示するかを指定する。
- **on_finished**= オプションの引数で、アニメーションの処理が終わったあとに呼び出したい関数を指定しておける。このゲームでは星が画面下に着いたとき、ゲームを終わらせる関数を呼び出している。
- 最後の部分には、アクターをどのような感じで動かすかを決める引数をいくつか書きこむ。この部分には2つ以上の引数をセットしてもいい。

例えば座標(0, 0)にいるアクターを(100, 0)まで動かすということは、アクターを100ピクセル右に動かすことになる。フレームはdurationで指定した時間だけつぎつぎに表示されていく。同じ枚数のフレームを長く表示（durationの値が大きい）すれば、アクターはゆっくり動くよ。

(0,0)　(100, 0)

20 マウスのクリック

今度はプレイヤーの入力を受けつけるようにするぞ。Pygame Zeroの**on_mouse_down()**関数を利用するんだ。この関数はプレイヤーがマウスをクリックすると呼び出されるから、**collidepoint()**関数でプレイヤーが星をクリックしたのかチェックしよう。星をクリックしていたときは、その星が赤かそれ以外の色かをさらにチェックする。ステップ19のソースコードのあとに、右のように続けるよ。

```
    game_over = True

def on_mouse_down(pos):
    global stars, current_level
    for star in stars:
        if star.collidepoint(pos):
            if "red" in star.image:
                red_star_click()
            else:
                handle_game_over()
```

プレイヤーが赤い星をクリックしたときはこの関数が呼び出されるね

プレイヤーが赤以外の色の星をクリックすると、こちらの関数が呼び出される

プレイヤーが星をクリックしたかどうかをチェックするよ

21 赤い星をクリックしたとき

プレイヤーが赤い星をクリックすると、プログラムは現在の星の並びを動かすのをやめて、次のレベルに移ることになる。もしプレイヤーが最終レベルだったら**game_complete**にTrueがセットされてゲーム終了だ。ステップ20で書いたソースコードのあとに、下の関数を追加しよう。

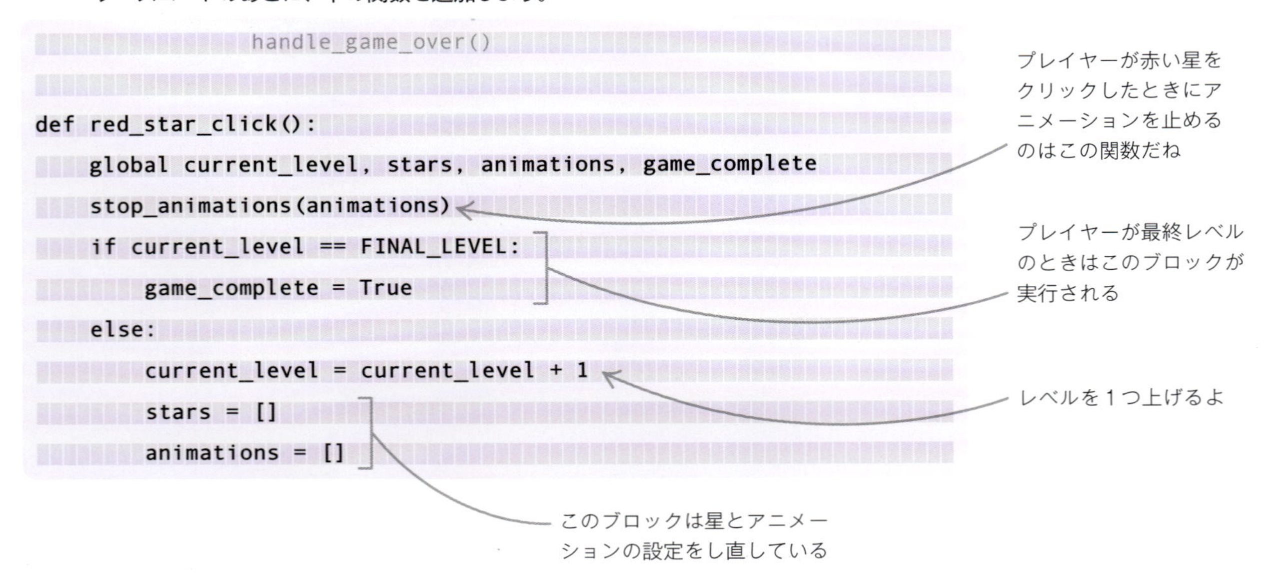


```
            handle_game_over()

def red_star_click():
    global current_level, stars, animations, game_complete
    stop_animations(animations)
    if current_level == FINAL_LEVEL:
        game_complete = True
    else:
        current_level = current_level + 1
        stars = []
        animations = []
```

22 アニメーションを止める

stop_animations()関数を定義しなければならないね。リストを使ったループで動かされている星の動きを止めるため、動いているアニメーションごとに**stop()**関数を呼び出すよ。

```
        animations = []

def stop_animations(animations_to_stop):
    for animation in animations_to_stop:
        if animation.running:
            animation.stop()
```

メッセージの表示

いよいよラストだ。ステップ8で書いたメッセージをゲーム終了時に表示するための関数を定義しよう。ステップ22のソースコードに続けるよ。ソースコードでは「centre」と「colour」が、アメリカ英語の「center」と「color」になっているところがある。入力ミスをしないよう気をつけよう。

スペルがアメリカ英語とイギリス英語ではちがうから気をつけよう

```
            animation.stop()

def display_message(heading_text, sub_heading_text):
    screen.draw.text(heading_text, fontsize=60, center=CENTRE, color=FONT_COLOUR)
    screen.draw.text(sub_heading_text,
                     fontsize=30,
                     center=(CENTRE_X, CENTRE_Y + 30),
                     color=FONT_COLOUR)
```

ゲーム終了時に画面にテキストを表示するための命令だ

メッセージの２行目の位置を指定しているよ

プレイしてみよう！

これでプログラミング終了！ プログラムをセーブしてIDLEファイルをコマンドラインから実行してみよう。いよいよゲームの始まりだ。どのレベルまで行けるかな？

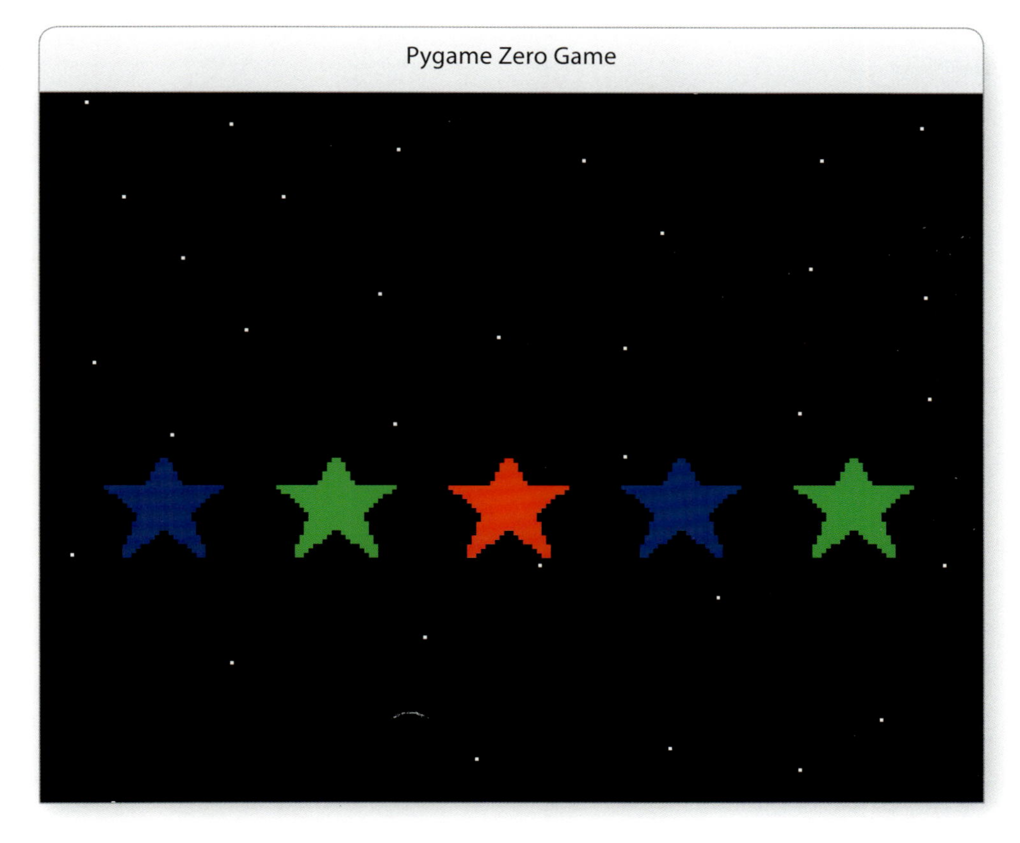

改造してみよう

ゲームを楽しんだら次は改造だ。いくつかのアイデアを紹介しよう。このままやってみてもいいし、自分のアイデアと組み合わせて新しいものを作り上げるのもいいね。

◀アクターを変えてみる

アクターを星以外のものに変えただけで、ゲームの見た目が大きく変わるよ。Python Games Resource Packから他の画像を探してアクターにするか、ドット絵用のエディターで自作してみよう。ソースコードのアクターの名前は忘れずに変えよう。

▼スピードをバラバラに

ゲームをむずかしくするには、星のスピードをバラバラにするのも１つのやり方だ。下のソースコードを**animate_stars()**関数に書き足してみよう。**randint()**関数で0，1，2の中からランダムな値を選び、**duration**に加えてスピードを変えている。これでフレームの表示時間が変わり、星のスピードにばらつきが出るんだ。ソースコードを書きかえたら試してみよう。

```
    random_speed_adjustment = random.randint(0,2)
    duration = START_SPEED - current_level + random_speed_adjustment
```

```
    star.x = new_x_pos
    if index % 2 == 0:
        star.y = 0
    else:
        star.y = HEIGHT
```

◀下からも現れる

星が画面の下からも現れるようにできるぞ。まず**layout_stars()**関数に左のようにソースコードを書き足そう。これは、今あつかっているリストの添字（そえじ）が奇数か偶数かを調べるためのものだ。奇数なら星は画面下に現れるよ。星が画面下から上に向けて動くようにしなければならないから、**animate_stars()**関数も変える必要があるね。星のアンカーの位置を変えるのも忘れないように。

```
def update():
    global stars, game_complete, game_over, current_level
    if len(stars) == 0:
        stars = make_stars(current_level)
    if (game_complete or game_over) and keyboard.space:
        stars = []
        current_level = 1
        game_complete = False
        game_over = False
```

◀再チャレンジ

プレイヤーがもう一度ゲームをしたいときは、プログラムをいったん終了させなければならない。ソースコードを追加すれば、キーを押しただけでゲームがもう一度始まるようにできるぞ。**update()**関数にコードを書き加えて、ゲームオーバーかクリアのときに、プレイヤーが**スペースキー**を押したかどうかをチェックする。押されていたらゲームを最初からプレイできるようにすればいい。最後に表示するメッセージを変えるなら、**draw()**関数も書きかえなければならないね。

▼シャッフルする

shuffle()関数で星を１秒ごとにシャッフルしてみよう。この関数は、まずリスト**stars**が空でないかチェックして、アイテムが入っていたらリスト内包表記というパイソンの特徴を利用する。下のソースコードの４行目では、リスト**stars**のアイテムを順に見て、そのx座標だけを集めた新しいリストを作っている。この作業をリスト内包表記で１行に書いているんだ。新しいリストのアイテムはシャッフルしてしまおう。次にループでリスト**stars**のアイテムを取り出し、アイテムごとに新しい位置に動くアニメーションを作る。**clock.schedule_interval()**関数で**shuffle()**関数を１秒ごとに実行させよう。IDLEファイルの最後の部分に下のソースコードを追加すればいい。

```
def shuffle():
    global stars
    if stars:
        x_values = [star.x for star in stars]
        random.shuffle(x_values)
        for index, star in enumerate(stars):
            new_x = x_values[index]
            animation = animate(star, duration=0.5, x=new_x)
            animations.append(animation)

clock.schedule_interval(shuffle, 1)
```

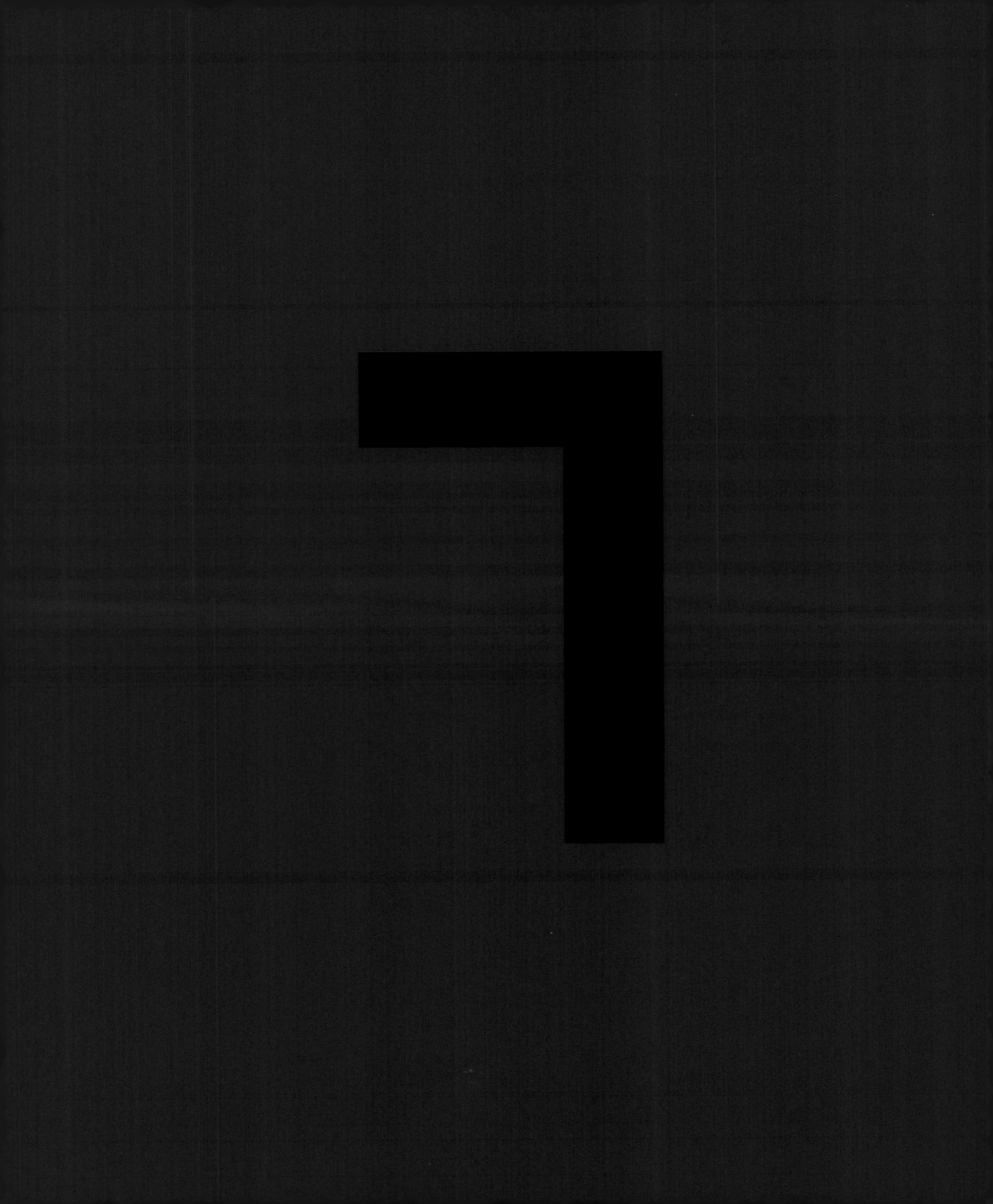

クイズ・ボックス

クイズ・ボックスの作り方

どれくらいプログラミングのスキルが身についたか、クイズゲームを作って試してみよう。完成したら友だちにクイズを解いてもらおう。君は出題者だから、どんなジャンルのクイズでも出せるぞ。

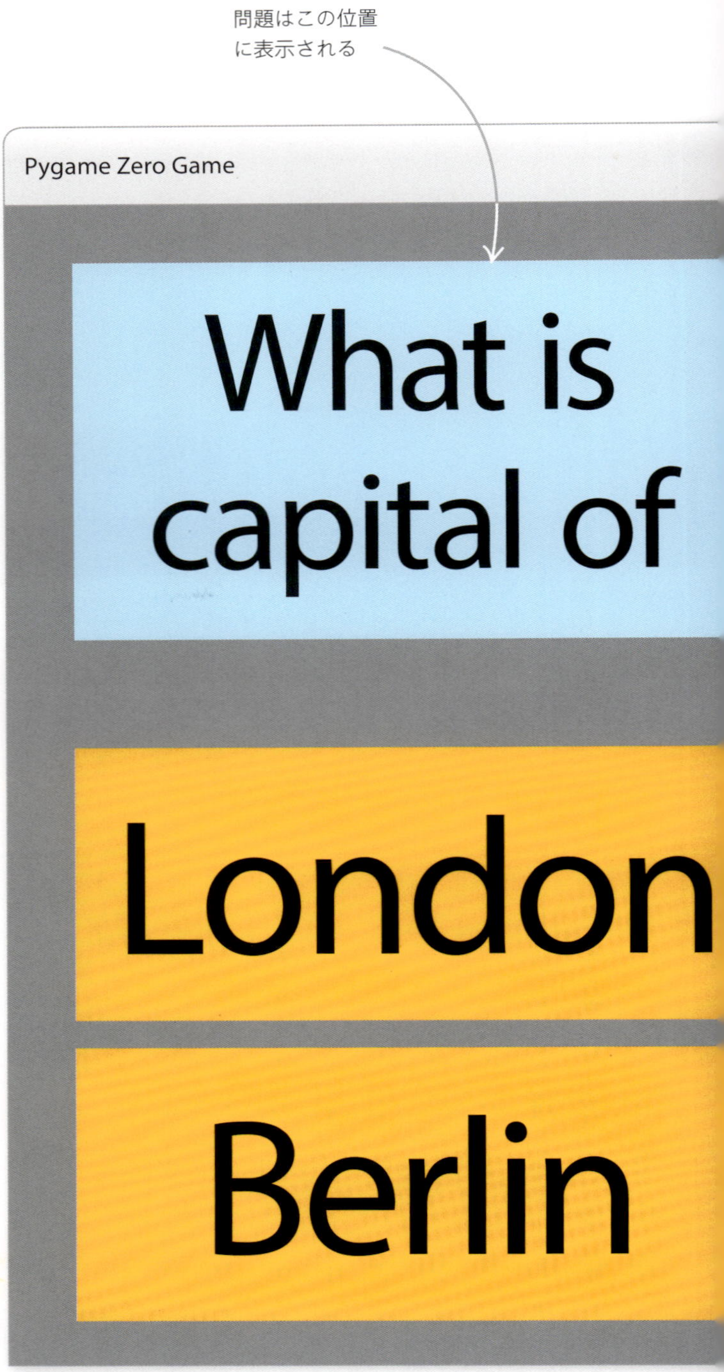

問題はこの位置に表示される

Pygame Zero Game

What is capital of

London

Berlin

何が起こるのかな

ゲームが始まると最初の問題と４つの答えが書かれたボックスが表示される。４つのうち正解は１つだけだ。プレイヤーは10秒以内にどれかをクリックしなければならないよ。正解なら次の問題が表示される。まちがったボックスをクリックしたときや時間切れのときはゲームオーバーになり、スコアが画面に表示されるよ。

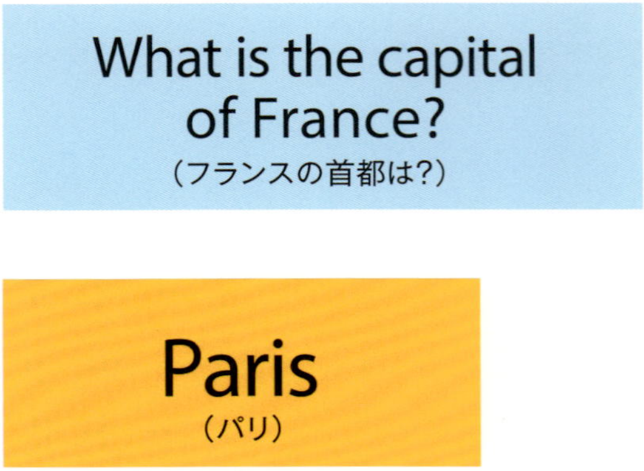

What is the capital of France?
（フランスの首都は?）

Paris
（パリ）

▲ボックス
このゲームでは画像は使わない。問題、答え、タイマーはカラフルなボックスで表示されるよ。

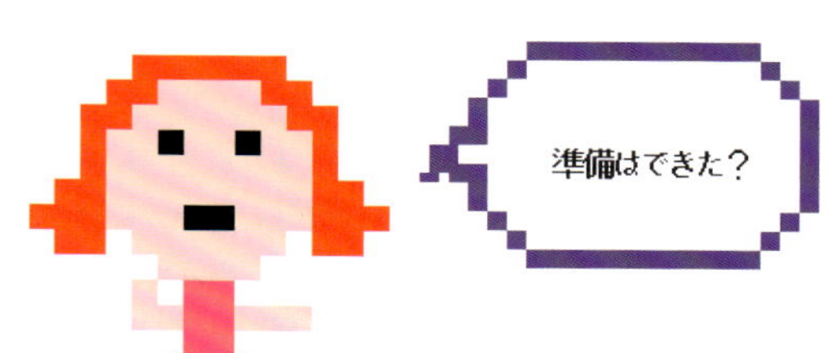

問題が表示されたときのタイマーは10秒になっている。タイマーが0になるとゲームオーバーだ

the
France?

7

Paris

Tokyo

答えはオレンジ色のボックスに表示される。ボックスの色は好きな色に変えられるよ

◀クイズの時間だ！
このプログラムはグラフィカルユーザーインターフェース（GUI）を使っている。ユーザーがビジュアルな画面でコンピューターとやりとりできるしくみだね。Pygame ZeroのGUI機能を利用するよ。

しくみ

すべての問題と答えは１つのリストにいっしょに入れられている。**pop()**関数でリストの先頭の質問と４つの答えを取り出して表示するんだ。プレイヤーのスコアは変数に代入され、正解するたびに増えていくぞ。最終スコアはゲームの終わりに表示されるよ。

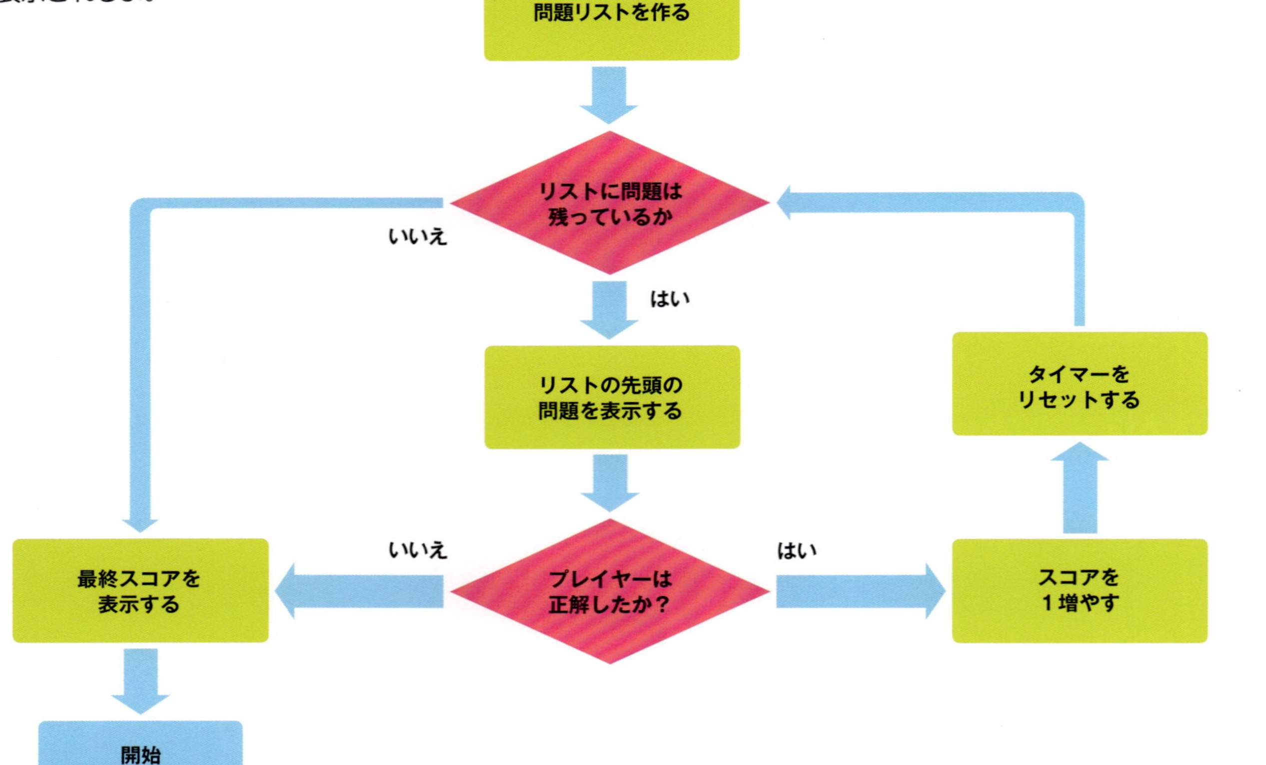

◀**フローチャート**
プログラムのメインの部分はループになっていて、プレイヤーが時間内に正解を選んだかチェックしているよ。そして正解を選んだらリストから次の問題を取り出し、タイマーをリセットする。もしまちがえたらゲームは終わりになって、最終スコアが表示される。

制限時間はないぞ！

クイズに答えるときには制限時間があるけれど、このゲームを作るときはいくら時間がかかってもいいぞ。ステップどおりに気をつけてプログラミングしよう。完成したら友だちや家族とプレイしてみよう。

1 最初のステップ

python-gamesフォルダーの中にquiz-boxという新しいフォルダーを作ろう。それからIDLEを起動して、**File**メニューから**NewFile**を選んでからっぽのファイルを作る。同じメニューで**Save As**を選び、ファイルをquiz.pyという名前でquiz-boxフォルダーの中にセーブしよう。

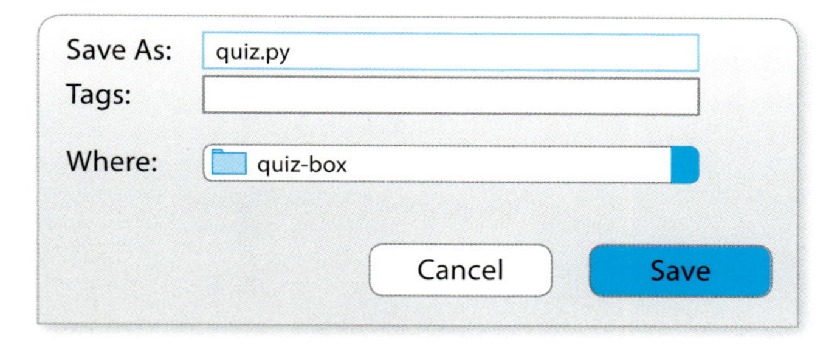

2 画面サイズをセットする

次にゲーム画面のサイズを決めておこう。ソースコードの先頭に右のように書き、幅（width）と高さ（height）をセットするぞ。

```
WIDTH = 1280
HEIGHT = 720
```

値の単位はピクセルだよ

3 必要な関数を書いておく

このゲームでは画像は使わないから、すぐにソースコードを書き始められる。まずゲームに必要な関数のための場所取りをしておこう。

```
def draw():
    pass

def game_over():
    pass

def correct_answer():
    pass

def on_mouse_down(pos):
    pass

def update_time_left():
    pass
```

passは今すぐ定義しない関数のため、場所だけ取っておくのに使ったね。覚えているかな？

passについては
64ページの
コラムを見てね。

4 インターフェースのデザイン

このゲームを作るには「インターフェース」、つまり画面がユーザーにどのように見えるかも考えないといけないね。プレイヤーには問題、４つの答え、残り時間を表示するタイマーが見えなければならないんだ。まずはノートに下書きをしてみたよ。

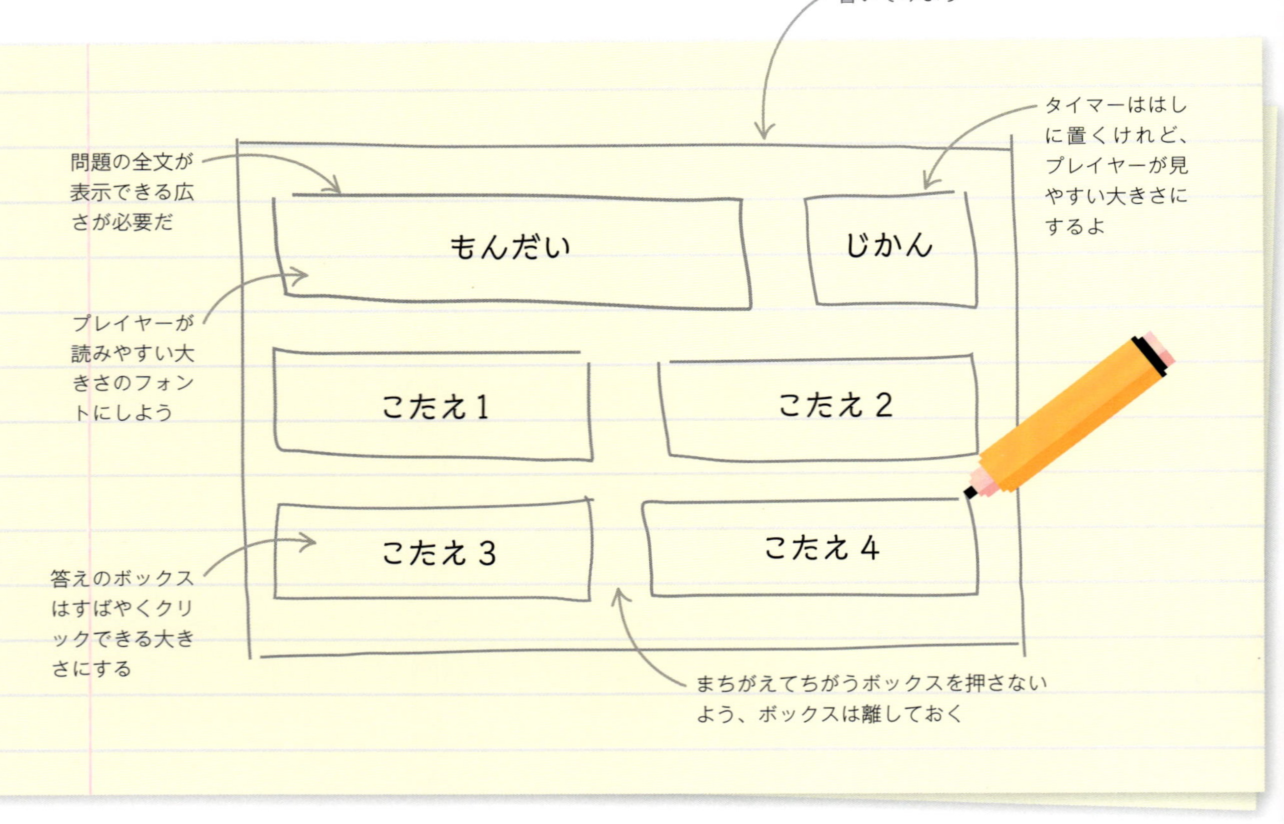

キーワード

ワイヤーフレーム

インターフェースの設計にはワイヤーフレームを使えるよ。ワイヤーフレームは、画面に表示されるインターフェースのさまざまな部品をかんたんな図形で表現したものだ。手で書いてもいいし、絵を描くソフトを使ってもいいけれど、ワイヤーフレームで設計すれば、プログラミングの前にインターフェースをチェックしたり好きに変えたりできるね。

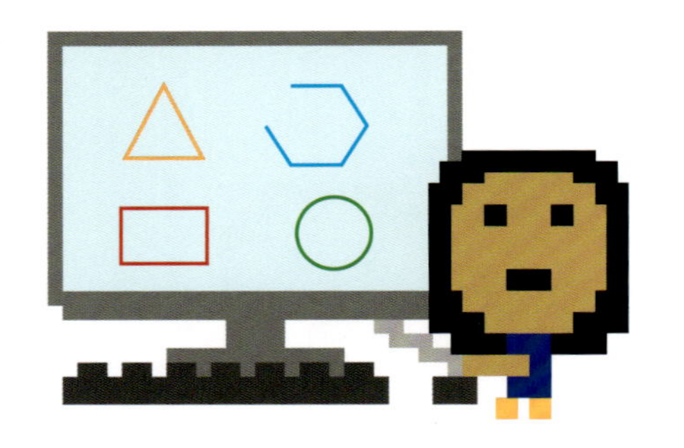

5 ボックスを作る

インターフェースの設計が終わったら、部品の１つになる長方形を作ってみよう。ステップ２で入力したコードのあとに、右のようにコードを書いてね。これは問題用のボックスだ。

```
WIDTH = 1280
HEIGHT = 720

main_box = Rect(0, 0, 820, 240)
```

この関数は引数を４つ使う。最初と２番目の引数はボックス左上の頂点の座標、３番目と４番目は右下の頂点の座標だね

この場合、ボックスの幅は820ピクセル、高さは240ピクセルになるぞ

6 さらにボックスを作る

今度はタイマーと４つの答えのボックスを作る必要があるね。ステップ５のコードに続けて右のように入力しよう。

```
main_box = Rect(0, 0, 820, 240)
timer_box = Rect(0, 0, 240, 240)
answer_box1 = Rect(0, 0, 495, 165)
answer_box2 = Rect(0, 0, 495, 165)
answer_box3 = Rect(0, 0, 495, 165)
answer_box4 = Rect(0, 0, 495, 165)
```

タイマーのボックスは幅も高さも240ピクセルの正方形だ

答えのボックスはどれも同じ大きさだよ

7 ボックスを動かす

このままでは画面左上にボックスが全部重なって表示されることになる。少しコードを書き足して、ボックスを画面の正しい位置に動かそう。ステップ６のコードのあとに右のように書き足せばいいよ。

```
answer_box4 = Rect(0, 0, 495, 165)

main_box.move_ip(50, 40)
timer_box.move_ip(990, 40)
answer_box1.move_ip(50, 358)
answer_box2.move_ip(735, 358)
answer_box3.move_ip(50, 538)
answer_box4.move_ip(735, 538)
```

move_ip()関数で１つ１つの長方形を画面の好きな位置に動かせるよ

かっこの中は、ボックスを新しい位置に置いたときの左上頂点の座標だ

宝箱を正しい位置に置いてみろ！

8 答えのボックス用リストを作る

問題ごとに答えのボックスは４つ表示される。これらのボックスはリストに入れて整理しておくよ。ステップ７のソースコードに続けて下のように書き足そう。

```
answer_box4.move_ip(735, 538)
answer_boxes = [answer_box1, answer_box2, answer_box3, answer_box4]
```

答えのボックスはすべてこのリストに入れておく

9 ボックスを描く

ボックスができたから、画面表示するためのコードを書いていくよ。ステップ３で書いた**def draw()**のあとの**pass**を下のコードで置きかえよう。

```
def draw():
    screen.fill("dim grey")
    screen.draw.filled_rect(main_box, "sky blue")
    screen.draw.filled_rect(timer_box, "sky blue")

    for box in answer_boxes:
        screen.draw.filled_rect(box, "orange")
```

画面の背景色をうすいグレー（dim grey）にするよ

この２行でメインとタイマーのボックスを描き、色をスカイブルー（sky blue）にしている

リスト**answer_boxes**の中のボックスを１つずつ画面に描き、オレンジ（orange）色にしているね

10 テストしてみよう

ファイルをセーブしてコマンドプロンプト（またはターミナル）のコマンドラインから実行してみよう。問題と答えの文が書かれていないGUIが表示されるはずだ。うまくプログラムが動かないときは、コードを見直してバグを探そう。

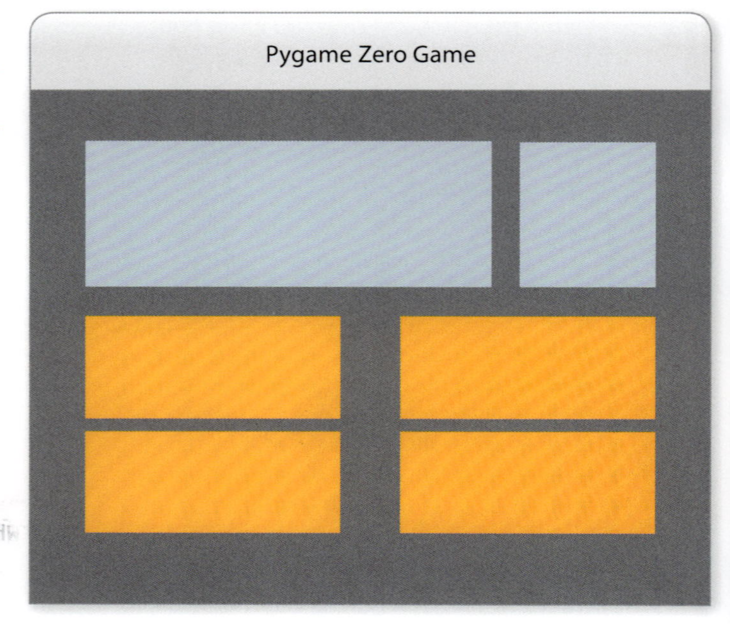

ゲームの実行方法がわからなければ、24～25ページを見直しましょう。

11 スコアをセットする

インターフェースができたら、ゲームをどのように進めるかを考えてみよう。まずスコア（score）を入れておく変数を作って0を代入しよう。ステップ8のコードのあとに下のように書いてね。

```
answer_boxes = [answer_box1, answer_box2, answer_box3, answer_box4]

score = 0
```

セーブを忘れないように。

12 タイマーをセットする

プレイヤーが答えを選ぶときの残り秒数を表示するタイマー（timer）を作ろう。変数に10を入れて、プレイヤーが１つの問題に答えるときの持ち時間を10秒にセットするよ。

```
score = 0
time_left = 10
```

プレイヤーがそれぞれの問題に何秒以内に答えないといけないかを決めている

13 最初の問題

いよいよ最初の問題を作るよ。問題はどれも、４つの答えから正しいものを選ぶようになっている。つまり４つの答えのうち正解は１つだけということだね。問題の情報はリストにまとめて入れておける。右のようにコードを書こう。問題と答えは、残念だけど日本語だとうまく表示されないので、英数字を使って書かなければならないぞ。

```
time_left = 10

q1 = ["What is the capital of France?",
      "London", "Paris", "Berlin", "Tokyo", 2]
```

これはリストの名前だ。問題（question）１という意味だね

この問題文（フランスの首都は？）が、このリストの最初のアイテムということになる

４つの答えを並べて入れているよ

この数は正解が何番目の答えかを示している。この場合は２番目のParis（パリ）が正解だ

14 問題を増やす

ステップ13のコードに続けて右の黒字部分を入力しよう。これでクイズの問題の数が増えるよ。問題は自分の好きなものに変えてもいいぞ。お気に入りのスポーツチームに関することでもいいんだ。

```
q1 = ["What is the capital of France?",
      "London", "Paris", "Berlin", "Tokyo", 2]

q2 = ["What is 5+7?",
      "12", "10", "14", "8", 1]

q3 = ["What is the seventh month of the year?",
      "April", "May", "June", "July", 4]

q4 = ["Which planet is closest to the Sun?",
      "Saturn", "Neptune", "Mercury", "Venus", 3]

q5 = ["Where are the pyramids?",
      "India", "Egypt", "Morocco", "Canada", 2]
```

15 問題リストを作る

次に必要なのは問題を順に並べるためのコードだ。ステップ８でボックスをリストに入れたように、この場合も問題をリストに入れて並べればいいね。ステップ14のコードのあとに右の黒字の行を書き加えよう。

```
q5 = ["Where are the pyramids?",
      "India", "Egypt", "Morocco", "Canada", 2]

questions = [q1, q2, q3, q4, q5]
```

このリストにすべての問題を入れるぞ

16 関数を作る

テレビのクイズ番組では解答者が問題を選ぶことがあるね。パイソンでは同じようなことを**pop()**関数で行える。この関数はリストの最初のアイテムを取ってしまい、２番目のアイテムをリストの先頭に持ってくるんだ。ステップ15で作ったリストなら、**q1**を取り去って、**q2**をリストの先頭に置くよ。右の黒字のコードを入力しよう。

```
questions = [q1, q2, q3, q4, q5]
question = questions.pop(0)
```

リスト**questions**から最初の問題を取り出し、変数**question**に代入する

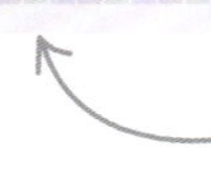

キーワード

アイテムを取り出す

リストの中では、アイテムが積み重ねられて記録されている。そして最初のアイテムは、積み重ねた山の一番上になっているよ。**pop()**関数は、アイテムの山の一番上になっているものを取ってくるんだ。

17 ボックスの表示

さあ、このあたりで**draw()**関数を書きかえて問題とタイマーを画面に表示するようにしよう。**for**ループで「答えのボックス」に答えを文字で書きこむよ。ステップ９のコードに、下の黒字のコードを書き足そう。

```
    screen.draw.filled_rect(main_box, "sky blue")
    screen.draw.filled_rect(timer_box, "sky blue")

    for box in answer_boxes:
        screen.draw.filled_rect(box, "orange")

    screen.draw.textbox(str(time_left), timer_box, color=("black"))
    screen.draw.textbox(question[0], main_box, color=("black"))

    index = 1
    for box in answer_boxes:
        screen.draw.textbox(question[index], box, color=("black"))
        index = index + 1
```

この行で残り秒数をタイマーのボックスに表示する

メインのボックスに問題を表示するよ

この部分が答えのボックスに文字を書きこむぞ

18 もう一度実行してみる

ソースコードのファイルをセーブしたら、コマンドラインからもう一度実行してみよう。第１問とその４つの答えが表示されるはずだ。今はどの答えもクリックできないし、タイマーは10のままで変わらないね。ソースコードを書き加えれば、すぐに動くようになるぞ。

第１問が画面に表示されている

Pygame Zero Game

What is the capital of France?

10

London

Paris

Berlin

Tokyo

19 エンディング画面をセットする

そろそろゲームの終わり方を考えよう。ゲームが終わったときに最終スコアを表示するよう、コードを少し追加するよ。ステップ３で書いた**def game_over()**の下の**pass**を書きかえよう。

```
def game_over():
    global question, time_left
    message = "Game over. You got %s questions correct" % str(score)
    question = [message, "-", "-", "-", "-", 5]
    time_left = 0
```

プレイヤーの最終スコアを表示するためのメッセージだ

問題ではなくメッセージを表示する場合、「正解」はないよ。この部分には５をセットしよう。リストに５番目はないからね

ゲーム終了時に残り時間を0にするよ

ゲームが終わったときは問題ではなくメッセージを表示する。答えのボックスにはダッシュ（ー）を表示して、プレイヤーがこれ以上答えられないようにするぞ

20 正解の場合

プレイヤーが正解したときはどうすればよいか、決めておく必要があるね。スコアの値を増やし、次の問題を取り出さなければならない。もし問題が残っていなければゲームは終わりだ。ステップ3で書いた**def correct_answer**の下の**pass**を右の黒字のように書きかえるぞ。

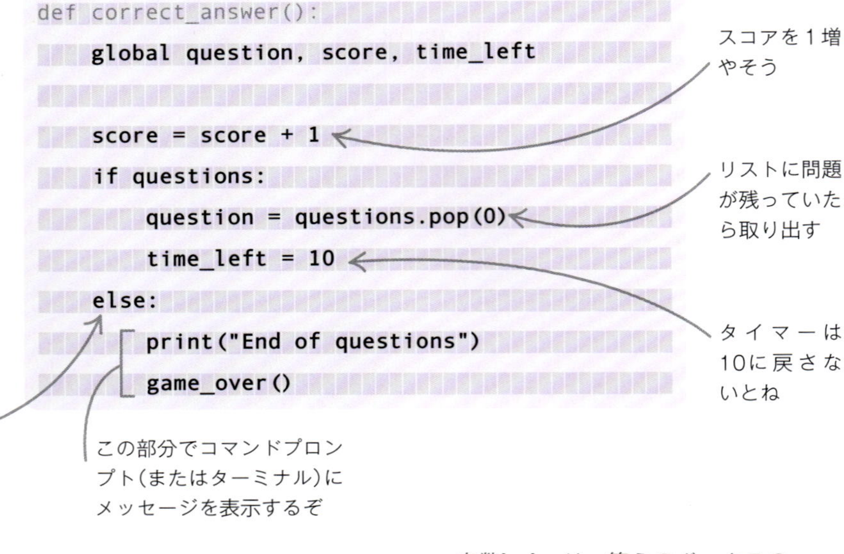

def correct_answer():
    global question, score, time_left

    score = score + 1
    if questions:
        question = questions.pop(0)
        time_left = 10
    else:
        print("End of questions")
        game_over()
スコアを1増やそう
リストに問題が残っていたら取り出す
タイマーは10に戻さないとね
リストに問題が残っていないときはelseに続くブロックが実行されるよ
この部分でコマンドプロンプト（またはターミナル）にメッセージを表示するぞ

21 答える

次に、プレイヤーが答えのボックスをクリックしたときに実行するコードを書こう。どのボックスがクリックされたかをチェックし、結果をコマンドプロンプト（またはターミナル）のウィンドウに表示するぞ。ステップ3で書いた**def on_mouse_down(pos)**の下の**pass**を書きかえよう。

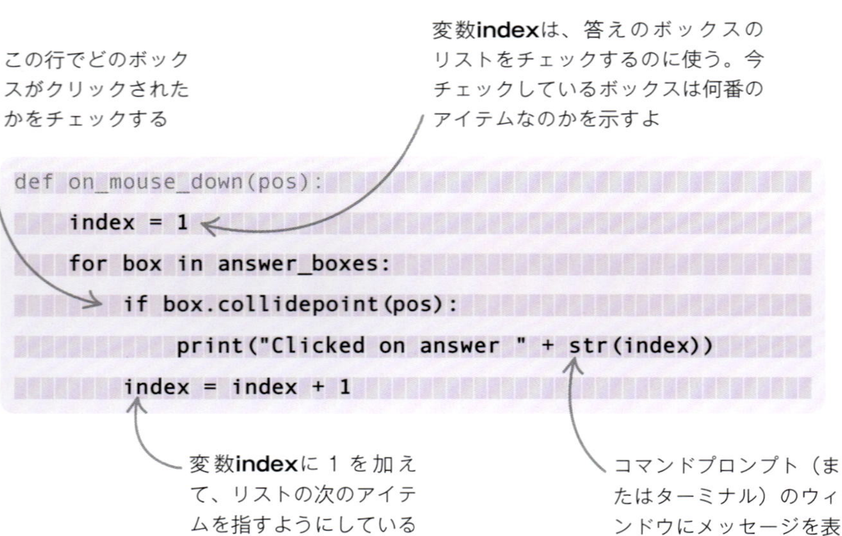

22 ボックスをクリックする

プログラムを実行し、画面に表示される答えのボックスをクリックしてみよう。コマンドプロンプト（またはターミナル）のウィンドウに、何番のボックスがクリックされたかが表示されるはずだね。

```
Rabiahma – bash – 80x24

Clicked on answer 1
Clicked on answer 2
Clicked on answer 3
Clicked on answer 4
```

23 答えをチェックする

ステップ21で書いたon_mouse_down(pos)関数のループ本体にコードを書き入れていこう。下の黒字のコードは、プレイヤーが正しい答えのボックスをクリックしたときに実行されるよ。

すごい！
全問正解だわ！

```
def on_mouse_down(pos):
    index = 1
    for box in answer_boxes:
        if box.collidepoint(pos):
            print("Clicked on answer " + str(index))
            if index == question[5]:
                print("You got it correct!")
                correct_answer()
        index = index + 1
```

問題が入っているリストの５番の位置にあるアイテムは、正解のボックスの番号だね

プレイヤーが正解のボックスをクリックしたかチェックだ

あと１ポイントで
ゲーム終了だ！

24 ゲームを終わらせる

プレイヤーがまちがったボックスをクリックしたらゲームを終わらせないといけない。def on_mouse_down(pos)に続くコードに、もう1回だけ書き足すよ。else文を使って、プレイヤーがまちがったボックスをクリックしたときにgame_over()関数を呼び出すようにしよう。下の黒字のコードを書きこんでね。

```
def on_mouse_down(pos):
    index = 1
    for box in answer_boxes:
        if box.collidepoint(pos):
            print("Clicked on answer " + str(index))
            if index == question[5]:
                print("You got it correct!")
                correct_answer()
            else:
                game_over()
        index = index + 1
```

正解ではない答えが書かれたボックスをクリックすると実行される

25 タイマーを更新する

ステップ3で書いた**def update_time_left()**を書きかえなければいけないよ。次のステップでこの関数を1秒ごとに呼び出すようにする。関数は、呼び出されるたびにタイマーの残り時間を1つ（1秒）減らしていくぞ。下の黒字の部分を**pass**のかわりに書き入れよう。

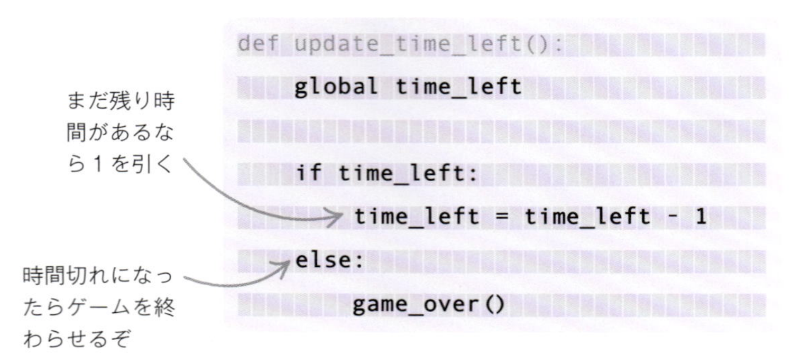

```
def update_time_left():
    global time_left

    if time_left:
        time_left = time_left - 1
    else:
        game_over()
```

まだ残り時間があるなら1を引く

時間切れになったらゲームを終わらせるぞ

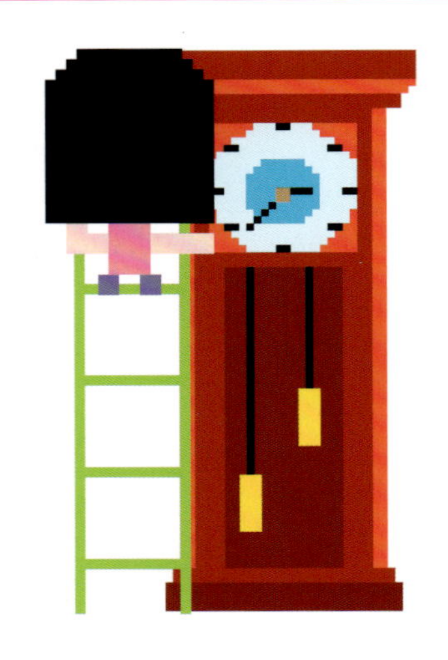

26 タイマーの更新をスケジュールに入れる

最後に**update_time_left()**関数が1秒ごとに自動的に呼び出されるようにしよう。Pygame Zeroのクロック（時計）ツールを使えるよ。コードの最後に右の命令を追加してね。

```
    global time_left

    if time_left:
        time_left = time_left - 1
    else:
        game_over()

clock.schedule_interval(update_time_left, 1.0)
```

この行で**update_time_left()**関数を1秒ごとに呼び出す

27 クイズに挑戦だ！

これで終わり！ ゲームを実行してクイズに答えよう。できれば全問正解したいね。もし画面が思いどおりに表示されないときは、ソースコードを見直してバグを探そう（デバッグしよう）。1つ1つの行をていねいに見ていって、この本に書かれているとおりかチェックする。正しく動くようになったら、友だちとクイズで遊ぼう！

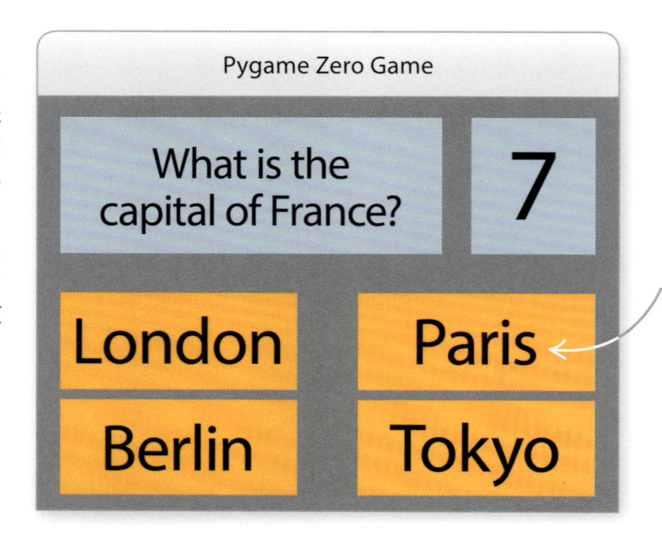

時間切れになる前に、正解のボックスをクリックしなければならない

改造してみよう

すごいゲームができたぞ。でもクイズの数が5つしかないゲームで満足していてはいけないよ。ルールを変えてゲームをもっと楽しくしてみよう。こんなアイデアはどうかな？

▶ヒントを出す

プレイヤーにヒントを出すこともできるぞ。プレイヤーがキーボードのHのキーを押したら、コマンドプロンプト（またはターミナル）のウィンドウに正解のボックス番号を表示してあげよう。

```
def on_key_up(key):
    if key == keys.H:
        print("The correct answer is box number %s " % question[5])
```

◀パスする

ヒントを出すのに使った**on_key_up()**関数にコードを加えて、スペースキーを押せば問題をパスできるようにしよう。パスしたときは、次の問題が表示されるけれど、スコアにはポイントが加算されないようにするんだ。やり方の1つを紹介しておこう。

```
def on_key_up(key):
    global score
    if key == keys.H:
        print("The correct answer is box number %s " % question[5])
    if key == keys.SPACE:
        score = score - 1
        correct_answer()
```

このブロックでまずプレイヤーのスコアを1減らしておき、それから**correct_answer()**関数を呼び出す。関数はスコアを1増やすけれど、先に1減らしておいたからスコアは変わらないね

▶問題の数を増やす

クイズゲームを何度もプレイしていると答えを覚えてしまうよ。そんなときは問題を変えたり増やしたりすればいい。自分で作った問題を加えてもいいよ。問題の数を増やしたいとき、コードのどこを変えればいいかわかるかな？

```
q6 = ["What is a quarter of 200?",
      "50", "100", "25", "150", 1]

q7 = ["Which is the largest state in the USA?",
      "Wyoming", "Alaska", "Florida", "Texas", 2]

q8 = ["How many wives did Henry VIII have?",
      "Eight", "Four", "Six", "One", 3]
```

▶色の混ぜ方

背景、ボックス、文字の色を変えて、もっと目を引くようにしてみよう。ここに並べたのは色の見本だ。赤、緑、青色をどう混ぜればいいかを示すRGB値も書いておいたよ。RGB値については75ページを参考にしてね。

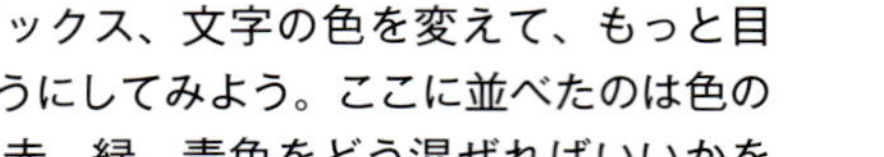

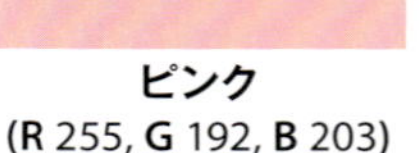
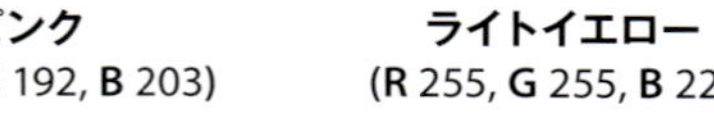

ライトサーモン
(R 255, G 160, B 122)

サーモン
(R 250, G 128, B 114)

ライトコーラル
(R 240, G 128, B 128)

クリムゾン
(R 220, G 20, B 60)

赤（レッド）
(R 255, G 0, B 0)

ファイアブリック
(R 178, G 34, B 34)

ダークレッド
(R 139, G 0, B 0)

ペールバイオレットレッド
(R 219, G 112, B 147)

ピンク
(R 255, G 192, B 203)

ホットピンク
(R 255, G 105, B 180)

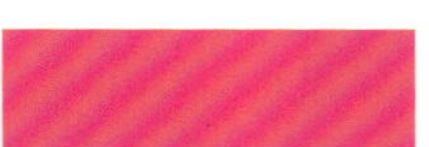

ディープピンク
(R 255, G 20, B 147)

ミディアムバイオレットレッド
(R 199, G 21, B 133)

コーラル
(R 255, G 127, B 80)

トマト
(R 255, G 99, B 71)

オレンジレッド
(R 255, G 69, B 0)

ダークオレンジ
(R 255, G 140, B 0)

オレンジ
(R 255, G 165, B 0)

ライトイエロー
(R 255, G 255, B 224)

パパイヤホイップ
(R 255, G 239, B 213)

モカシン
(R 255, G 228, B 181)

ピーチパフ
(R 255, G 218, B 185)

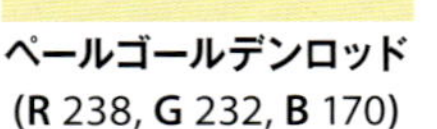

ペールゴールデンロッド
(R 238, G 232, B 170)

黄（イエロー）
(R 255, G 255, B 0)

金（ゴールド）
(R 255, G 215, B 0)

カーキ
(R 240, G 230, B 140)

ダークカーキ
(R 189, G 183, B 107)

ラベンダー
(R 230, G 230, B 250)

シスル
(R 216, G 191, B 216)

バイオレット
(R 238, G 130, B 238)

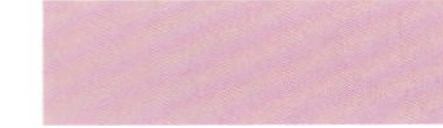
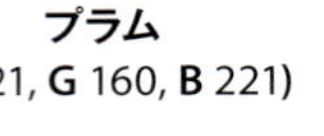

プラム
(R 221, G 160, B 221)

オーキッド
(R 218, G 112, B 214)

フクシャ
(R 255, G 0, B 255)

ミディアムオーキッド
(R 186, G 85, B 211)

ブルーバイオレット
(R 138, G 43, B 226)

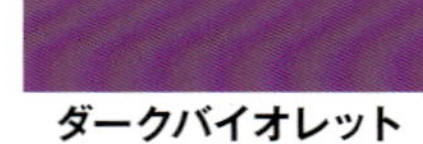

ダークバイオレット
(R 148, G 0, B 211)

ダークオーキッド
(R 153, G 50, B 204)

ダークマゼンタ
(R 139, G 0, B 139)

パープル
(R 128, G 0, B 128)

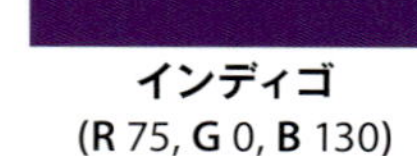

インディゴ
(R 75, G 0, B 130)

ミディアムスレートブルー
(R 123, G 104, B 238)

スレートブルー
(R 106, G 90, B 205)

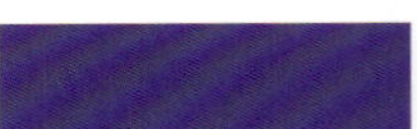

ダークスレートブルー
(R 72, G 61, B 139)

ペールグリーン
(R 152, G 251, B 152)

ライトグリーン
(R 144, G 238, B 144)

ダークシーグリーン
(R 143, G 188, B 143)

グリーンイエロー
(R 173, G 255, B 47)

シャルトリューズ
(R 127, G 255, B 0)

ローングリーン
(R 124, G 252, B 0)

ライム
(R 0, G 255, B 0)

ライムグリーン
(R 50, G 205, B 50)

シーグリーン
(R 46, G 139, B 87)

緑（グリーン）
(R 0, G 128, B 0)
ダークグリーン
(R 0, G 100, B 0)
オリーブドラブ
(R 107, G 142, B 35)
オリーブ
(R 128, G 128, B 0)
ダークオリーブグリーン
(R 85, G 107, B 47)
スプリンググリーン
(R 0, G 255, B 127)
ダークシアン
(R 0, G 139, B 139)
ティール
(R 0, G 128, B 128)
ミディアムアクアマリン
(R 102, G 205, B 170)
ライトシーグリーン
(R 32, G 178, B 170)
ライトシアン
(R 224, G 255, B 255)
ペールターコイズ
(R 175, G 238, B 238)
スカイブルー
(R 135, G 206, B 235)
ライトスカイブルー
(R 135, G 206, B 250)
シアン
(R 0, G 255, B 255)
ミディアムターコイズ
(R 72, G 209, B 204)
ターコイズ
(R 64, G 224, B 208)
カデットブルー
(R 95, G 158, B 160)
ディープスカイブルー
(R 0, G 191, B 255)
ドジャーブルー
(R 30, G 144, B 255)
スティールブルー
(R 70, G 130, B 180)
ミディアムスレートブルー
(R 123, G 104, B 238)
ロイヤルブルー
(R 65, G 105, B 225)
ミディアムブルー
(R 0, G 0, B 205)
ダークブルー
(R 0, G 0, B 139)
ネイビー
(R 0, G 0, B 128)
ミッドナイトブルー
(R 25, G 25, B 112)
コーンシルク
(R 255, G 248, B 220)
ベージュ
(R 245, G 245, B 220)
リネン
(R 250, G 240, B 230)
アンティークホワイト
(R 250, G 235, B 215)
ホイート
(R 245, G 222, B 179)
ミスティーローズ
(R 255, G 228, B 225)
ロージーブラウン
(R 188, G 143, B 143)
バーリーウッド
(R 222, G 184, B 135)
タン
(R 210, G 180, B 140)
サンディブラウン
(R 244, G 164, B 96)
ゴールデンロッド
(R 218, G 165, B 32)
ペルー
(R 205, G 133, B 63)
ダークゴールデンロッド
(R 184, G 134, B 11)
チョコレート
(R 210, G 105, B 30)
サドルブラウン
(R 139, G 69, B 19)
シエナ
(R 160, G 82, B 45)
茶（ブラウン）
(R 165, G 42, B 42)
マルーン
(R 128, G 0, B 0)
アジュア
(R 240, G 255, B 255)
ゲインズボロ
(R 220, G 220, B 220)
ライトグレー
(R 211, G 211, B 211)
銀（シルバー）
(R 192, G 192, B 192)
ダークグレー
(R 169, G 169, B 169)
灰（グレー）
(R 128, G 128, B 128)
ディムグレー
(R 105, G 105, B 105)
スレートグレー
(R 112, G 128, B 144)
ライトスレートグレー
(R 119, G 136, B 153)
黒（ブラック）
(R 0, G 0, B 0)

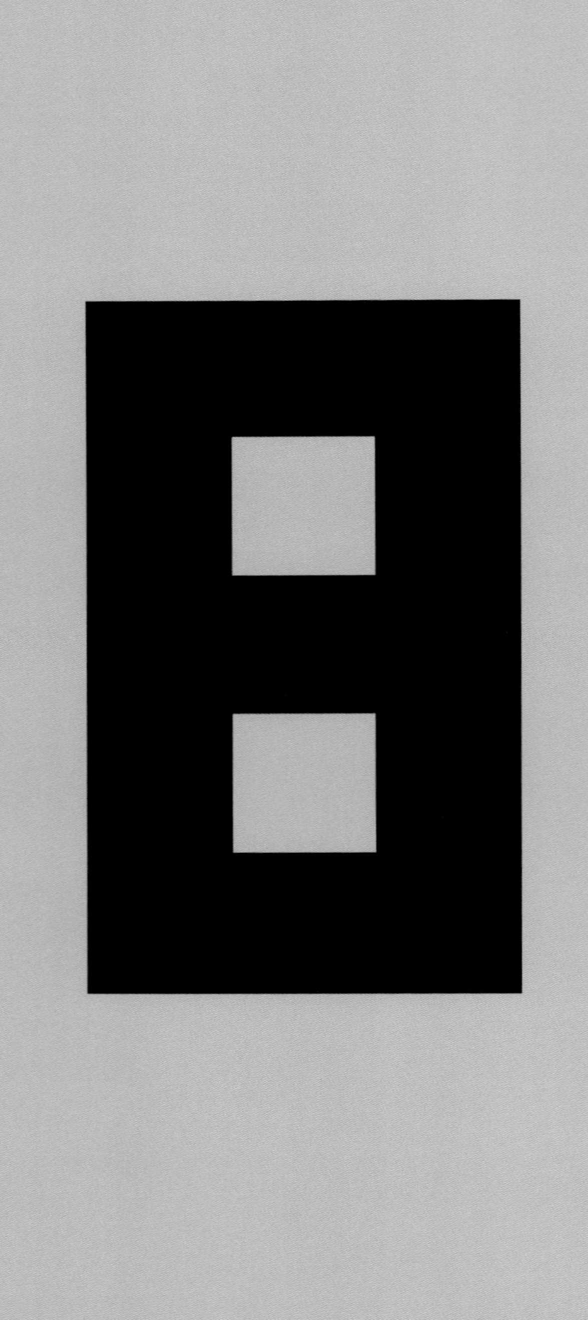

バルーン・フライト

バルーン・フライトの作り方

気球に乗って空を旅しよう。障害物をうまくよけながら進もう。

背景は雲がうかぶ青空だ

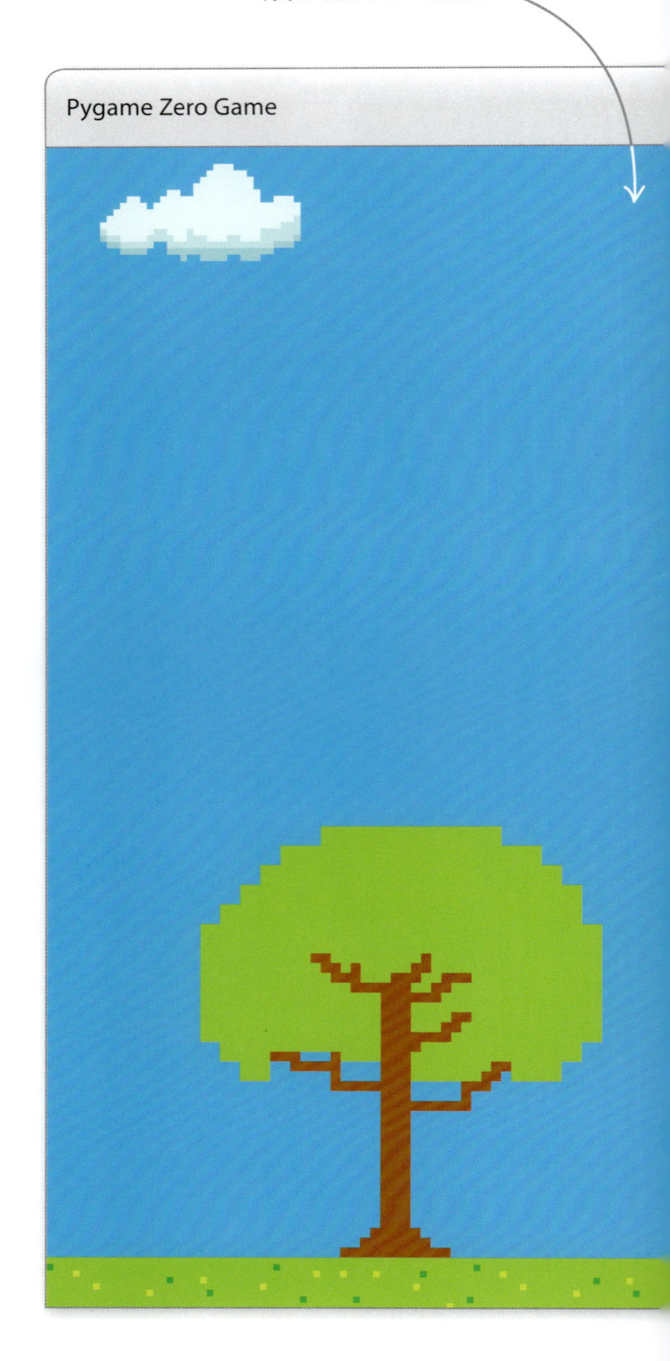

何が起こるのかな

ゲームが始まると画面中央に気球が現れる。マウスのボタンで上下に動くよ。鳥、家、木などの障害物をよけて飛び続けよう。障害物をよけるたびに1ポイントが入る。1回でも障害物にぶつかるとゲームオーバーだ。

◀気球
ゲームが始まると同時に気球は下がり始めるぞ。マウスをクリックして空に上げよう。

◀障害物
障害物はランダムな位置に現れる。すべての障害物をよけないと、ゲームを続けられないぞ。

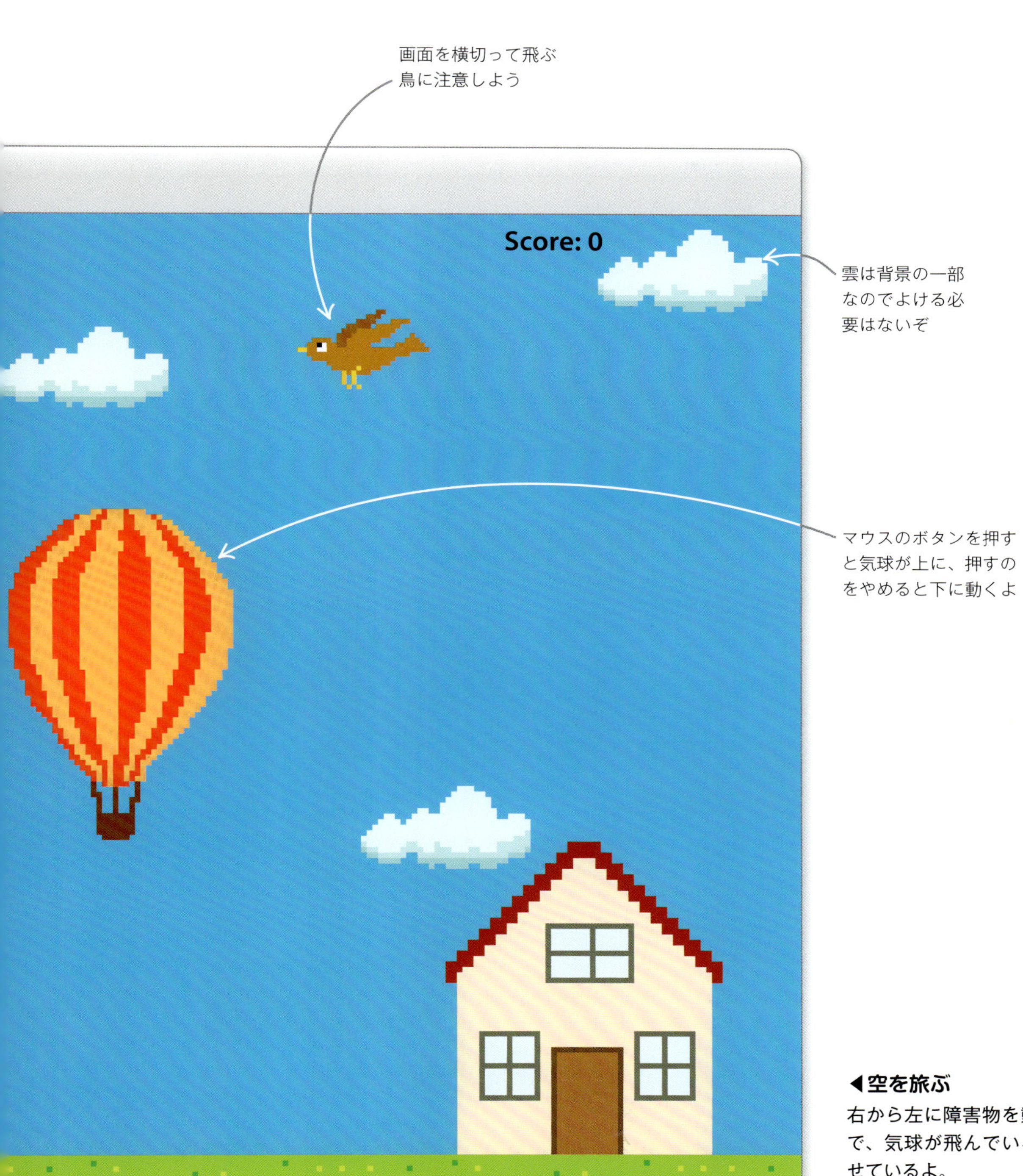
画面を横切って飛ぶ
鳥に注意しよう
Score: 0
雲は背景の一部
なのでよける必
要はないぞ
マウスのボタンを押す
と気球が上に、押すの
をやめると下に動くよ

◀空を旅ぶ
右から左に障害物を動かすことで、気球が飛んでいるように見せているよ。

しくみ

まず気球とすべての障害物を登場させる。それからプレイヤーがマウスのボタンを押して気球を上昇させようとしているか、それともボタンを押さずに気球を下げようとしているかをチェックする。画面左端から障害物が消え去ったときは、画面右の外側に障害物を置き直すよ。このとき画面右端からどれくらい遠くに置くかはランダムに決め、障害物がランダムな間かくで登場するようにする。気球が障害物にぶつかったらゲームは終わりになり、ハイスコアが画面に表示されるぞ。

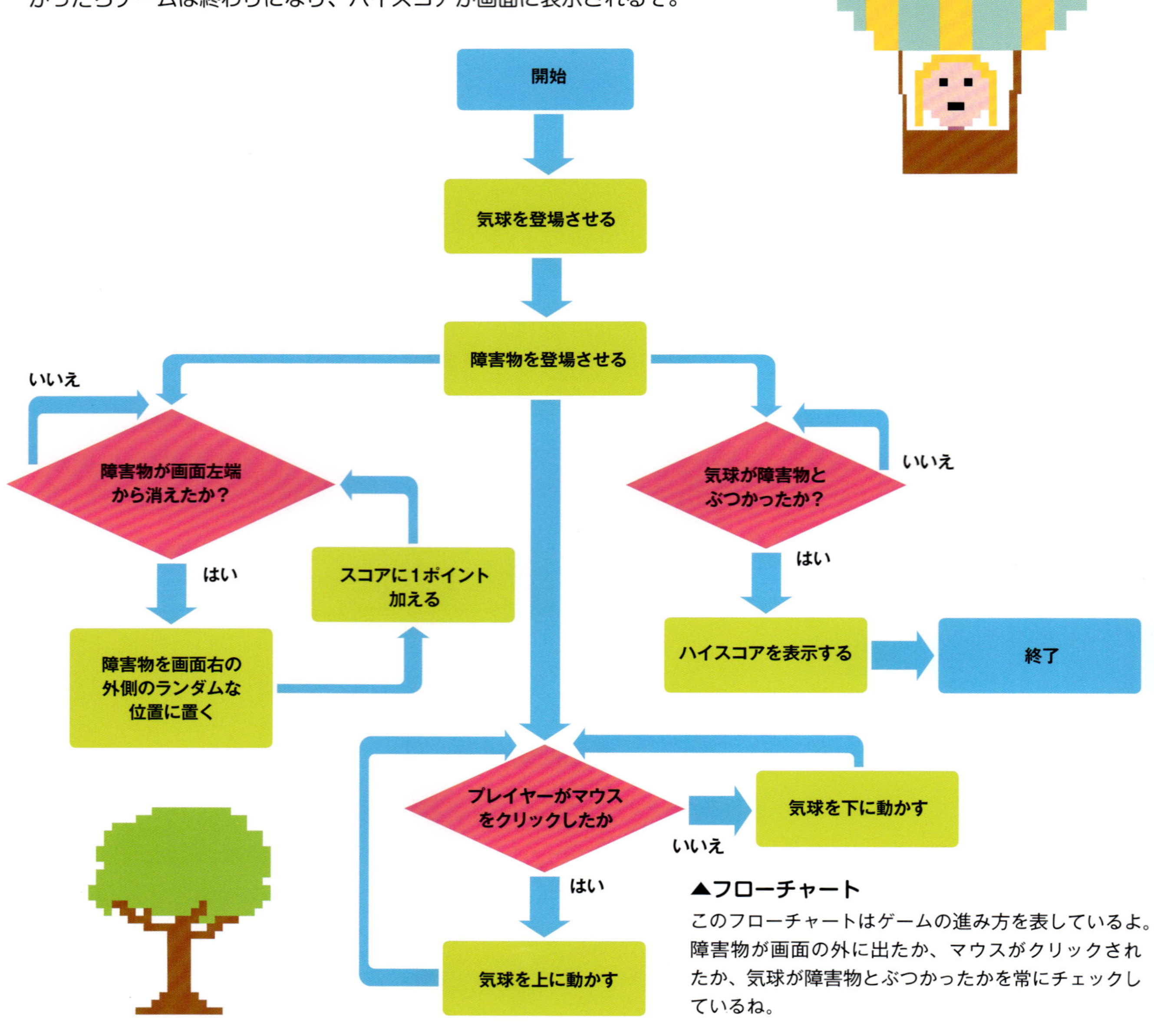

▲フローチャート

このフローチャートはゲームの進み方を表しているよ。障害物が画面の外に出たか、マウスがクリックされたか、気球が障害物とぶつかったかを常にチェックしているね。

高く、高く、どこまでも！

空に飛び立つ前に、このゲームの重要な要素をよく理解しておいた方がいいね。ソースコードは長くて、少しむずかしくなっているから、書くときは注意するようにしよう。

1 最初のステップ

第１章で作ったpython-gamesフォルダーの中に、新しくballoon-flightというフォルダーを作ろう。それからIDLEを起動して**File**メニューから**New File**を選ぶ。作ったファイルはballoon.pyという名前でballoon-flightフォルダーにセーブしよう。

Save As: balloon.py
Tags:
Where: balloon-flight
Cancel　Save

2 画像用のフォルダーを作る

このゲームでは６枚の画像を使うよ。www.dk.com/uk/information/the-python-games-resource-pack/からBalloon Flight用の画像をダウンロードしてimagesフォルダーにコピーしよう。

balloon-flight
balloon.py
images
background.png
balloon.png
bird-down.png
bird-up.png
house.png
tree.png

3 ハイスコア記録用のファイル

IDLEでもう１つ新しいファイルを開き、下のように入力しよう。**File**メニューから**Save As**を選び、high-score.txtという名前で、ファイルの種類はText filesにしてballoon-flightフォルダーにセーブだ。

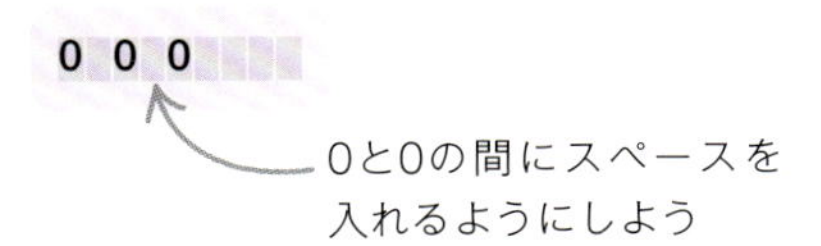

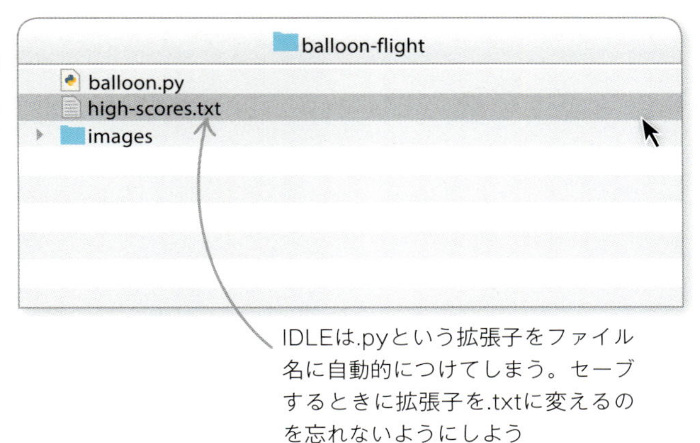

IDLEは.pyという拡張子をファイル名に自動的につけてしまう。セーブするときに拡張子を.txtに変えるのを忘れないようにしよう

4 モジュールを組み入れる

フォルダーの準備ができたからプログラミングを始めるよ。まずモジュールを組み入れる必要があるね。IDLEファイルのballoon.pyの１行目に右のように入力しよう。

```
from random import randint
```

この関数は画面上のランダムな位置に障害物を置くときに利用するぞ

5 画面サイズの設定

ゲームで使う画面のサイズをセットしよう。ステップ4のコードに続けて下のように入力だ。

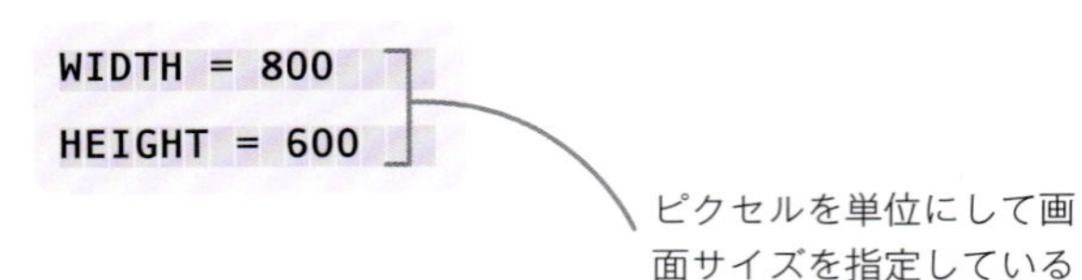

```
WIDTH = 800
HEIGHT = 600
```

ピクセルを単位にして画面サイズを指定している

6 気球を準備する

ここでいよいよアクターの登場だ。まずプレイヤーがコントロールする気球を加えるよ。

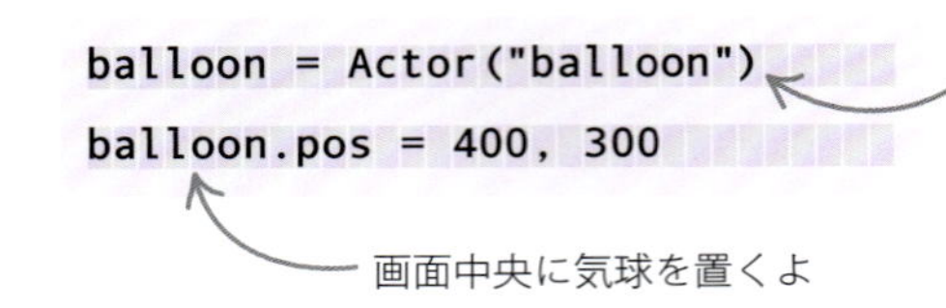

```
balloon = Actor("balloon")
balloon.pos = 400, 300
```

気球の画像を使った新しいアクターを作っているね

画面中央に気球を置くよ

7 障害物を用意する

ゲームで使う障害物もそろえないといけないね。鳥、家、そして木を登場させるためにアクターを1つずつ作ろう。

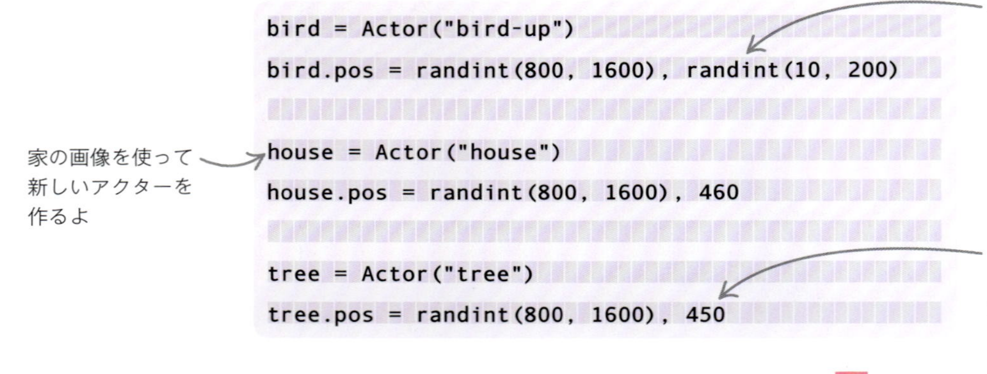

```
bird = Actor("bird-up")
bird.pos = randint(800, 1600), randint(10, 200)

house = Actor("house")
house.pos = randint(800, 1600), 460

tree = Actor("tree")
tree.pos = randint(800, 1600), 450
```

x座標は800から1600ピクセル、y座標は10から200ピクセルのランダムな位置に鳥が現れるようにしている

家の画像を使って新しいアクターを作るよ

この値をセットすることで、木が画面下の草地の上に現れるようにしているぞ

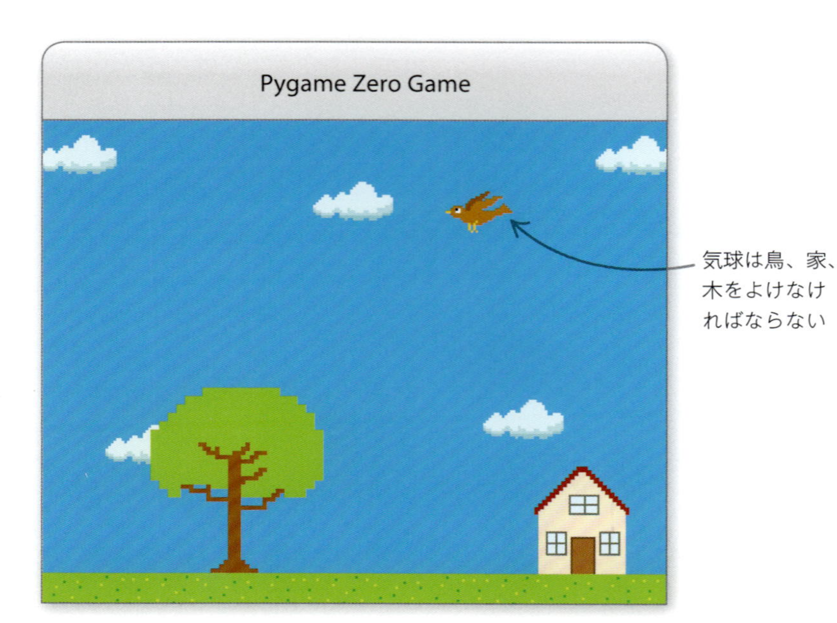

気球は鳥、家、木をよけなければならない

うまくなるヒント

関数

関数はヘッダーと本体の2つの部分からできているよ。ヘッダーは関数のソースコードの1行目で、関数名と必要な引数が書かれている。本体は関数が呼び出されたときに実行する命令だ。

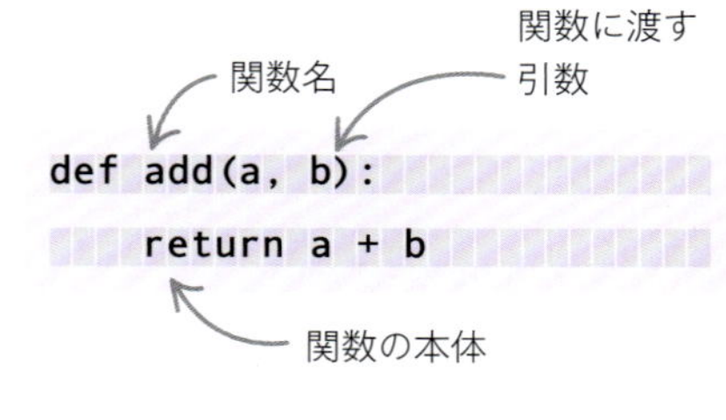

```
def add(a, b):
    return a + b
```

関数名

関数に渡す引数

関数の本体

8 グローバル変数を作る

今度はグローバル変数の準備だ。ステップ7のコードのあとに下のコードを書き足そう。

鳥のアクターで使う画像をコントロールする変数だ。あとのステップでアクターの画像を変えるコードを書き、鳥がはばたいているように見せるよ

```
tree.pos = randint(800, 1600), 450

bird_up = True
up = False
game_over = False
score = 0
number_of_updates = 0

scores = []
```

プレイヤーのスコアを記録するための変数

この変数は画面の更新が何回行われたかを記録する。この変数の値でタイミングをはかり、鳥の画像を変えるよ

スコアの上位3位までを記録するリストだね

9 ハイスコアを記録する

次に、ハイスコアを管理する関数のための場所取りをしておくよ。スコアなどの画面表示を更新する関数も必要だ。関数の本体はあとで書くぞ。

```
scores = []

def update_high_scores():
    pass

def display_high_scores():
    pass
```

関数の場所を取るため**pass**を使っている。関数の定義はあとでできるよ

うまくなるヒント

画面上の障害物

このゲームでは、気球は画面の中央にいて左右には動かず(上下には動くよ)、障害物が動いて画面から消え去っていく。でも人間の目には気球が動いているように見えるぞ。障害物が登場するときのx座標は800から1600ピクセルの間でランダムに決めている。画面の幅は800ピクセルだから、障害物はまず画面の外の見えないところに現れる。これからあとのステップでコードを書き足し、障害物が右から左へと動くようにするよ。画面の外に置かれた障害物は、遠ければ遠いほど画面に現れるのに時間がかかるね。一番遠くは画面の幅の倍の1600ピクセルにしてあるぞ。

家が現れるときのy座標は460ピクセルで固定だ

```
house.pos = randint(800, 1600), 460
```

家はx座標の800から1600の間のどこかに現れるね

10 draw()関数を定義する

これまでに作ったゲームと同じように、**draw()**関数を定義しなければならないよ。背景も一色でぬりつぶすわけではないから、画像を使うことになる。ステップ9のコードのあとに下のように書き加えるぞ。

```
def draw():
    screen.blit("background", (0, 0))
    if not game_over:
        balloon.draw()
        bird.draw()
        house.draw()
        tree.draw()
        screen.draw.text("Score: " + str(score), (700, 5), color="black")
```

空、草、雲が描かれた背景画像を加えるよ

画面にスコアを表示する命令だ

ゲームオーバーではないとき、画面にアクターを描く

11 ハイスコアを表示する

ゲームオーバーになったら**draw()**関数の中で**display_high_score()**関数を呼び出すようにしておかないといけない。ステップ10のコードのすぐあとに右のようにコードを追加しよう。

```
    else:
        display_high_scores()
```

elseの前に半角スペースを4つ入れるのを忘れないように

関数の本体を書いていないから、この関数を呼び出しても何もしないぞ

12 テストしてみる

では、コードを試しに実行してみよう。気球が画面中央に現れ、スコアは0になり、まだ障害物は登場していないはずだ。障害物を動かすソースコードを書き加えるまでは、障害物は画面に現れないよ。

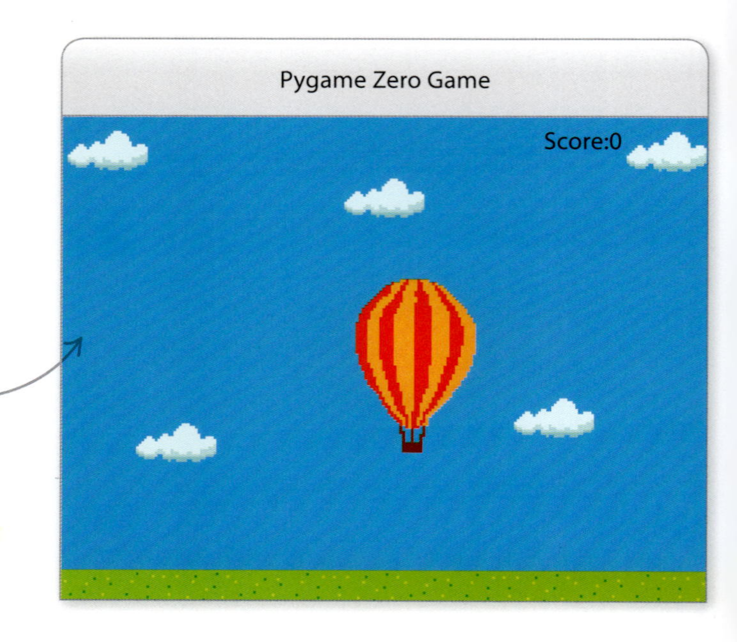

ゲームで使う背景がセットされているはずだ

うまくなるヒント

座標

たいていのプログラミング言語では、座標の原点(0, 0)は画面左上になっている。だから**on_mouse_down()**関数でy座標の値から50を引くと、気球は50ピクセルだけy座標の0（画面上端）に向けて動くことになる。つまり空に向けて上がるわけだね。

13 マウスのクリックに反応させる

次に必要になるのはイベントハンドラーの関数2つだ。プレイヤーがマウスのボタンを押すと**on_mouse_down()**関数が気球を上に動かし、マウスのボタンから指をはなすと**on_mouse_up()**関数が気球を下に動かすぞ。ステップ11のコードのあとに関数を書き加えよう。

```
    else:
        display_high_scores()

def on_mouse_down():
    global up
    up = True
    balloon.y -= 50

def on_mouse_up():
    global up
    up = False
```

この２つの関数がマウスの操作に合わせて命令を実行するよ

うまくなるヒント

計算を省略して書く

パイソンでは、変数を使って計算した結果を、その同じ変数に代入することができる。例えばaという変数に１を足すなら、**a=a+1**と書けばいいね。

この計算式を省略して書くと**a+=1**になるよ。結果は同じだ。引き算、かけ算、割り算も省略して書けるぞ。例えば

a = a -1 と a -= 1
a = a / 1 と a /= 1
a = a * 1 と a *= 1

は同じ結果になるよ。

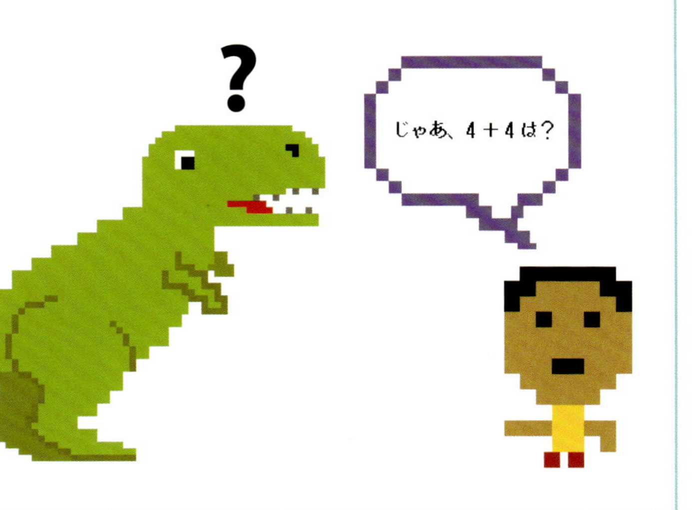

14 鳥をはばたかせる

鳥の動きをもっとリアルにしてみよう。はばたいているように見せる関数を定義するんだ。他の障害物にはこんな関数は必要ないぞ。ステップ13のソースコードのあとに書き入れよう。

```
def flap():
    global bird_up
    if bird_up:
        bird.image = "bird-down"
        bird_up = False
    else:
        bird.image = "bird-up"
        bird_up = True
```

鳥のつばさが上がっていたら、この部分で今度は下げさせるよ

うまくなるヒント

アクターに動きをつける

同じアクターのすがたや仕草が少しちがう画像を使えば、アクターが動いているように見せることができる。例えばこのゲームでは鳥の画像を２枚使っているね。１つはつばさが上がっているもの。もう１つは下がっているものだ。この２枚を交互に表示すれば、鳥がはばたいているように見える。人がおどったり、カエルがジャンプしているように見せることもできるぞ。

15 update()関数の定義

画面表示やスコアなどを更新してゲームを進めるための関数を定義しよう。update()関数というビルトイン関数を覚えているかな？ １秒間に60回、自動的に呼び出されるからプログラミングしてわざわざ呼び出す必要はないぞ。ステップ14のコードのすぐあとに右のように書きこもう。

```
def update():
    global game_over, score, number_of_updates
```

この関数で値を変えなければならない変数を指定しているよ

16 重力が働く

コードを少し増やして、プレイヤーがマウスのボタンを押していないと、重力によって気球が下がってしまうようにするぞ。ステップ15で書いたupdate()関数に書き加えよう。

```
    global game_over, score, number_of_updates
    if not game_over:
        if not up:
            balloon.y += 1
```

マウスのボタンが押されていないと、この命令で気球が１ピクセル下がってしまう

17 実行してみる

またプログラムを実行してみよう。ステップ12のときと同じ画面が表示されるけれど、気球がマウスのクリックに反応するようになっているはずだ。

18 鳥を動かす

さらにコードを書き足して、今度は鳥がはばたきながら画面上を動くようにするよ。鳥は４ピクセルずつ左向きに動き、まるで飛んでいるように画面を横切るぞ。

どいて！ どいて！

```
    balloon.y += 1

if bird.x > 0:
    bird.x -= 4
    if number_of_updates == 9:
        flap()
        number_of_updates = 0
    else:
        number_of_updates += 1
```

鳥が画面上にいる場合は左に動かすぞ

このブロックでは、**update()**関数が10回呼び出されるごとに鳥が1回はばたくようになっている

19 見えなくなった鳥は？

鳥が画面の左端から飛び去ったら、画面の右外側のランダムな位置に置き直す必要がある。ちょうどゲームが始まったときと同じだね。鳥がいる高さもランダムに決めるよ。ステップ18のコードのすぐあとに下のように書き加えよう。

この行の先頭には半角スペース８個が入るよ。忘れないようにしよう

鳥を画面右側の外のランダムな位置に置いている

```
    else:
        number_of_updates += 1
else:
    bird.x = randint(800, 1600)
    bird.y = randint(10, 200)
    score += 1
    number_of_updates = 0
```

障害物が画面から消え去るたびにスコアが１増えるぞ

うまくなるヒント
なめらかな動き

パイソンでは**update()**関数は毎秒60回、自動的に呼び出されるようになっているよ。この関数が呼び出されるたびに鳥の画像を変えていたら、画像がぼやけてしまう。なめらかに動かすにはコードを書き加え、関数が10回呼び出されるごとに画像を変えるようにしよう。10回ではなく別の回数ごとに変えるようにもできるよ。でも画像が変わる間かくが長すぎると、鳥の動きがとてもゆっくりになってしまうぞ。

20 家を動かす

鳥が画面を横切るようにしたね。同じように家も動くようにしよう。ステップ19のあとに下のコードを書いていこう。

```
    else:
        bird.x = randint(800, 1600)
        bird.y = randint(10, 200)
        score += 1
        number_of_updates = 0

    if house.right > 0:
        house.x -= 2
    else:
        house.x = randint(800, 1600)
        score += 1
```

画面左端から消え去った家は、画面右の見えない位置に置き直される

家が画面の外に出るとスコアに1ポイント加算されるよ

21 木を動かす

ステップ20と同じやり方で、木が画面上を横方向に動いていくようにしよう。ステップ20のあとにコードを書き足すよ。

各行の先頭に半角スペースを何個入れればいいかな？ 忘れないようにしよう

```
    else:
        house.x = randint(400, 800)
        score += 1

    if tree.right > 0:
        tree.x -= 2
    else:
        tree.x = randint(800, 1600)
        score += 1
```

うまくなるヒント

アクターの使いまわし

障害物が画面の外に消え去ったら、その障害物を画面右の外側に置き直す必要があるぞ。障害物には鳥、家、木があるけれど、それぞれアクターは1つずつしか作っていない。でもこうやって置き直せば、いくつもの障害物がつぎつぎ現れてくるように見えるね。同じアクターを使えば、画面から消え去るたびに新しいアクターを作らなくてもすむんだ。

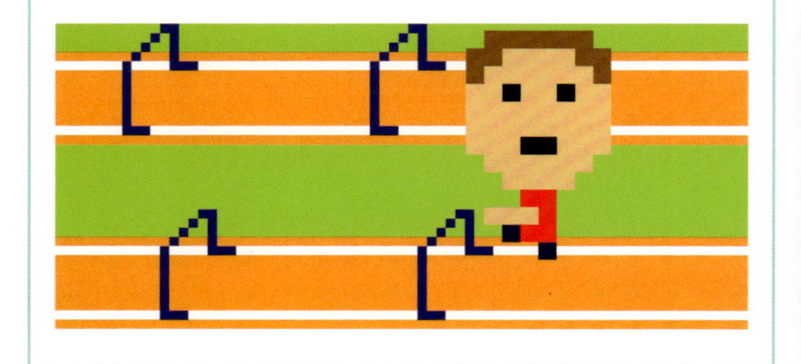

22 動きを止める

気球が画面の上端か下端にぶつかったらゲームを終わらせなければならないよ。ステップ21のコードのあとに右の黒字部分を書き入れてね。

```
score += 1

if balloon.top < 0 or balloon.bottom > 560:
    game_over = True
    update_high_scores()
```

気球が画面の上下どちらかの端にふれていないか、この行でチェックしている

23 障害物との衝突

最後に、気球が3つの障害物のどれかと衝突したときにゲームを終わらせるためのコードを書こう。下の黒字部分を追加するよ。

気球が3つの障害物のどれかに衝突したかをチェックだ

```
update_high_scores()

if balloon.collidepoint(bird.x, bird.y) or \
    balloon.collidepoint(house.x, house.y) or \
    balloon.collidepoint(tree.x, tree.y):
        game_over = True
        update_high_scores()
```

変数**game_over**にTrueを代入する。プログラムにゲームオーバーになったことを知らせるんだ

必要ならこの行でハイスコアを更新する

長い行を2行以上に分けて書きたいときは、「\」(バックスラッシュ)を使おう。日本語版Windowsでは¥キーを入力するか、半角の¥記号で代用できるよ

24 テストする

ソースコードをセーブして、コマンドラインから実行してみよう。ゲームがプレイできるようになっているはずだ。でもこれで終わりではないよ！ハイスコアを記録して表示できるようにしよう。どんなやり方で表示するのかな？

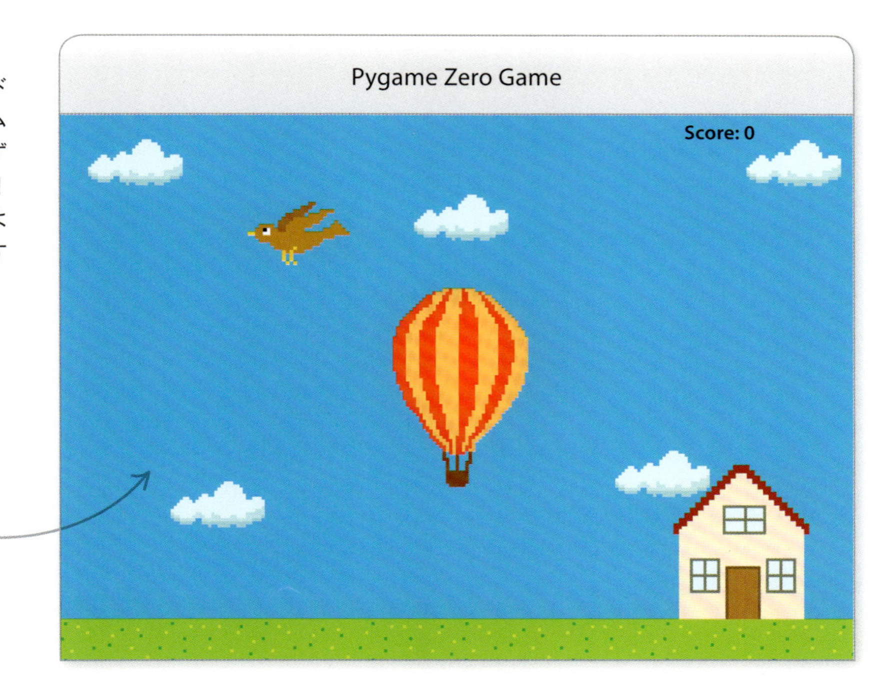

障害物が画面上を動いて、まるで気球が動いているように見えるぞ

25 ハイスコアの更新

ステップ９で場所取りだけした**update_high_score()**関数の本体を書くぞ。この関数は上位３位までのスコアをファイルから読み出し、プレイヤーのスコアがこの３つのスコアのどれかを上回っていたらデータを更新する。**pass**を下の黒字のコードに置きかえよう。黒字の２行目の注意書きはよく読んで、high-score.txtのファイルがコンピューターのどのフォルダーにあるかを正確に入力してね。

```
def update_high_scores():
    global score, scores
    filename = r"/Users/bharti/Desktop/python-games/balloon-flight/high-scores.txt"
    scores = []
```

ハイスコアのリストをリセットしている

この灰色の部分は、high-score.txtが入っているフォルダーによって変わってくる。high-score.txtのファイルをコマンドプロンプト（またはターミナル）にドラッグすれば、パス（ファイルの在りかを示す文字列）が表示されるから、そのパスをクォーテーションで囲って書きこめばいい。

26 現在のハイスコアを読み出す

プレイヤーのスコアが、記録されているハイスコアより低いかどうかをチェックするため、high-score.txtファイル内のデータを読み出さなければならない。このファイルはステップ３で作ったぞ。ステップ25のコードに続けて、下のように入力だ。

high-score.txtのファイルを開いて読み取れるようにする

```
    scores = []
    with open(filename, "r") as file:
        line = file.readline()
        high_scores = line.split()
```

ハイスコアのファイルには１行しかデータがないよ。覚えているかな？ この行でその１行を読み出しているよ

この関数は、１行になっているハイスコアのデータを切り分けて３つの文字列を作っているよ

うまくなるヒント

文字列を切り分ける

このゲームでは、ハイスコアはすべて同じテキストファイルの同じ行に文字列として記録されている。プレイヤーのスコアがそれまでのハイスコアを上回ったかを調べるには、この文字列を３つに切り分けないといけない。パイソンの**split()**関数を使えば、指定した文字のところで文字列を切り分け、切り分けてできた文字列を１つのリストに入れられる。**split()**関数に引数を渡して、どの文字のところで切りたいかを教えてあげよう。

```
name = "Martin,Craig,Daniel,Claire"
name.split(",")
```

このように引数で指定すると、文字列はカンマのところで切り分けられるよ。引数を渡さないと、ステップ26のようにスペースのところで切り分けてしまうよ

戻り値のリストには、４つに切り分けられた文字列が入っている

```
["Martin", "Craig", "Daniel", "Claire"]
```

うまくなるヒント

スコアを記録する

記録されているハイスコアが12、10、8で、プレイヤーのスコアが11だとしよう。もしプレイヤーのスコアより低い記録を11で置きかえるだけのコードだとしたら、ハイスコアは12、11、11となってしまう。これはよくないね。そこでプレイヤーのスコアを、まず1位のスコアとくらべるようにしよう。11は1位の12よりも小さいから置きかえる必要はない。次に2位のスコアとくらべると、11は2位の10よりも大きいから置きかえることになる。これで11が記録されたから、今度は置きかえられた10が3位のスコアよりも大きいかチェックしよう。10は8より大きいので、置きかえが発生するね。8はリストから取り去られるよ。

12 10 8 ← スコアの例だよ。3位までのスコアが入っているね

12 11 8 ← 11と10を交換したら今度は（11ではなく）10を他のスコアとくらべる。くらべる相手は8だね

12 11 10 ← 新しい3位までのスコアだ

27 スコアをくらべる

プレイヤーのスコアと記録されている3つのハイスコアをくらべるためのコードを書こう。ステップ26のコードに続けて書いてね。

```
    high_scores = line.split()
    for high_score in high_scores:
        if(score > int(high_score)):
            scores.append(str(score) + " ")
            score = int(high_score)
        else:
            scores.append(str(high_score) + " ")
```

リスト**high_scores**にアイテムが残っているうちはループが実行される

ここで、プレイヤーのスコアが記録されているスコアより高いかチェックしている

スコアをくらべて低かった方を変数**score**に代入しているよ

プレイヤーのスコアがリスト**high_scores**から読み出したスコアより低ければ、**high_scores**に入っていたスコアをリスト**scores**に追加する

プレイヤーのスコアがリスト**high_scores**に入っていたスコアより高ければ、プレイヤーのスコアをリスト**scores**に追加する

28 ハイスコアをファイルに書きこむ

write()関数を使って新しいハイスコアのデータをhigh-score.txtファイルに書きこもう。ステップ27のコードに続けて右のように書き入れてね。

```
            scores.append(str(high_score) + " ")
    with open(filename, "w") as file:
        for high_score in scores:
            file.write(high_score)
```

このブロックで新しいスコアを.txt（テキスト）ファイルに書きこんでいるよ

high-score.txtファイルを開いて、データを書きこめるようにしている

うまくなるヒント

ファイルを使う

このゲームでは「.txt（テキスト）ファイル」でハイスコアを記録している。このようなファイルを開いたら、変数に割り当てることができるよ。あとはその変数に何かの操作をすれば、ファイルを操作することになるわけだ。ファイルをあつかうのによく使うのは**open()**、**read()**、**write()**関数だね。

▶ open()関数はファイル名と「モード」という2つの引数を取る。モードというのは、ファイルに何をしたいかをパイソンに教えるためのものだ。モードには4種類あり、「r」は読む、「w」は書く、「a」はファイルの最後に付け加える、「r+」なら読み書きをするという意味だ。

```
file = open("names.txt", "r")
```

ファイル名　モード

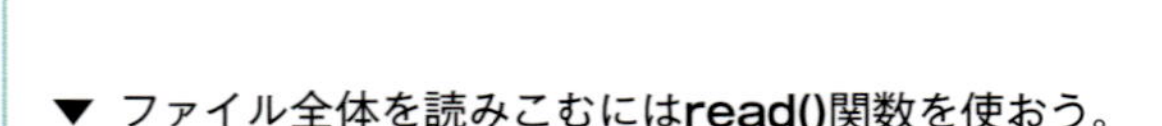

▼ ファイル全体を読みこむには**read()**関数を使おう。

```
names = file.read()
```

▼ ファイルのすべての行をリストに入れることもできる。

```
lines = []
for line in file:
    lines.append(line)
```

▼ 用事がすんだらファイルを閉じて、プログラムにもうファイルは必要ないことを示そう。

```
file.close()
```

▼ ファイル全体ではなく1行だけ読みこむこともできる。

```
name = file.readline()
```

▼ **write()**関数でファイルに書きこんでみよう。

```
file = open("names.txt", "w")
file.write("Martin")
```

▼ 使い終わったファイルを閉じるのを忘れると、一部のデータがファイルに書きこまれないことがある。with文を使ってこのトラブルを防ごう。**with**文はファイルを開き、**with**文本体で指示している作業が終われば自動的にファイルを閉じてくれる。

```
with open("names.txt", "r") as file:
    name = file.readline()
```

with文の本体だ

29 ハイスコアを表示する

ハイスコアかどうかを調べて上位3位までを記録する関数はできたから、今度はハイスコアを画面に表示する関数を作らないといけないね。ステップ9で書いた**def display_high_scores()**のあとの**pass**を下のように置きかえよう。

```
def display_high_scores():
    screen.draw.text("HIGH SCORES", (350, 150), color="black")
    y = 175
    position = 1
    for high_score in scores:
        screen.draw.text(str(position) + ". " + high_score, (350, y), color="black")
        y += 25
        position += 1
```

ハイスコアの1行目のy座標を指定している

「HIGH SCORES（ハイスコア）」と画面に表示するよ

スコアを表示したら次のスコアの位置は25ピクセル下にする。この行でy座標の値を増やしているぞ

ハイスコアを画面に表示するぞ

改造してみよう

ゲームをおもしろくする方法はいくつもあるよ。そのためのアイデアを少し紹介しよう。

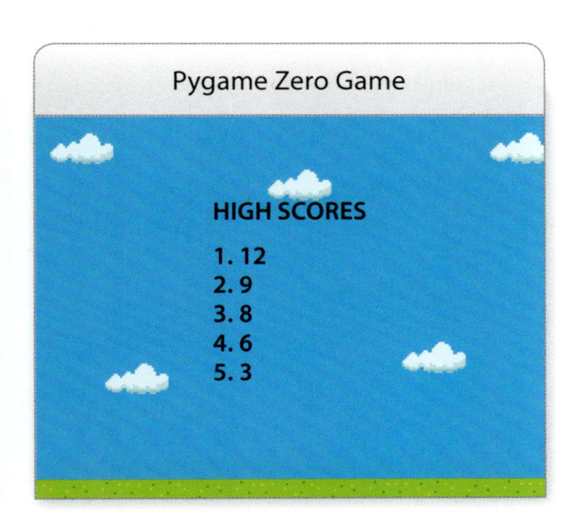

▲ハイスコアの表示数を増やす

今は上位3位までしか表示されないね。上位5位までとか10位までとかにできないかな？ ステップ3で0を3つならべたファイルを作ったのを覚えているかな？ ハイスコアの数を増やすには、このファイルをどうすればいいだろうか？

▲ライフ

ゲームに何回かチャレンジできるようにするのはどうかな？ プレイヤーの残りライフを記録する変数を作るんだ。気球が障害物にぶつかるたびにライフを1つ減らしていき、ライフがなくなったらゲームオーバーにしよう。

```
bird.x -= 4
```

この値を増やせば
スピードアップだ

▲スピードアップ

ゲームをむずかしくするには、障害物のスピードを上げることだ。障害物が一度に動くピクセル数を増やせばいいね。鳥のスピードを上げたときは、**flap()**関数も更新して新しいスピードにあったはばたき方にしよう。

ファイルの使い方は
132 ページで
読んだぞ。


```
new_high_score = False
```

▲ファイルへの書きこみ

このゲームでは、プログラムが終わるごとにhigh-socres.txtファイルに書きこみをしている。でもハイスコアが変わったときだけファイルに書きこみをすれば効率がよくなるね。ハイスコアに変化があったかをブール変数で示すやり方があるよ。このような使い方をする変数は「フラグ」と呼ぶことがある。フラグがTrueならハイスコアが変わったので、ファイルに書きこまないといけない。でも変化がなければ、わざわざファイルに書きこむ必要はないぞ。

こんなポイントの
とり方があったのか！

▲ポイントのとり方を変える

今は、障害物が画面の外に出ていってからポイントが入るようになっている。コードを書きかえて、障害物をよけたらすぐにポイントが入るようにしてみよう。どうすればいいかわかるかな？ 忘れてはいけないのは、気球がいる位置のx座標は400ピクセルで変わらないことだ。

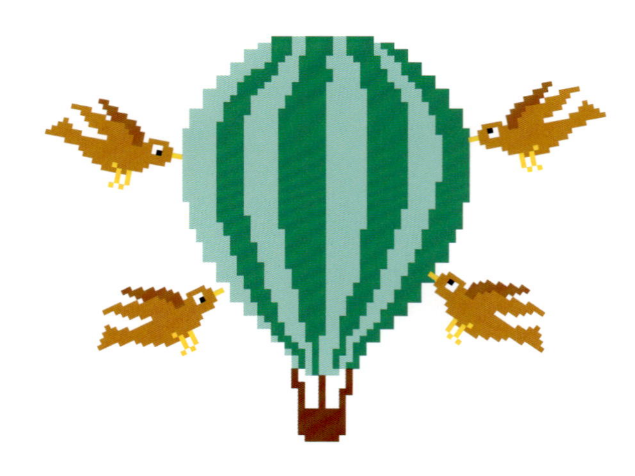

２羽目の鳥の名前

```
bird2 = Actor("bird-up")
bird2.pos = randint(800, 1600), randint(10, 200)
```

▲障害物を増やす

鳥、家、木が1つずつではかんたんすぎるかな？ 鳥、家、木のそれぞれが、一度に2つ以上現れるようにソースコードを変えられるよ。

▼レベルアップ

レベルを設定して、レベルが高くなるほどスピードが上がるようにしよう。おもしろくなるぞ。各レベルの障害物は合計10個にするから、1つのレベルをクリアするには、すべての障害物をクリアして10ポイントを手に入れなければならないんだ。つまりスコアが10の倍数になるたびに、障害物はスピードアップすることになる。もともとのゲームでは、鳥は一度に4ピクセル、家と木は2ピクセル動いていたね。レベルが上がったらこのピクセルの値を大きくして、障害物のスピードを上げればいい。そのためにはスピードの値を変数に入れておく必要がある。鳥は家や木の倍のスピードで動くことを忘れないようにしよう。

```
speed = 2
bird.x -= speed * 2
```

▼障害物が重ならないようにする

すべての障害物（鳥、家、木）が同じx座標に重なって登場する場合がある。プログラムは問題なく動くけれど、できればこんなことにはならない方がいい。**update()**関数を書きかえて、もし障害物のx座標が同じになったら、別のx座標を選び直すようにしよう。下にヒントになるコードを1行だけ書いておくぞ。

```
if bird.x == house.x
```

うまくなるヒント

モジュロ演算子（えんざんし）

パイソンが割り算をするときは、余りは無視してしまう。でも余りがあるかどうか、そしてあるならいくつなのかを知りたいときがあるね。例えばある数が偶数か奇数かをチェックするなら、2で割って余りがあるかどうかを調べればいい。このようなときに使うのは「%」という記号のモジュロ演算子だ。

```
>>> print(2 % 2)
0
```

2を2で割ると余りはないから0になるよ

```
>>> print(3 % 2)
1
```

3を2で割ったときの余りだ

このゲームでは、スコアが10の倍数かどうかをチェックするのにモジュロ演算子を使えるよ。スコアが10で割り切れる数になっていたら、プレイヤーはレベルアップだ。

```
score % 10
```

スコアを10で割ったときの余りが返されるよ

ダンス・チャレンジ

ダンス・チャレンジの作り方

音楽に合わせたダンサーの動きを記憶し、そっくりまねしよう。ふりつけをまちがえずに、どこまでついていけるかな？

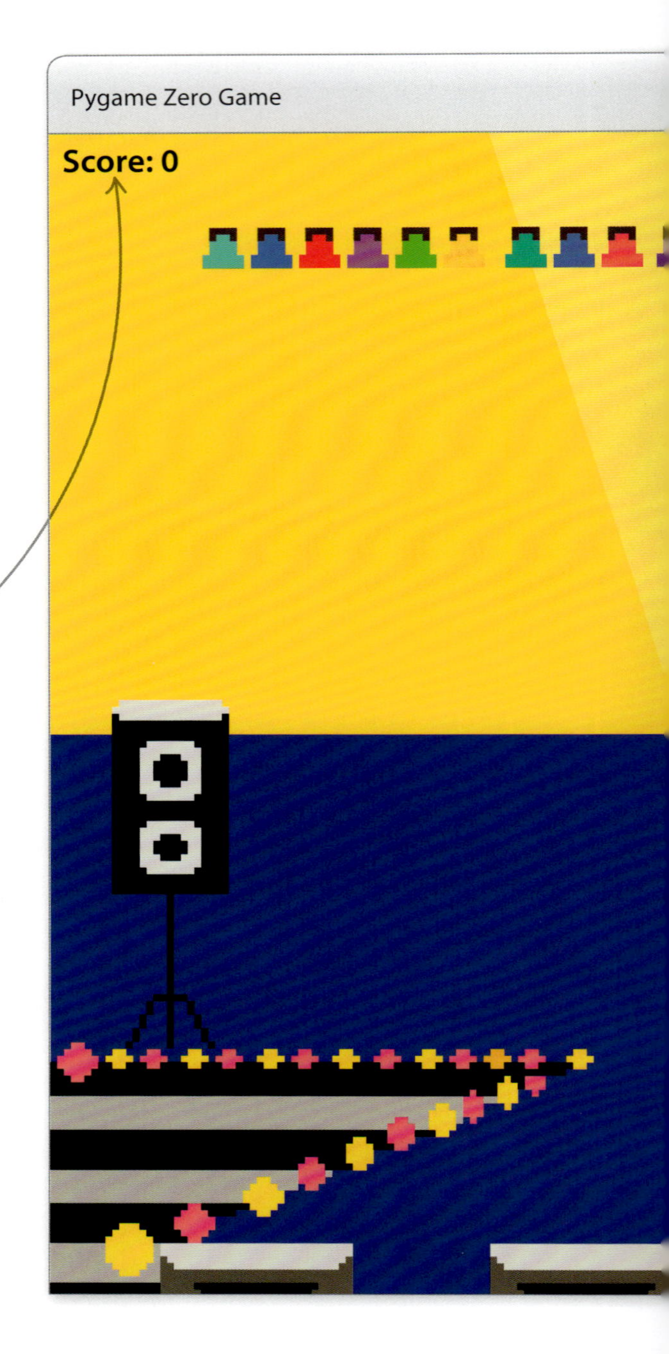

正しい動きをするたびに
1ポイントが入る

何が起こるのかな

このゲームではまずダンサーが連続した動きを見せる。プレイヤーはその動きの順番を覚えておいて、キーボードの４つの矢印キーを押してダンサーを動かし、ダンスをそっくりまねるんだ。

◀ダンサー
ダンサーは自分の動きを見てもらうのが大好きだ。なるべく動きをまねて、ゲームが続くようにしよう。

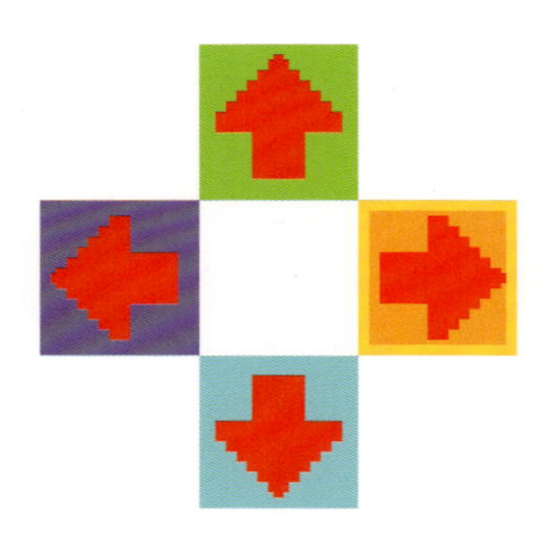

◀四角いボタン
ダンサーが次の動きに移るたび、四角いボタンの１つが黄色い枠で囲まれて目立つようになるぞ。

ゲームの背景は別の
画像に変えられるよ
ダンサーがポーズを変
えながらダンスを見せ
てくれるぞ
矢印キーを正しい順番
で押してポイントを手
に入れよう
このゲーム用のス
テージ画像だ

◀しっかり覚えよう！
このプログラムではダンサーを動かす関数とは別の関数で、色つきの四角いボタンを光らせている。ダンスが始まる前のカウントダウンも表示するぞ。

しくみ

最初に、ダンスの動きの順番を決める関数、カウントダウンの関数、動きを画面上に表示するための関数の３つを使ってゲームを始める準備をする。ゲームが始まると矢印キーが押されたかをチェックし続け、もし押されたら正しいキーかを確かめる。まちがいが見つかればゲームは終了だ。

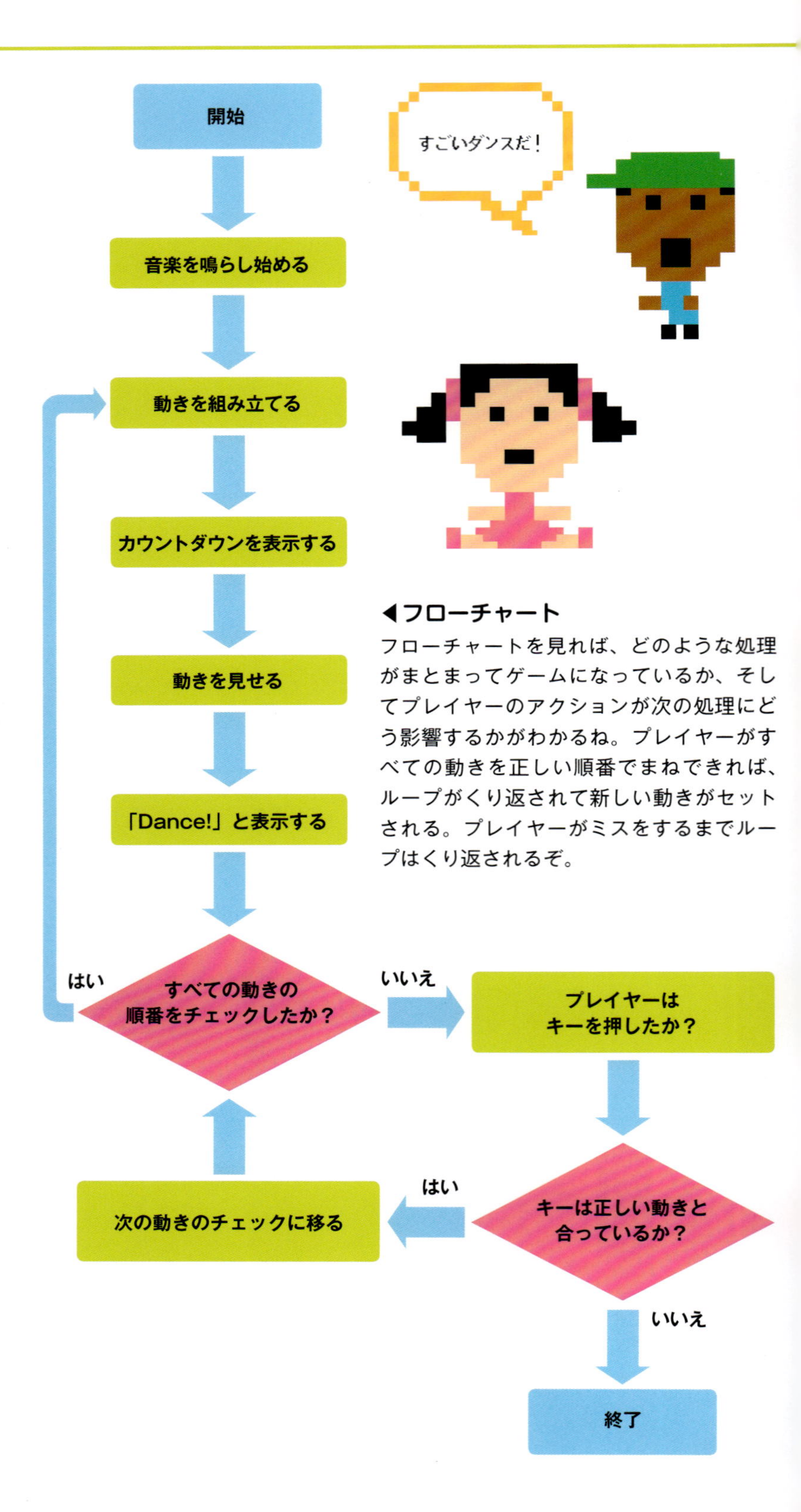

◀フローチャート
フローチャートを見れば、どのような処理がまとまってゲームになっているか、そしてプレイヤーのアクションが次の処理にどう影響するかがわかるね。プレイヤーがすべての動きを正しい順番でまねできれば、ループがくり返されて新しい動きがセットされる。プレイヤーがミスをするまでループはくり返されるぞ。

うまくなるヒント

音楽を加える

このゲームでは、ダンサーがダンスに使う音楽を加える必要がある。Pygame Zeroには、音楽をかんたんに使うための命令が用意されているよ。音楽を加えるときは、ゲームのメインフォルダーの中にmusicというフォルダーを作ろう。どこに音声ファイルがあるか、Pygame Zeroがすぐにわかるようにしておくんだ。

プログラミングの始まりだ

ゲームがどのように動くかわかったから、さっそくとりかかろう。まず新しいファイルを作ってセーブし、それからゲームに必要なパイソンのモジュールを組み入れるよ。これまでとはちがう関数も使うことになるぞ。

1 IDLEでファイルを作る

IDLEを起動し、**File**メニューから**New File**を選んでからっぽのファイルを作ろう。

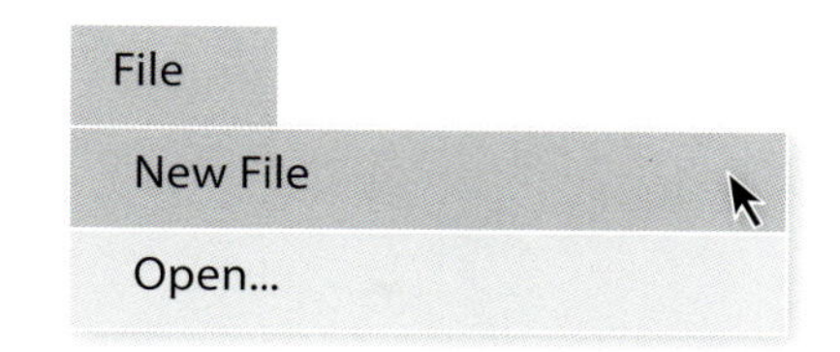

2 ファイルをセーブする

第1章で作ったpython-gamesのフォルダーを開いて、その中にdance-challengeという名前の新しいフォルダーを作る。ステップ1のファイルをdance-challengeフォルダーの中にdance.pyという名前でセーブだ。

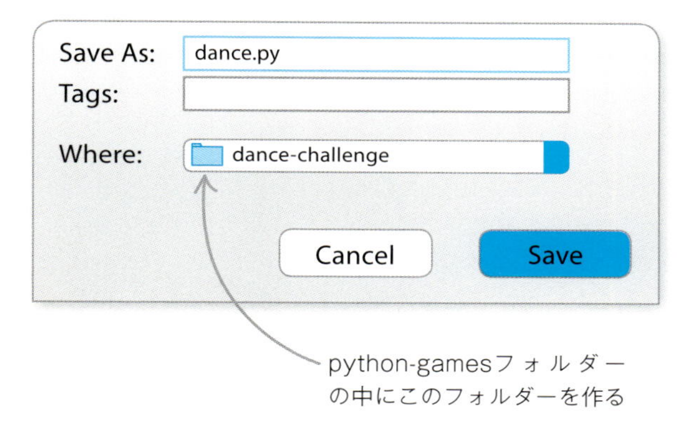

python-gamesフォルダーの中にこのフォルダーを作る

3 画像フォルダーを作る

このゲームではダンサー、ステージ、矢印が描かれた四角形(8個)の画像を使う。dance-challengeフォルダーの中にimagesフォルダーを作ろう。このimagesフォルダーはdance.pyファイルと同じフォルダー内に置いておく必要があるよ。

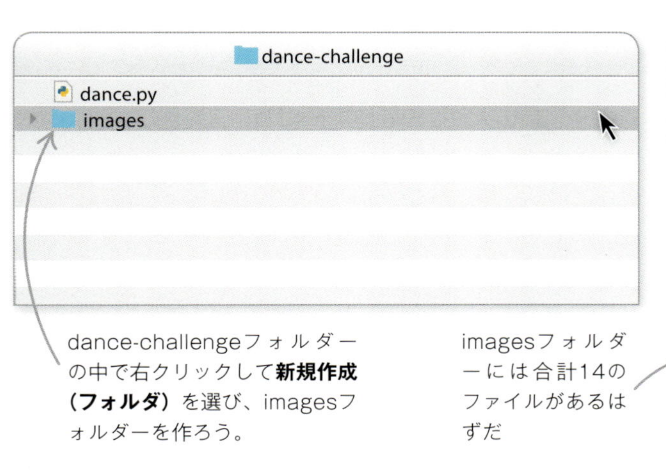

dance-challengeフォルダーの中で右クリックして**新規作成(フォルダ)**を選び、imagesフォルダーを作ろう。

4 画像をフォルダーに入れる

www.dk.com/uk/information/the-python-games-resource-pack/からDance Challenge用の画像ファイルをimagesフォルダーにコピーしよう。「.ogg」という拡張子がついたファイルはまだ使わないよ。

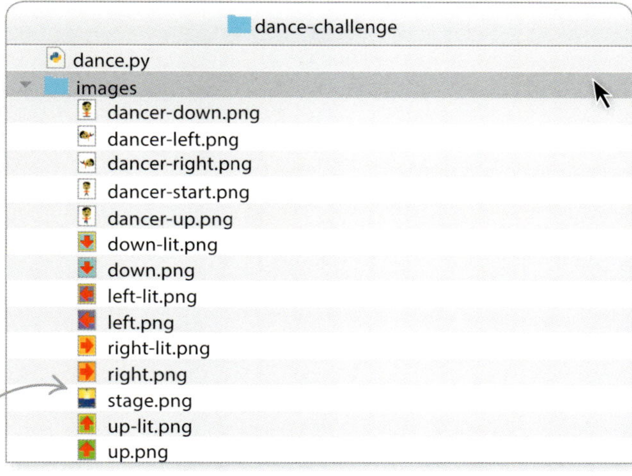

imagesフォルダーには合計14のファイルがあるはずだ

5 音楽フォルダーを作る

ダンスには音楽が必要だ。ゲームで使う音声ファイルには、専用のフォルダーを用意しなければならないぞ。dance-challengeフォルダーの中にmusicという名前の新しいフォルダーを作ろう。

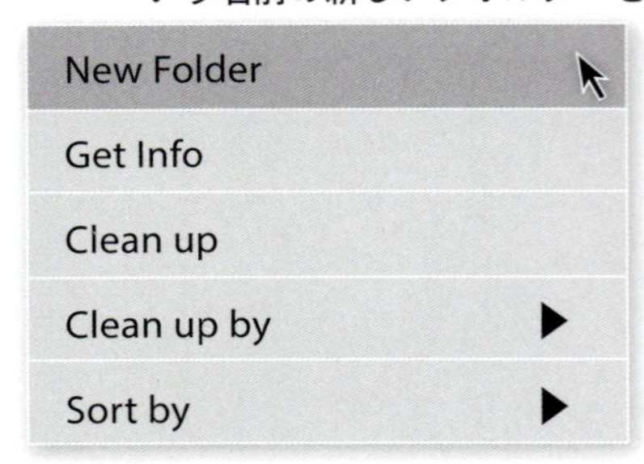

6 フォルダーに音声ファイルを入れる

もう一度、ダウンロードしたファイルの中を探して、「vanishing-horizon.ogg」というファイルを見つけてね。このファイルをmusicフォルダーの中にコピーしよう。フォルダーは下のようになっているはずだ。

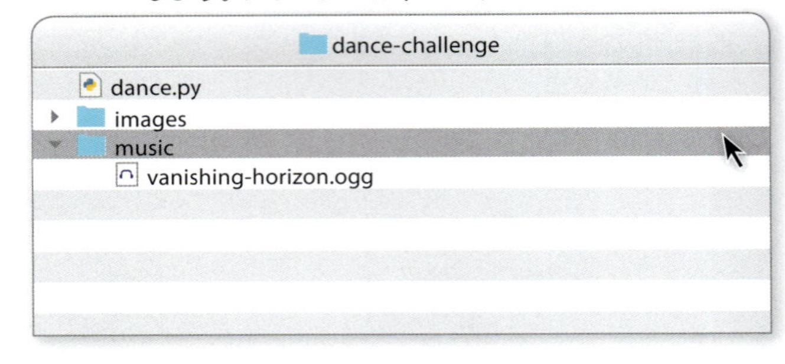

7 モジュールを組み入れる

ここまでの準備ができたらプログラミングを始めよう。IDLEでdance.pyを開き、１行目に右のように入力だ。ランダムに数を決める（乱数を作る）ためにrandint()関数を使うよ。どの数になったかでダンスの動きが決まるぞ。

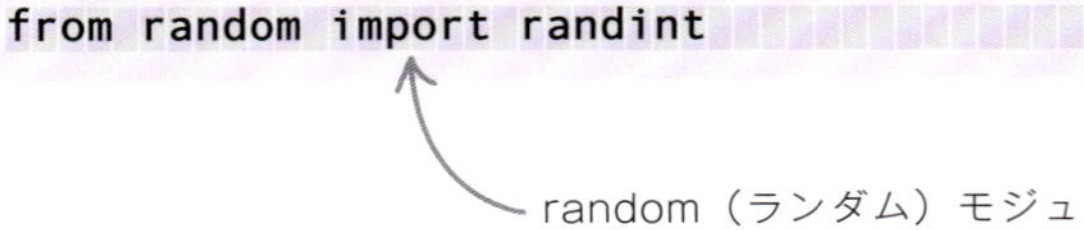

```
from random import randint
```

random（ランダム）モジュールに入っている**randint()**関数を組み入れる

8 ステージをセットする

次にグローバル変数を定義しなければならない。グローバル変数はプログラムのどこからでも使える。右のとおりにソースコードを書いてね。

ステージはほぼ完成ね。
ダンスが待ちきれないわ！

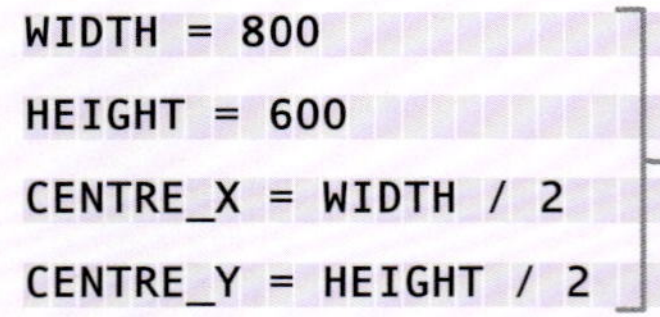
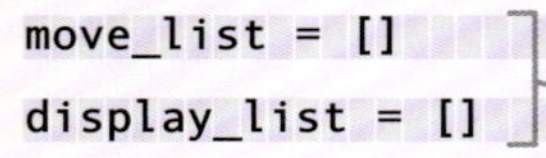

```
WIDTH = 800
HEIGHT = 600
CENTRE_X = WIDTH / 2
CENTRE_Y = HEIGHT / 2

move_list = []
display_list = []

score = 0
current_move = 0
count = 4
dance_length = 4

say_dance = False
show_countdown = True
moves_complete = False
game_over = False
```

これらの変数でゲーム画面の大きさを決めている

ダンスの動きを記録するためのリストだ

ゲームで必要な数を変数に代入しているよ。どれも整数だね

ゲームで何が起きているかを示すためのフラグ変数だね

9 アクターを加える

アクターを定義してから、アクターごとに開始位置を決めるぞ。ステップ8で書いたソースコードのあとに右のように書き入れよう。

```
dancer = Actor("dancer-start")
dancer.pos = CENTRE_X + 5, CENTRE_Y - 40

up = Actor("up")
up.pos = CENTRE_X, CENTRE_Y + 110
right = Actor("right")
right.pos = CENTRE_X + 60, CENTRE_Y + 170
down = Actor("down")
down.pos = CENTRE_X, CENTRE_Y + 230
left = Actor("left")
left.pos = CENTRE_X - 60, CENTRE_Y + 170
```

ゲーム開始時にダンサーを画面中央に配置するよ

ダンサーの下に、色つきの四角いボタンを十字型に置くためのコードだ

10 アクターを描く

ゲーム画面がどうなるかを見てみよう。Pygame Zeroにビルトイン関数として用意されている**draw()**関数を使えば、アクターを画面に表示できる。右のように入力してね。

```
def draw():
    global game_over, score, say_dance
    global count, show_countdown
    if not game_over:
        screen.clear()
        screen.blit("stage", (0, 0))
        dancer.draw()
        up.draw()
        down.draw()
        right.draw()
        left.draw()
        screen.draw.text("Score: " +
                         str(score), color="black",
                         topleft=(10, 10))
    return
```

パイソンにこの関数で使うグローバル変数を教えているぞ

ゲームオーバーでない場合だけ、下の命令が実行されるね

以前描いたアイテムはこの行で消してしまう

ゲーム画面に背景をセットしている

すべてのアイテムを、それぞれの開始位置に描くよ

画面左上にスコアを表示する

11 実行してみる

ステップ10までの変更をすべてソースコードに書いたらファイルをセーブする。それからコマンドプロンプト（またはターミナル）のウィンドウでコマンドラインに**pgzrun**と入力しよう。そしてdance.pyファイルをウィンドウにドラッグしてからエンター（またはリターン）キーを押すんだ。

ゲームの実行方法を思い出すには24～25ページを見ればいい。

12 最初の画面

コードが正しく書かれていれば、右のような画面が表示されるはずだ。もしちがっても心配はいらない。コードを見直してデバッグ（バグ取り）をしよう。スペルミスやスペースの数のまちがいなど、起こりそうなエラーはいくつかあるね。1行ずつチェックしよう。

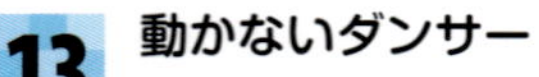

13 動かないダンサー

ダンサーはまったく動かないけど、問題ないよ。ダンサーが動くようにする関数をあとで定義するから、そのための場所取りをしておこう。ステップ10のコードのあとに右のコードを書き加えよう。

```
def reset_dancer():
    pass

def update_dancer(move):
    pass

def display_moves():
    pass

def generate_moves():
    pass

def countdown():
    pass

def next_move():
    pass

def on_key_up(key):
    pass

def update():
    pass
```

- reset_dancer()：アクターを開始位置に戻す関数
- update_dancer(move)：画面表示を更新してアクターがダンスしているように見せる関数
- display_moves()：プログラムが作った最新の動きを表示する関数
- generate_moves()：ダンスの動きを作りリストに記録する関数
- countdown()：動きを見せ始める前にカウントダウンを表示する関数
- next_move()：リストで次の動きに移るための関数
- on_key_up(key)：プレイヤーがキーを押したとき、プログラムが反応できるようにする関数
- update()：Pygame Zeroのビルトイン関数

覚えておこう

場所取り

passを使って必要になる関数を並べておくと、定義のし忘れを防げるよ。

14 乱数を作る

このゲームではダンスの動きを決めて表示し、プレイヤーはそれを記憶することになる。動きにはUp（アップ、上向き）、Down（ダウン、下向き）、Left（レフト、左向き）、Right（ライト、右向き）の４種類がある。向きをランダムに選ぶ関数はないけれど、ランダムに数を決める（乱数を作る）randint()関数が使えるね。４種類の動きに0から始まる番号をつけておけばいいんだ。どのように書くかは次のステップで説明しよう。

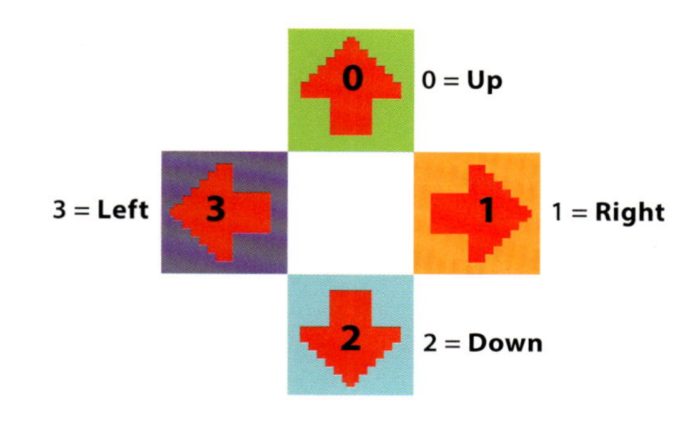

15 動かしてみよう！

最初にきちんと定義しなければならない関数はupdate_dancer(move)だ。この関数は、決められた動きにしたがってダンサーの画像を変えるよ。また４つの四角いボタンの中でダンスの動きと合うものに、黄色い枠をつけてわかりやすくする。ステップ13で書いたupdate_dancer(move)関数のpassを下のように書きかえよう。書く量が多いから、まちがえないよう注意してね。

```
def update_dancer(move):
    global game_over
    if not game_over:
        if move == 0:
            up.image = "up-lit"
            dancer.image = "dancer-up"
            clock.schedule(reset_dancer, 0.5)
        elif move == 1:
            right.image = "right-lit"
            dancer.image = "dancer-right"
            clock.schedule(reset_dancer, 0.5)
        elif move == 2:
            down.image = "down-lit"
            dancer.image = "dancer-down"
            clock.schedule(reset_dancer, 0.5)
        else:
            left.image = "left-lit"
            dancer.image = "dancer-left"
            clock.schedule(reset_dancer, 0.5)
    return
```

ダンサーに動き方を教える関数だ

パイソンにどのグローバル変数を使うかを教えている

moveの値によってダンサーはどのように動けばよいかがわかる。0をセットしているから**アップ（上向き）**だ

ダンサーの画像を変えるよ

アップ（上向き）の矢印が描かれた四角いボタンを黄色い枠で囲むぞ

ダンサーは、最初のポーズに戻るための関数**reset_dancer()**が呼び出される直前に0.5秒だけ動きを止める

16 アクターをリセットする

ダンサーは1つ1つの動きのあとに開始位置まで戻らないといけない。それから、動きに合わせて表示されたボタンの黄色い枠も消す必要がある。この2つの作業を行うための関数を作ろう。ステップ13で書いた**def reset_dancer()**のあとの**pass**を右のように書きかえるんだ。

```
def reset_dancer():
    global game_over
    if not game_over:
        dancer.image = "dancer-start"
        up.image = "up"
        right.image = "right"
        down.image = "down"
        left.image = "left"
    return
```

17 ダンサーを動かす

続いて、プレイヤーが矢印キーを押したときにダンサーを動かすため、イベントハンドラーの関数を定義しなければいけないね。Pygame Zeroのビルトイン関数**on_key_up()**を利用しよう。ステップ13で書いたコードの、**on_key_up(key)**に続く**pass**を書きかえだ。

```
def on_key_up(key):
    global score, game_over, move_list, current_move
    if key == keys.UP:
        update_dancer(0)
    elif key == keys.RIGHT:
        update_dancer(1)
    elif key == keys.DOWN:
        update_dancer(2)
    elif key == keys.LEFT:
        update_dancer(3)
    return
```

矢印キーが押されるたびに**update_dancer()**関数が呼び出される。この関数に渡される引数に応じてダンサーが動くよ

18 動きを見てみよう

ダンサーの動きを見てみよう！ ファイルをセーブしたらコマンドラインから実行だ。ステップ12と同じ画面が表示されるけれど、今度は**右向き**矢印キーを押せば、ダンサーがキーにわり当てられた動きをするようになったぞ。**右向き**矢印のボタンも黄色い枠で囲まれたね。そして0.5秒後にはダンサーも四角いボタンも最初の状態に戻るはずだ。他の矢印キーも試してみよう。

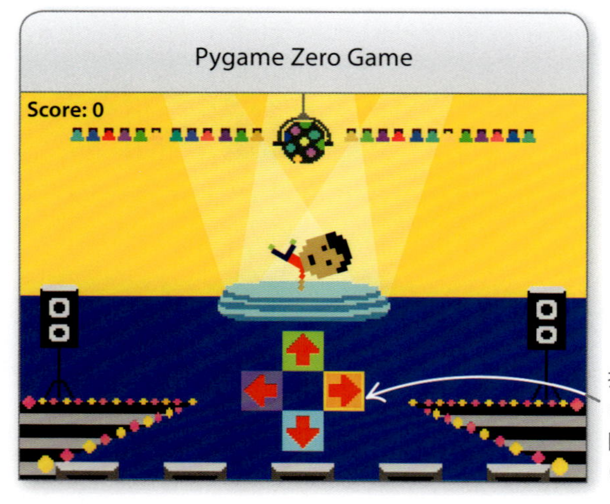

押したキーと同じ向きの矢印が描かれた四角いボタンに黄色い枠が表示される

19 連続した動きにする

ここまでで、矢印キーを押すとダンサーが動くようになったね。でもダンサーは、連続した動きを見せなければならないぞ。プレイヤーはその動きをまねするんだ。ダンサーが連続して動くように関数を定義しよう。ステップ13で書いた**display_moves()**のあとの**pass**を下のように書きかえだ。

```
def display_moves():
    global move_list, display_list, dance_length
    global say_dance, show_countdown, current_move
    if display_list:
        this_move = display_list[0]
        display_list = display_list[1:]
        if this_move == 0:
            update_dancer(0)
            clock.schedule(display_moves, 1)
        elif this_move == 1:
            update_dancer(1)
            clock.schedule(display_moves, 1)
        elif this_move == 2:
            update_dancer(2)
            clock.schedule(display_moves, 1)
        else:
            update_dancer(3)
            clock.schedule(display_moves, 1)
    else:
        say_dance = True
        show_countdown = False
    return
```

動きのリストの中にアイテムがあるかチェックしているよ

リスト**display_list**の最初のアイテム（動き）を、変数**this_move**に代入するぞ

リスト**display_list**の最初のアイテムを取り去り、2番目のアイテムが**0**番（つまり先頭）に来るようにする

this_moveの値が**0**のときは、関数に引数として**0**を渡すよ

関数**display_moves()**を1秒後に呼び出すようスケジュールしている

もしリスト**display_list**が空なら関数**draw()**に「Dance!」と表示させるようフラグ変数をセットする

グローバル変数**show_countdown**にFalseを代入する

20 カウントダウン

プレイヤーがよそ見をしないように、始まる前に「3、2、1」と1秒ごとに表示する関数を追加しよう。**countdown()**関数は変数**count**から1を引いた値を1秒間表示する。カウントダウンは4から始まるけれど、すぐに**countdown()**関数が3に書きかえてしまうので、4は目に見えないほど短い時間しか表示されないんだ。ステップ13のコードの**def countdown()**のあとの**pass**を書きかえよう。

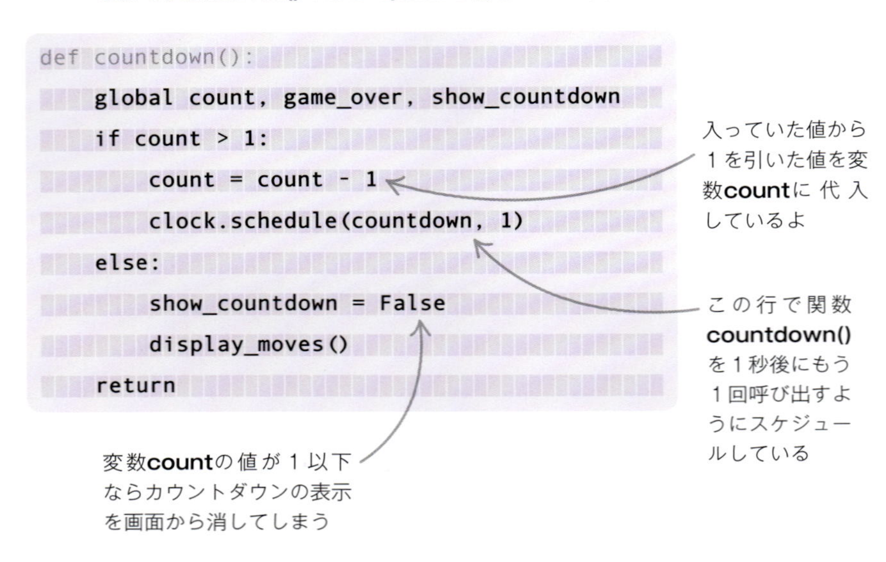


```
def countdown():
    global count, game_over, show_countdown
    if count > 1:
        count = count - 1
        clock.schedule(countdown, 1)
    else:
        show_countdown = False
        display_moves()
    return
```

うまくなるヒント
再帰(さいき)関数

display_moves()と**countdown()**はどちらも、関数の定義の中で自分自身をもう一度呼び出しているね。このような関数は再帰関数と呼ばれているよ。Pygame Zeroでは1秒間に何千回も画面が表示し直されて（更新されて）いるから、再帰関数を1秒後に呼び出すように命令している。そうしないとアクターの動きもカウントダウンの表示も、目に見えないようなスピードで実行されてしまうぞ。

1秒以内に折り返しの
電話をくれる？

21 カウントダウンの表示

カウントダウン用の関数を定義し終わったから、**draw()**関数にコードを少し書き足して画面に表示できるようにしよう。他にも、動きを一通り見せてから「Dance!」と表示しなければならないね。プレイヤーはこの表示を見てから、矢印キーが描かれた四角いボタンを押して動きを入力するよ。ステップ10で書いた**draw()**関数に下のように追加だ。

```
        screen.draw.text("Score: " +
                         str(score), color="black",
                         topleft=(10, 10))
    if say_dance:
        screen.draw.text("Dance!", color="black",
                         topleft=(CENTRE_X - 65, 150), fontsize=60)
    if show_countdown:
        screen.draw.text(str(count), color="black",
                         topleft=(CENTRE_X - 8, 150), fontsize=60)
    return
```

画面に黒字で「Dance!」と表示する

変数**count**の現在の値を黒字で画面に表示する

22 動きを作る

次に必要なのは、ダンサーの一連の動きを作る関数だね。forループを使って0から3の間でランダムな数（乱数）を作るよ。それぞれの数はステップ15で準備した動きの1つに対応している。動きを決めるごとにmove_listとdisplay_listの２つのリストに追加していくぞ。ステップ13で書いたdef generate_moves()のあとのpassを書きかえよう。

```
def generate_moves():
    global move_list, dance_length, count
    global show_countdown, say_dance
    count = 4
    move_list = []
    say_dance = False
    for move in range(0, dance_length):
        rand_move = randint(0, 3)
        move_list.append(rand_move)
        display_list.append(rand_move)
    show_countdown = True
    countdown()
    return
```

変数rand_moveに「0, 1, 2, 3」の中から１つの数をランダムに代入するよ

動きのリストの最後に、新しく決めた動きを追加する

関数draw()に、変数countの値を表示してカウントダウンを始めるよう指示しているぞ。フラグ変数を使っているね

23 ゲームオーバー

プレイヤーがミスをしたら、目立つように「GAME OVER!」と表示しなければならない。if not game_overの文にelseで新しい分岐を入れよう。変数game_overがTrueなったときにダンサーと四角いボタンを消し、かわりに「GAME OVER!」というメッセージを表示するんだ。draw()関数のreturn文のすぐ前にコードを書き足すよ。

セーブを忘れないように。

game_overがTrueだとここからあとのコードが実行されるね

```
        if show_countdown:
            screen.draw.text(str(count), color="black",
                             topleft=(CENTRE_X - 8, 150), fontsize=60)
    else:
        screen.clear()
        screen.blit("stage", (0, 0))
        screen.draw.text("Score: " +
                         str(score), color="black",
                         topleft=(10, 10))
        screen.draw.text("GAME OVER!", color="black",
                         topleft=(CENTRE_X - 130, 220), fontsize=60)
    return
```

画面左上にスコアを表示するよ

画面中央に黒字で「GAME OVER!」と表示する

24 テストしてみよう

新しい関数をテストして、きちんと動くか見てみよう。ステップ13でupdeate()関数を定義しているね。そのすぐ前でgenerate_moves()を呼び出してみよう。ファイルをセーブしたら実行だ。カウントダウンが表示され、それからダンサーが4つの動きを見せてくれるはずだ。ダンスが終わると「Dance!」と表示されるけれど、まだダンサーの動きをまねてはいけないよ！ プレイヤーが入力した動きが正しいかチェックするためのコードを書き加えないといけないぞ。

```
generate_moves()

def update():
    pass
```

25 順番を進める

コンピューターが作った一連の動きはリストに入っているから、順に見ていく必要があるね。プレイヤーの最初の入力はリストの最初の動きと、次の入力はリストの2番目の動きとくらべる。このように入力の順番に合わせてリストのアイテムを調べていく。そしてリストの最後のアイテムを調べ終わったらプログラムに知らせる必要がある。そこでグローバル変数**current_move**で、何番目の動きをチェックしているかを示すよ。ステップ13で書いた**def next_move()**のあとの**pass**を書きかえよう

```
def next_move():
    global dance_length, current_move, moves_complete
    if current_move < dance_length - 1:
        current_move = current_move + 1
    else:
        moves_complete = True
    return
```

グローバル変数**current_move**が、現在あつかっているのは何番目の動きかを示している

まだチェックするアイテムが残っているなら、この条件がTrueになるね

もうチェックするアイテムがないときは**else**のブロックが実行されるぞ

変数**current_move**が指す位置を1つ前に進め、次の動きを示すようにする

26 スコアをつける

on_key_up()関数にコードを少し書き足そう。プレイヤーがキーを押したときは、矢印キーが現在チェック中の動きと合っているか調べなければならない。もし合っていればプレイヤーは1ポイントを得て、変数**current_move**はリストの次の動きを指すように更新される。もしまちがえているならゲームオーバーだ！ 下の黒字のコードを、ステップ17で書き始めた**on_key_up(key)**関数に加えよう。どこに書くか、スペース何個分字下げするかをまちがえないように。

```
    if key == keys.UP:
        update_dancer(0)
        if move_list[current_move] == 0:
            score = score + 1
            next_move()
        else:
            game_over = True
    elif key == keys.RIGHT:
        update_dancer(1)
```

プレイヤーが正しいキーを押したときに実行されるブロック

プレイヤーがまちがえると変数**game_over**にTrueがセットされる

```
            if move_list[current_move] == 1:
                score = score + 1
                next_move()
            else:
                game_over = True
        elif key == keys.DOWN:
            update_dancer(2)
            if move_list[current_move] == 2:
                score = score + 1
                next_move()
            else:
                game_over = True
        elif key == keys.LEFT:
            update_dancer(3)
            if move_list[current_move] == 3:
                score = score + 1
                next_move()
            else:
                game_over = True
        return
```

うまくなるヒント

イベントハンドラー

このゲームでは**on_key_up()**というイベントハンドラーの関数を使って、プレイヤーが矢印キーを押したときに反応するようにしている。このゲームの場合、**update()**関数の中にキーが押されたときに反応する関数は入れない方がいいんだ。**update()**関数は1秒間に何千回も実行されるから、プレイヤーがキーを押したのが1秒間だけでも、**update()**関数に組み入れられた関数が呼び出される回数はとても多くなってしまう。これではダンスの動きとつりあいがとれず、すぐにゲームが終わってしまうぞ。

心配するな！
オレがコントロールする。

27 ゲームを続けよう

ゲームをさらにおもしろくするため、プレイヤーがダンサーの動きをすべてまねできたときは、新しい動きを作って次のダンスを始めるようにしよう。ステップ13で書いた**update()**関数のあとの**pass**を下の黒字のコードで置きかえるんだ。

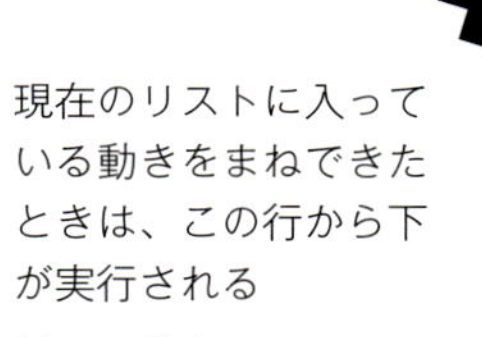

身体を
コントロールできない！

```
def update():
    global game_over, current_move, moves_complete
    if not game_over:
        if moves_complete:
            generate_moves()
            moves_complete = False
            current_move = 0
```

現在のリストに入っている動きをまねできたときは、この行から下が実行される

新しい動きのセットを作って表示するぞ

28 テストプレイ

ゲームを仕上げる前にテストプレイしてみよう。最初の動きのセットをうまくまねてクリアし、スコアを４ポイントにしてしまおう。そして２回目のセットではわざとミスをするんだ。画面の中はどうなるかな？

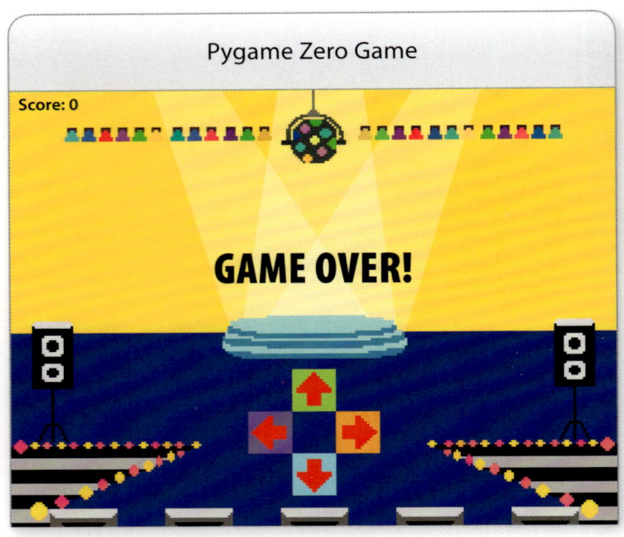

29 音楽をかける

今のままだと、ダンサーがただ体を動かすだけだね。前に作ったmusicフォルダーの中の音声ファイルを再生できるようにしよう。ステップ24のコードのあとに下のように入力してね。この命令はPygame Zeroに音声ファイルの再生を続けさせるというものだ。音楽が終わったときもプレイヤーがダンスをしていた（動きを入力していた）場合には、もう一度最初から再生するぞ。

```
generate_moves()
music.play("vanishing-horizon")

def update():
```

30 音楽を止める

ゲームが終わっても音楽が鳴り続くのはいやだね。そこで**update()**関数の中の最初の**if**文に**else**で新しい分岐を作り、ゲームオーバーになったら音楽を止めるようにしよう。ステップ27のコードのあとに下のように追加してね。

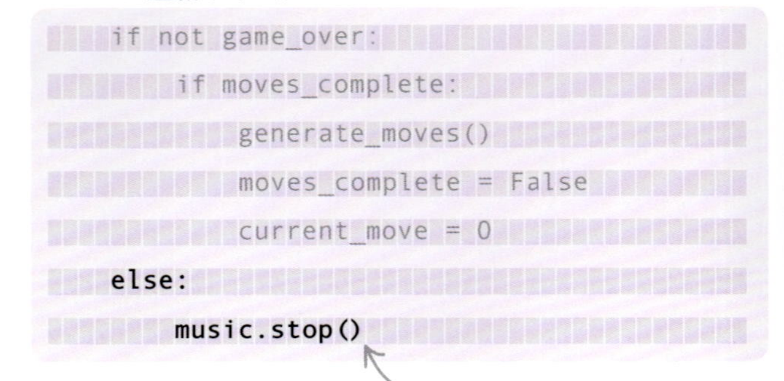

```
    if not game_over:
        if moves_complete:
            generate_moves()
            moves_complete = False
            current_move = 0
    else:
        music.stop()
```

game_overがTrueのときは音声ファイルの再生を止めるぞ

31 さあプレイだ！

これでコードは全部書き終えたよ。ダンスの始まりだ！ ファイルをセーブしてコマンドプロンプト（またはターミナル）のコマンドラインからプログラムを実行しよう。君はどれだけ長くダンスを続けられるかな？

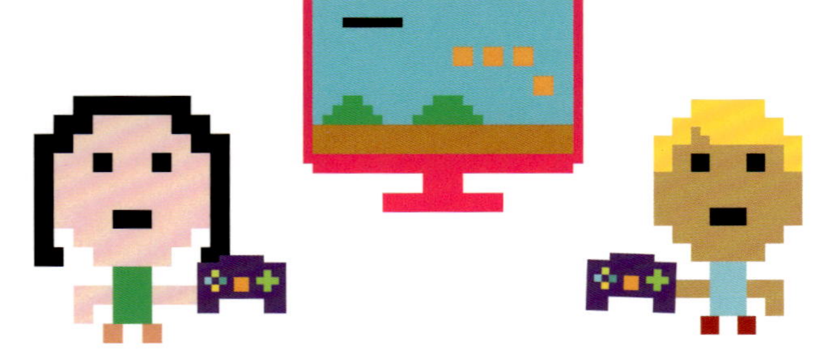

改造してみよう

ゲームをもっとおもしろくしてみよう。でもダンスをしたあとに、コードを書きかえるだけのスタミナが残っていればの話だけどね！

▲キャラクターを変える

ドット絵用のエディターを使って自分で描くか、Python Games Resource Packから他の画像を探してダンサーにすることもできる。動きの数を増やせば、ゲームはもっとおもしろく、そしてむずかしくなるね。ステップ17で書いた**on_key_up()**関数にコードを書き加えて、矢印以外のキーと新しい動きを組み合わせればいいぞ。

```
if (rounds % 3 == 0):
    dance_length = dance_length + 1
```

▲ダンスする時間をのばす

ゲームをもっとむずかしくできるぞ。動きのセットを3つクリアするごとに、**dance_length**の値を1つ増やすんだ。**dance_length**を増やす必要があるか判定するには、ダンスしたセット数を3で割った余りを見ればいい。余りが0なら、前回**dance_length**を増やしたとき（またはゲーム開始時）から3セットをクリアしたことになる。**dance_length**に**1**を加えよう。パイソンのモジュロ演算子を使えば余りを求められるぞ。モジュロ演算子の記号は「%」で、4%3なら4割る3の余りを教えてくれる。

▲友だちと対決だ！

友だちとゲームで競争できるよ。コードを書きかえて、奇数回目のセットはプレイヤー1のスコアに、偶数回目のセットはプレイヤー2のスコアになるようにする。画面の上の方に2人のスコアを表示して、カウントダウンが始まる前に、今度はどちらのプレイヤーの番かをメッセージで知らせるようにしないといけない。**on_key_up()**関数にコードを書き足して、片方のプレイヤーは**W**、**A**、**S**、**D**のキーを使い、もう一方のプレイヤーが**上**、**左**、**下**、**右**向きの矢印キーを使うようにしよう。

▲音楽を変える

www.creativecommons.orgのサイトからダウンロードした音声ファイルを使って、ゲームのBGMを変えられるぞ。「.ogg」という拡張子がついたファイルを探そう。「GAME OVER!」と画面に表示するときに、曲名と作曲者の名前を表示するのもいいぞ。コードを書き加えれば実現できるよ。

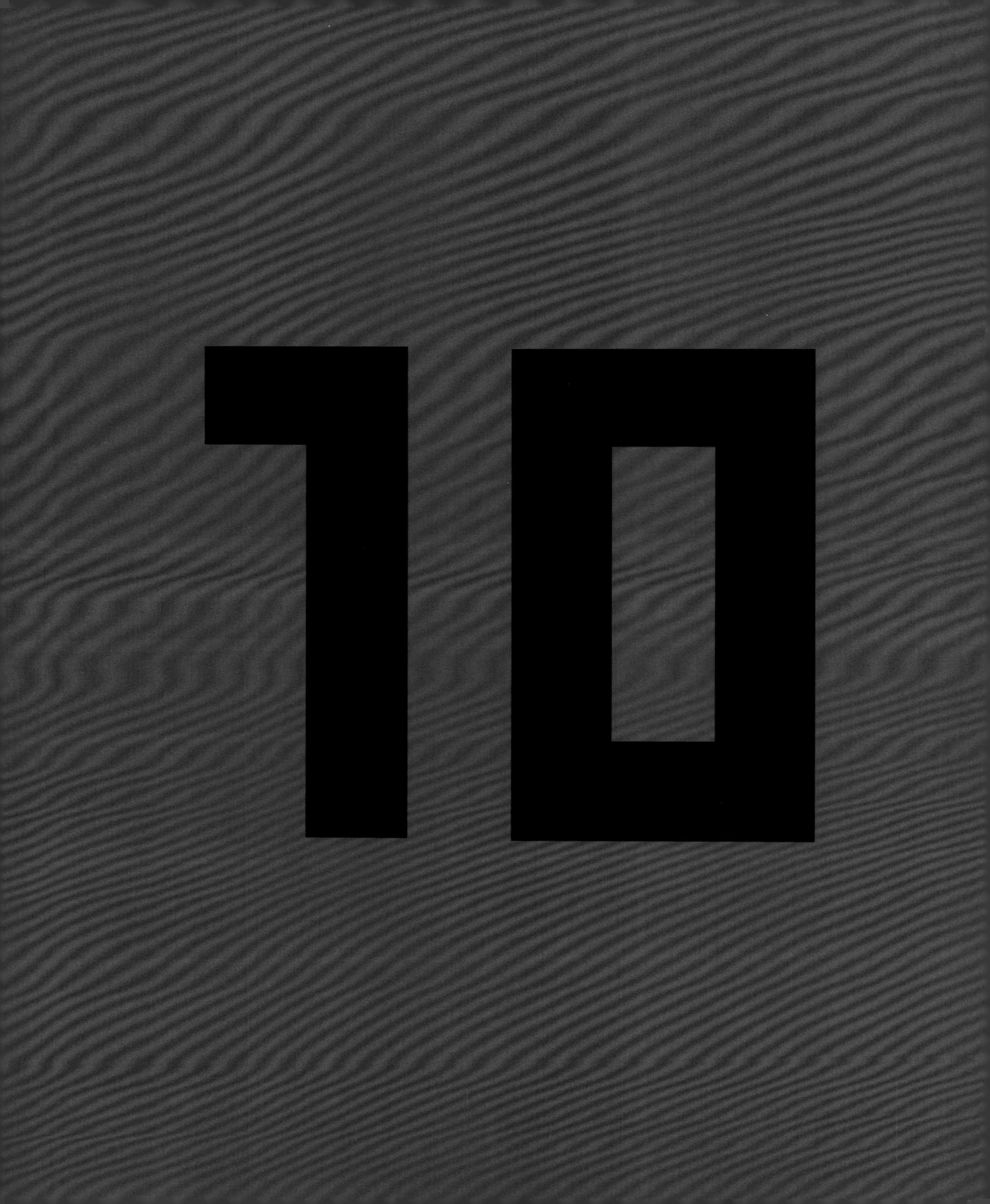
10

ハッピー・ガーデン

ハッピー・ガーデンの作り方

ガーデニングはリラックスできる楽しい趣味だけど、ゲームでは気を抜けないぞ！ 花好きの牛を助けて、すべての花に水をあげられるかな？ モンスターみたいなおそろしい花が、牛にかみつこうとしているぞ。いつまでこの庭を守れるかチャレンジだ。

このカウンターは、庭がよく手入れされている状態（どの花も10秒より長くしおれていない状態）が何秒間続いたかを示しているよ

何が起こるのかな

ゲームが始まると、じょうろを持った牛が現れる。でも花は１つしかないよ。数秒ごとにもう１つ花が加わるけれど、今まであった花の１つがしおれてくる。矢印キーを使って牛をしおれた花のところに動かし、**スペースキー**を押して水をやろう。しおれた花が10秒より長く放っておかれるとゲームオーバーだ。でも、しおれた花がない状態が15秒より長く続くと、花の１つに歯が生えて、牛にかみつこうとし始めるぞ。

◀牛
牛はこのゲームの主人公だ。すべての花に水をやり続けるのが目標だ。

◀モンスターフラワー
肉を食べる大きな花だ。庭を歩き回り牛にかみつこうとするよ。

花がしおれた状態が
10秒より長く続くと
ゲームオーバーだ

ゲームが進むとともに、
ランダムな位置に花がつ
ぎつぎ現れるぞ

◀動き続ける！
このゲームにはアクターがたくさん登場し、時間もカウントされている。これら全部の動きをコントロールするため、いくつもの関数が使われているよ。

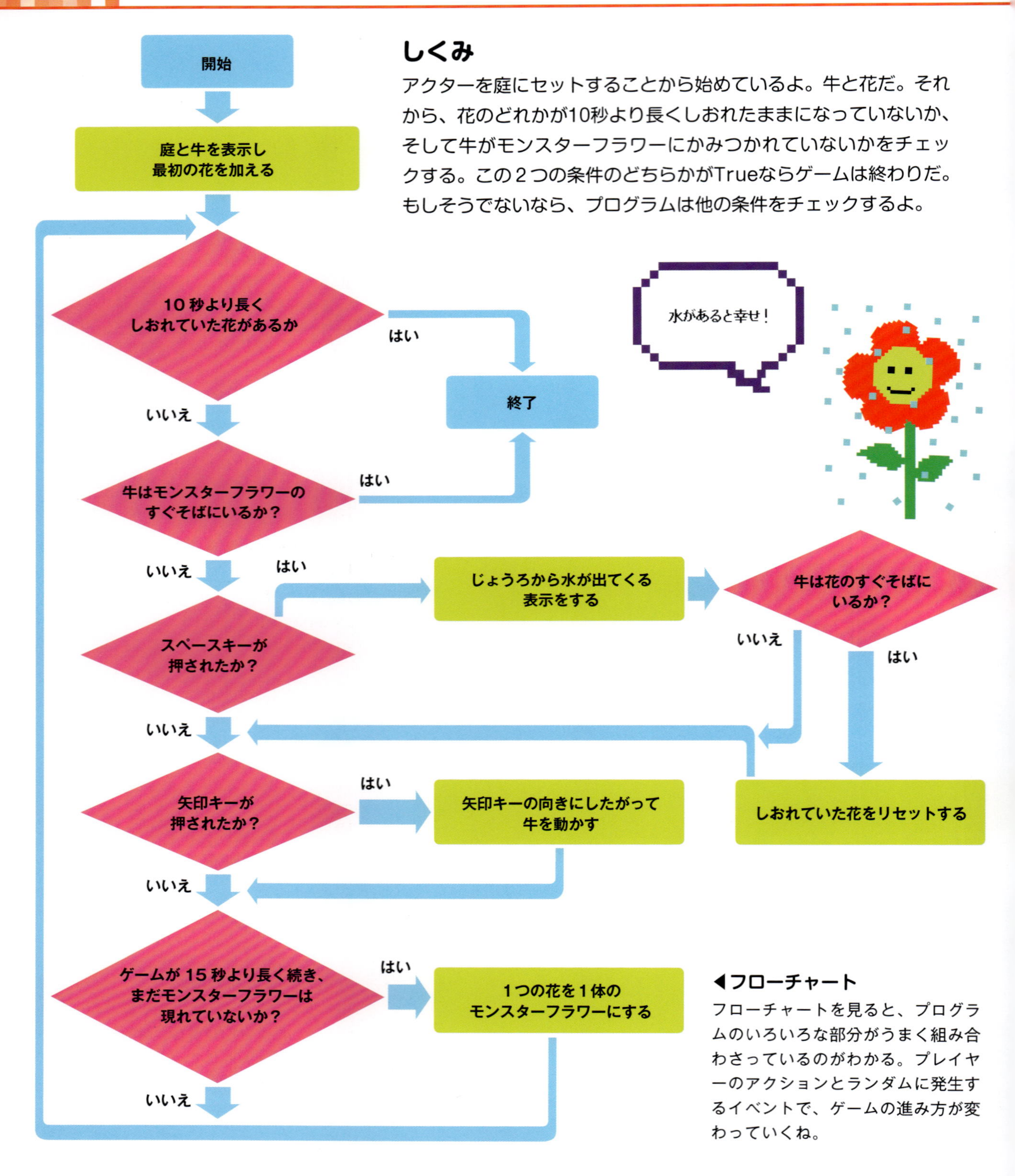

しくみ

アクターを庭にセットすることから始めているよ。牛と花だ。それから、花のどれかが10秒より長くしおれたままになっていないか、そして牛がモンスターフラワーにかみつかれていないかをチェックする。この２つの条件のどちらかがTrueならゲームは終わりだ。もしそうでないなら、プログラムは他の条件をチェックするよ。

◀フローチャート
フローチャートを見ると、プログラムのいろいろな部分がうまく組み合わさっているのがわかる。プレイヤーのアクションとランダムに発生するイベントで、ゲームの進み方が変わっていくね。

ガーデニングを始めよう！

庭の準備には少し手がかかるぞ。フォルダーを作ってまずは必要な画像をダウンロードしよう。

庭にとてもよくあいそうだ。

1 プログラミングを始める

IDLEを起動して**File**メニューの**New File**をクリックし、新しいファイルを作ろう。

File
New File
Open...
Open Module...
Recent Files
Class Browser

2 ファイルをセーブする

python-gamesフォルダーを開き、中にhappy-gardenという新しいフォルダーを作る。**File**メニューから**Save As**を選び、新しいファイルをgarden.pyという名前でhappy-gardenフォルダー内にセーブしよう。

Save As: garden.py
Tags:
Where: happy-garden
Cancel Save

3 画像フォルダーを作る

happy-gardenフォルダーの中で右クリックして、新しいフォルダーを作る。フォルダーの名前はimagesにするよ。ゲームで使う画像をすべて入れておくためのフォルダーだ。

happy-garden
garden.py
images

4 画像をフォルダーに入れる

www.dk.com/uk/information/the-python-games-resource-pack/からHappy Garden用の画像を探し、imagesフォルダーにコピーしよう。

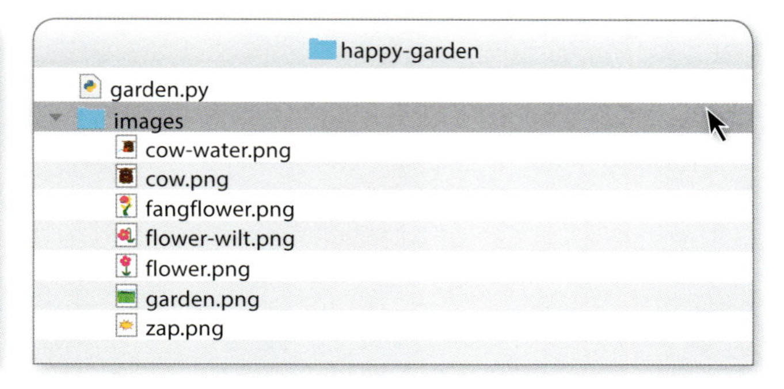

5 モジュールを組み入れる

garden.pyファイルを開いて、モジュールを組み入れる命令を書こう。どの花がしおれ、どの花がモンスターフラワーに変わるかをランダムに決めるため、あとで**randint()**関数を使うよ。time（タイム）モジュールの関数も、庭の状態が良いまま何秒間過ぎたか、そして花がしおれたまま何秒間放っておかれたかを計るために使うよ。

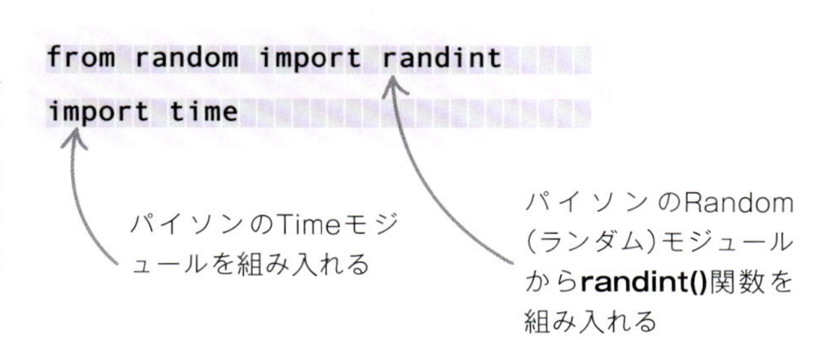

6 グローバル変数を宣言する

次にグローバル変数を宣言しておこう（グローバル変数を作ることを「宣言する」という場合があるよ）。プログラムのどこからでも使える変数だ。ステップ5のコードのあとに右のように続けて入力しよう。

```
WIDTH = 800
HEIGHT = 600
CENTRE_X = WIDTH / 2
CENTRE_Y = HEIGHT / 2

game_over = False
finalised = False
garden_happy = True
fangflower_collision = False

time_elapsed = 0
start_time = time.time()
```

この変数でゲーム画面の大きさを決めているよ

これらはゲームで何が起きているかを示すフラグ変数だ

この２つの変数は時間を計るのに使うよ

7 牛を加える

ゲーム開始時に登場するアクターは牛だけだ。右の黒字のコードで牛をゲームに加え、開始時の位置を指定しているよ。

```
start_time = time.time()

cow = Actor("cow")
cow.pos = 100, 500
```

この２つの値はゲーム開始時に画面上のどこに牛がいるかを示している

8 他のアクター用のリストを作る

他のアクターは花とモンスターフラワーだ。ゲームが進むにしたがってランダムに作られるよ。いくつのアクターが作られるかわからないから、作ったアクターは種類ごとにリストに追加してコントロールしよう。

```
flower_list = []
wilted_list = []
fangflower_list = []
```

新しい花のアクターが作られるたび、このリストに追加される

花がどれだけの時間しおれていたかを記録するためのリスト

モンスターフラワーを入れるリスト

9 モンスターフラワー

このゲームではモンスターフラワーが牛にかみついたかどうかの判定がとても重要だ。庭を動き回るモンスターフラワーが画面の端まで行ったら戻るようにして、画面の外に出ないようにしよう。モンスターフラワーの速度（速さと向き）は、左右方向（x座標）の速さと上下方向（y座標）の速さを組み合わせて管理するよ。右のコードをステップ8のコードに続けて書こう。

```
fangflower_vy_list = []
fangflower_vx_list = []
```

このリストで上下方向（y座標）の速さを記録するよ

このリストで左右方向（x座標）の速さを記録するよ

10 庭を描く

変数をいくつか決めたら、今度は庭と牛を描くことにしよう。花とモンスターフラワーはまだ描かないよ。あとでコードを書き足して、この2つが作られたときに画面に描き入れるようにするぞ。ステップ9のコードのあとに右のコードを追加しよう。

```
def draw():
    global game_over, time_elapsed, finalised
    if not game_over:
        screen.clear()
        screen.blit("garden", (0, 0))
        cow.draw()
        for flower in flower_list:
            flower.draw()
        for fangflower in fangflower_list:
            fangflower.draw()
        time_elapsed = int(time.time() - start_time)
        screen.draw.text(
            "Garden happy for: " +
            str(time_elapsed) + " seconds",
            topleft=(10, 10), color="black"
        )
```

牛を画面に描くよ

花をすべて描く命令だ

モンスターフラワーをすべて描く命令だね

ここでゲームがどれくらいの時間続いているかをチェックする

11 試しに動かしてみる

それでは庭のできばえを見てみよう！ファイルをセーブしてコマンドプロンプト（またはターミナル）のコマンドラインから実行だ。

```
pgzrun
```

コマンドプロンプト(またはターミナル)にこのように入力してからgarden.pyファイルをドラッグ・アンド・ドロップしよう

12 庭をのぞいてみよう

コードにまちがいがなければ右のように庭が表示されるはずだ。何かおかしなことが起きても大丈夫！ スペルミスがないか、字下げでは正しい数の半角スペースが入力されているかをチェックしよう。

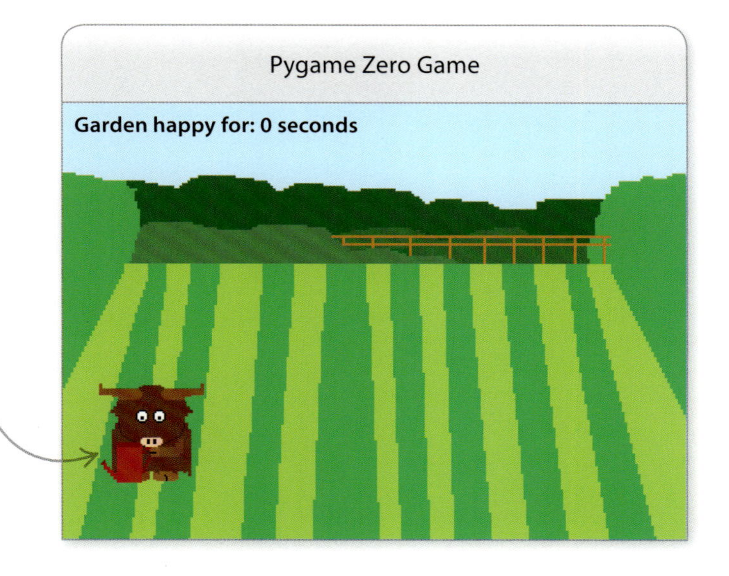

庭のすみにじょうろを持った牛が表示されるはずだ

13 さまざまな関数

このゲームではいくつもの関数を使うことになる。ひとまとめに並べて場所取りだけしておこう。きちんとした定義はあとでするよ。passと書いておけば、その関数を呼び出してもパイソンは何の命令も実行しないぞ。ステップ10のあとに右のコードを書き足そう。

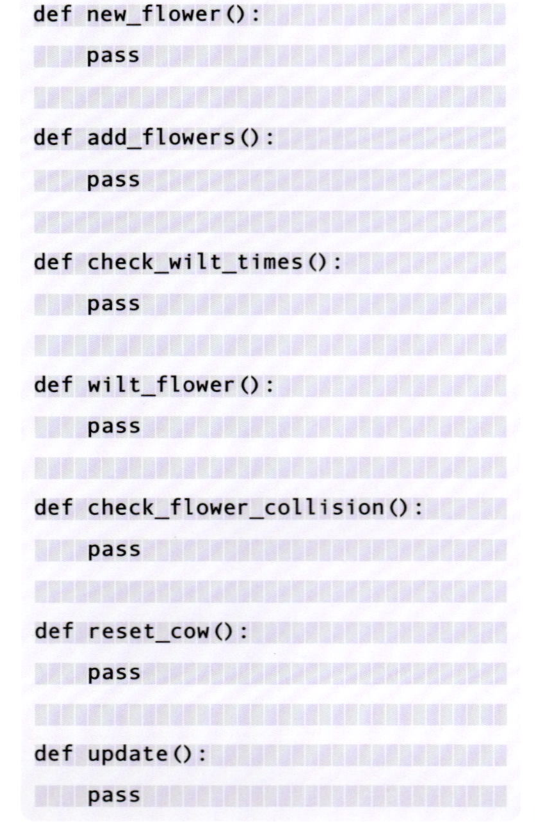

```
def new_flower():
    pass

def add_flowers():
    pass

def check_wilt_times():
    pass

def wilt_flower():
    pass

def check_flower_collision():
    pass

def reset_cow():
    pass

def update():
    pass
```

セーブを忘れないように。

14 庭を動き回る

牛が画面に現れたけれど、このままだと何もしないね。牛が動くようにコードを書き加えよう。def update()のあとのpassを右のように書きかえればいい。

```
def update():
    global score, game_over, fangflower_collision
    global flower_list, fangflower_list, time_elapsed
    if not game_over:
        if keyboard.left and cow.x > 0:
            cow.x -= 5
        elif keyboard.right and cow.x < WIDTH:
            cow.x += 5
        elif keyboard.up and cow.y > 150:
            cow.y -= 5
        elif keyboard.down and cow.y < HEIGHT:
            cow.y += 5
```

右矢印キーが押されたら牛を5ピクセル右に動かすぞ

15 さまざまな関数

書きかえたコードにまちがいがないか、もう一度実行してみよう。ファイルをセーブしてコマンドラインから実行する。今度は画面の牛を動かせるはずだ。

実行のしかたは24～25ページを見てね。

```
pgzrun
```

コマンドプロンプト(またはターミナル)のウィンドウにこのように入力してから、garden.pyのファイルをドラッグ・アンド・ドロップすればいいね

16 花を加える

このステップで書くコードは、牛が水をやるための花のアクターを作り、**flower_list**の最後に追加するためのものだ。さらに、それぞれの花がしおれた時間を記録する**wilted_list**の最後に「**happy**」というアイテムを追加する。プログラムが**wilted_list**のアイテムをチェックして**happy**が出てくれば、現在処理している花はしおれていないとわかる。**new_flower()**関数の**pass**を下のコードで書きかえよう。

```
def new_flower():
    global flower_list, wilted_list
    flower_new = Actor("flower")
    flower_new.pos = randint(50, WIDTH - 50), randint(150, HEIGHT - 100)
    flower_list.append(flower_new)
    wilted_list.append("happy")
    return
```

この関数で使うグローバル変数をここに書いている

新しい花のアクターを作るよ

新しい花の位置を決めている

最初は花がしおれていないから「happy」を入れているね

花のリストに新しい花を追加しているよ

17 庭に花を増やす

1つしかない花に水をやるのではかんたんすぎるね。コードを書き足して4秒ごとに新しい花をさかせるようにしよう。**def add_flowers()**の**pass**を下のコードで置きかえるよ。

どんどん花が増えていく！

```
def add_flowers():
    global game_over
    if not game_over:
        new_flower()
        clock.schedule(add_flowers, 4)
    return
```

新しい花を作るため**new_flower()**関数を呼び出しているよ

4秒ごとに新しい花を加えるよう指示している

18 花を画面に加える

add_flowers()関数は4秒ごとに自分自身を呼び出すようスケジューリングされているけれど、1回目だけは呼び出してやらなければならない。ステップ13で書いた**def update()**の前に、右の黒字の1行を入れておこう。そうしたらファイルをセーブして実行し、花がつぎつぎに画面に現れるかチェックだ。

```
def reset_cow():
    pass

add_flowers()

def update():
```

19 花いっぱいの庭

コードにまちがいがなければ、4秒ごとに画面に新しい花が現れるはずだ。20秒後には右のような画面になっているよ。矢印キーを押して牛を動かしてみよう。

まだ子どもだから
小さいの。

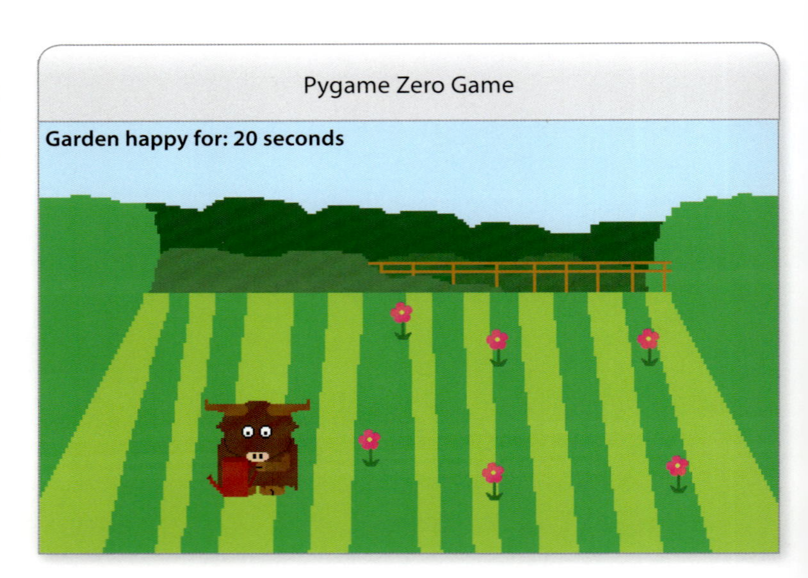
Pygame Zero Game
Garden happy for: 20 seconds

20 花に水をやる

しおれた花に牛が水をやれるようにしよう。コードを追加して、スペースキーを押すと牛が花に水をまくようにするんだ。牛が花のとなりにいるかチェックするコードも加えるよ。**update()**関数に書き入れよう。

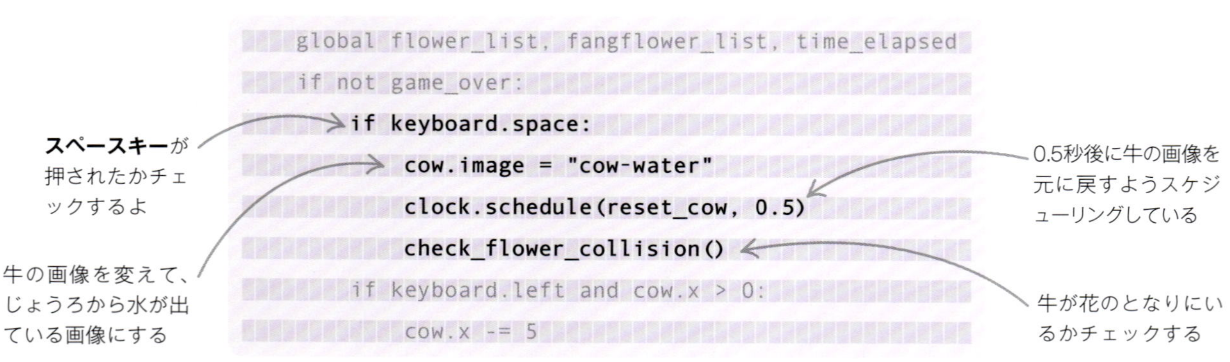
スペースキーが押されたかチェックするよ
牛の画像を変えて、じょうろから水が出ている画像にする
0.5秒後に牛の画像を元に戻すようスケジューリングしている
牛が花のとなりにいるかチェックする

```
    global flower_list, fangflower_list, time_elapsed
    if not game_over:
        if keyboard.space:
            cow.image = "cow-water"
            clock.schedule(reset_cow, 0.5)
            check_flower_collision()
        if keyboard.left and cow.x > 0:
            cow.x -= 5
```

21 水やりを止める

ステップ20では、まだ定義していない関数を２つ使っていたね。**reset_cow()**と**check_flower_collision()**だ。このうち**reset_cow()**は、牛の画像を変えてじょうろを元の位置に戻すための関数だよ。ステップ13で書いた**reset_cow()**の**pass**を下の黒字のコードに変えてしまうぞ。

うわぁ！
水のやりすぎだよ。

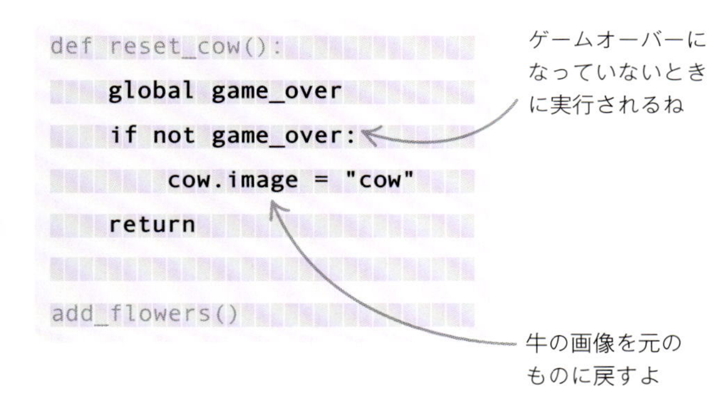

```
def reset_cow():
    global game_over
    if not game_over:
        cow.image = "cow"
    return

add_flowers()
```

ゲームオーバーになっていないときに実行されるね
牛の画像を元のものに戻すよ

22 となりにいる？

今度は、スペースキーを押したときに牛が花のとなりにいるかをチェックする**check_flower_collision()**だ。となりにいれば花に水をやることができて、**wilted_list**に入っている「しおれた時間」の値は「**happy**」にセットされる。Pygame Zeroのビルトイン関数**colliderect()**を使い、牛が花とふれている（またはすぐとなりにいる）かをチェックしよう。ステップ13で書いた**def_check_flower_collision()**のあとの**pass**を下のように書きかえるぞ。

```
def check_flower_collision():
    global cow, flower_list, wilted_list
    index = 0
    for flower in flower_list:
        if (flower.colliderect(cow) and
                flower.image == "flower-wilt"):
            flower.image = "flower"
            wilted_list[index] = "happy"
            break
        index = index + 1
    return
```

この関数で使うグローバル変数だね

リスト内を順に見ていくときに使う変数だ

ループを使ってリスト内の花をすべてチェックしよう

牛が水をやろうとしている花のとなりにいると、この条件がTrueになる

しおれた花の画像を元気な花の画像に戻すよ

変数**index**の値を１だけ増やし、リストの次のアイテムをチェックできるようにしているよ

ループを止めて、それ以上花のチェックをしないようにするよ

こうしておけば、花がしおれていた時間を計算するのをやめさせられるね

23 花がしおれる

そろそろ牛が庭の手入れをできるようにしていこう。3秒ごとにランダムに選ばれた花が1つしおれるようにするんだ。牛は急いでしおれた花のところに行き、水をやらなければならない。ステップ13の**wilt_flower()**関数の**pass**を下のコードで置きかえるよ。

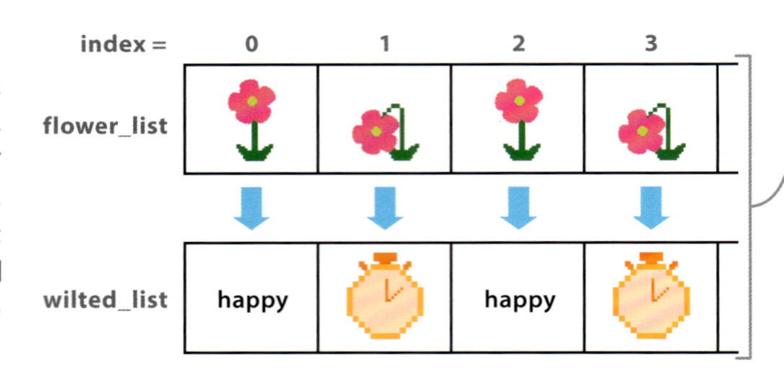

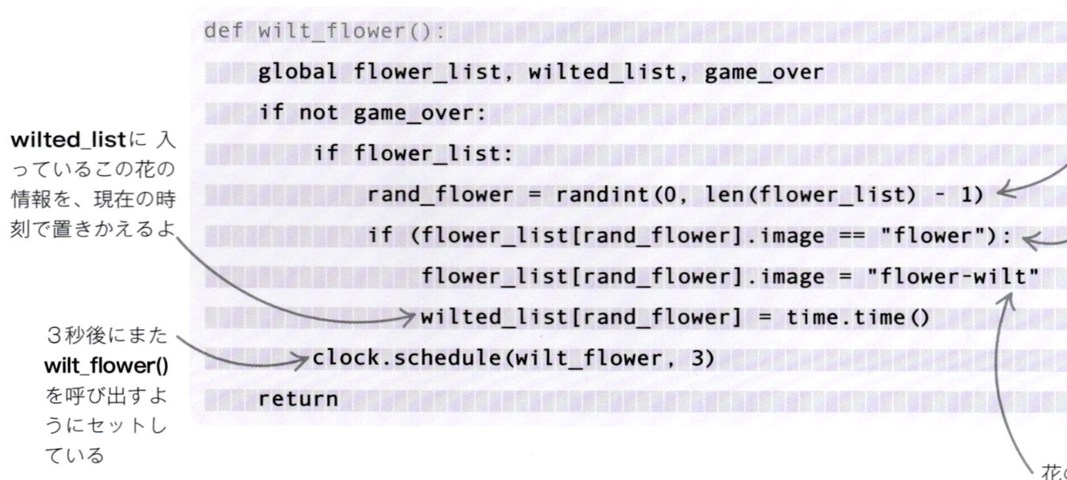

```
def wilt_flower():
    global flower_list, wilted_list, game_over
    if not game_over:
        if flower_list:
            rand_flower = randint(0, len(flower_list) - 1)
            if (flower_list[rand_flower].image == "flower"):
                flower_list[rand_flower].image = "flower-wilt"
                wilted_list[rand_flower] = time.time()
        clock.schedule(wilt_flower, 3)
    return
```

リストから花を選ぶため番号（index）を1つランダムに選んでいる
その番号（index）の花がしおれているかどうかを調べているね
wilted_listに入っているこの花の情報を、現在の時刻で置きかえるよ
3秒後にまたwilt_flower()を呼び出すようにセットしている
花の画像をしおれたものにしている

24 荒れた庭

次に必要なのは、10秒より長くしおれていた花があるかどうかをチェックすることだ。もしそんな花があれば庭が荒れているということだから、ゲームオーバーになってしまうぞ！ ステップ13で書いたdef **check_wilt_times()**のあとの**pass**を下のコードで書きかえてね。

```
def check_wilt_times():
    global wilted_list, game_over, garden_happy
    if wilted_list:
        for wilted_since in wilted_list:
            if (not wilted_since == "happy"):
                time_wilted = int(time.time() - wilted_since)
                if (time_wilted) > 10.0:
                    garden_happy = False
                    game_over = True
                    break
    return
```

wilted_listのアイテムを読み取るごとにループが実行される

wilted_listの中にアイテムがあるかを調べている。あればTrueになるぞ

この部分で花がしおれているか、しおれているなら何秒間しおれていたかをチェックしている

しおれていた時間が10秒より長ければTrueになるね

25 花がしおれ始める

花をしおれさせる関数は定義したから、その関数を呼び出す命令を書き入れよう。ステップ18で書き足したadd_flowers()のあとに命令を書くよ。

```
            cow.image="cow"
        return

add_flowers()
wilt_flower()
```

この命令で花がしおれるようになる

26 庭が手入れされているか調べる

ステップ24で定義したcheck_wilt_times()関数も呼び出さないといけない。update()関数に命令を書き加えるぞ。

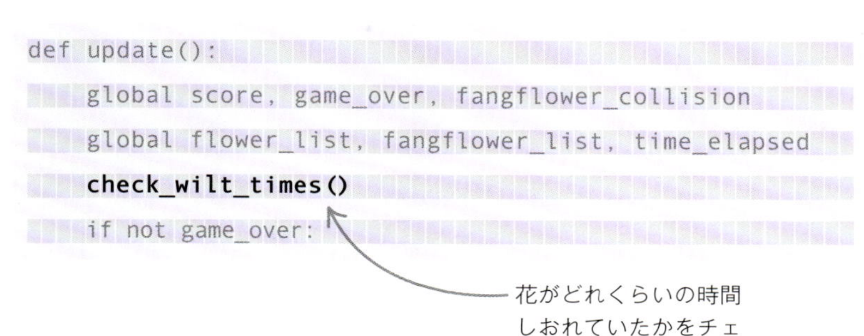

```
def update():
    global score, game_over, fangflower_collision
    global flower_list, fangflower_list, time_elapsed
    check_wilt_times()
    if not game_over:
```

花がどれくらいの時間しおれていたかをチェックする

27 ゲームオーバー！

ここでゲームのテストをする前に、しおれた花が長い時間放っておかれたのでゲームオーバーになったとプレイヤーに教えるようにしておこう。ステップ10で書いたdraw()関数のif not game_overにelseで始まる分岐を追加するぞ。

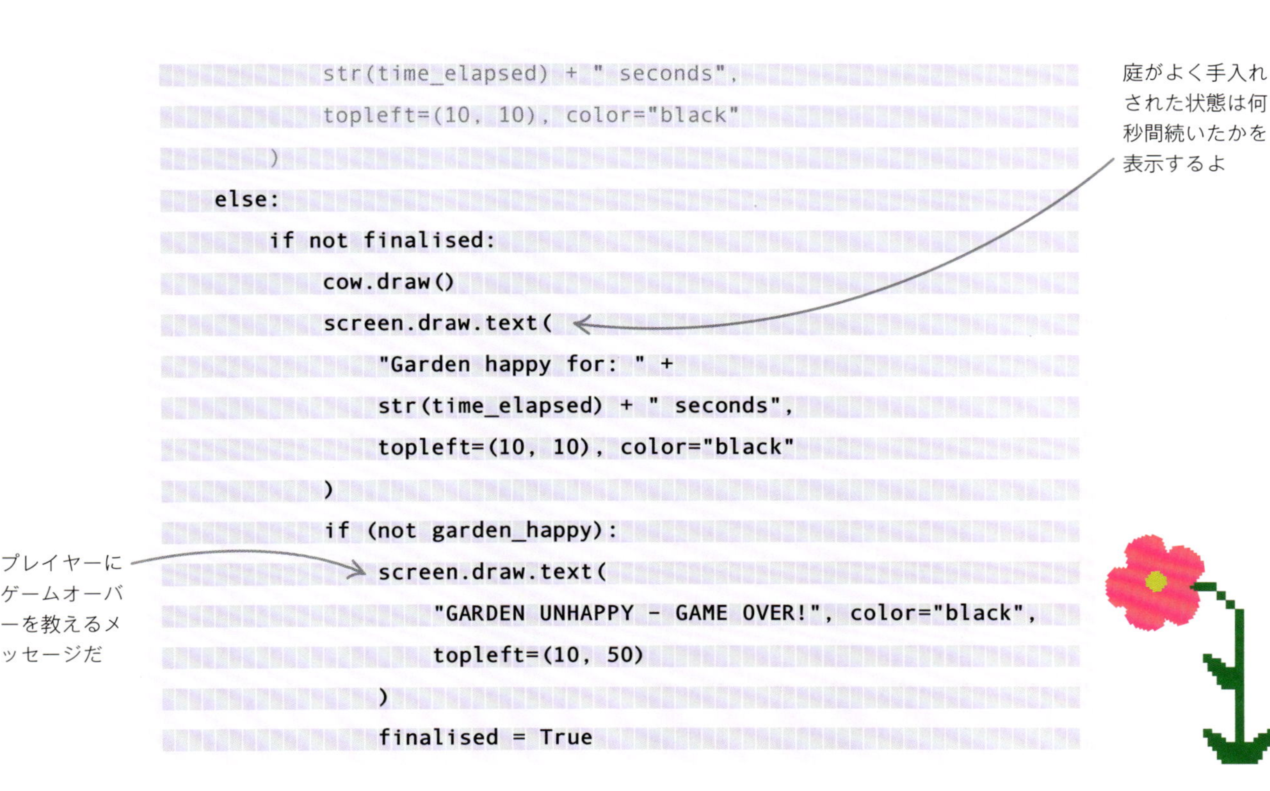

```
            str(time_elapsed) + " seconds",
            topleft=(10, 10), color="black"
        )
    else:
        if not finalised:
            cow.draw()
            screen.draw.text(
                "Garden happy for: " +
                str(time_elapsed) + " seconds",
                topleft=(10, 10), color="black"
            )
            if (not garden_happy):
                screen.draw.text(
                    "GARDEN UNHAPPY - GAME OVER!", color="black",
                    topleft=(10, 50)
                )
                finalised = True
```

庭がよく手入れされた状態は何秒間続いたかを表示するよ
プレイヤーにゲームオーバーを教えるメッセージだ

28 テストしてみよう

ファイルをセーブしたらコマンドプロンプト（またはターミナル）のウィンドウから実行してみるよ。牛を動かして花に水をあげよう。10秒よりも長く花がしおれていると、右のようなゲームオーバーの画面が表示されるはずだ。

29 モンスターが登場！

花がしおれないようにするのはむずかしいけど、あぶなくはないね。でも花がおそろしいモンスターフラワーに変身して、かみつこうとしてきたらどうかな？ モンスターフラワーをコントロールするコードを書き加えるよ。まず関数の場所取りだけしておいて、きちんとした定義はあとでしよう。ステップ21で定義した**reset_cow()**関数の前に右のように入力してね。

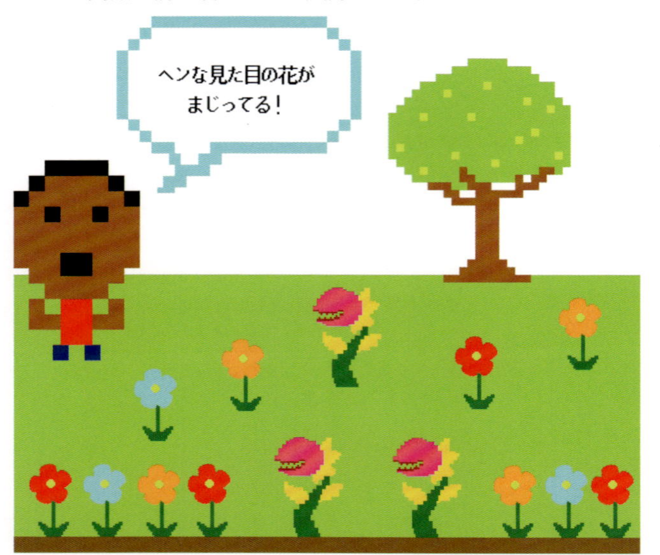


```
        index = index + 1
    return

def check_fangflower_collision():
    pass

def velocity():
    pass

def mutate():
    pass

def update_fangflowers():
    pass

def reset_cow():
    global game_over
    if not game_over:
        cow.image = "cow"
```

30 変身

ふつうの花がモンスターフラワーに変身するときがきたぞ。さらに悪いことに、最初の変身が起こったあとは、ランダムに選ばれた1つの花が20秒ごとに変身してしまうんだ。def_mutate()のあとのpassを下のように書きかえよう。今回はコードの量が多いからまちがえないよう特に注意してね。

これらのリストでモンスターフラワーの画像と速度を記録しているよ。１つのモンスターフラワーの情報が、３つのリストに同じ番号（index）で記録されている

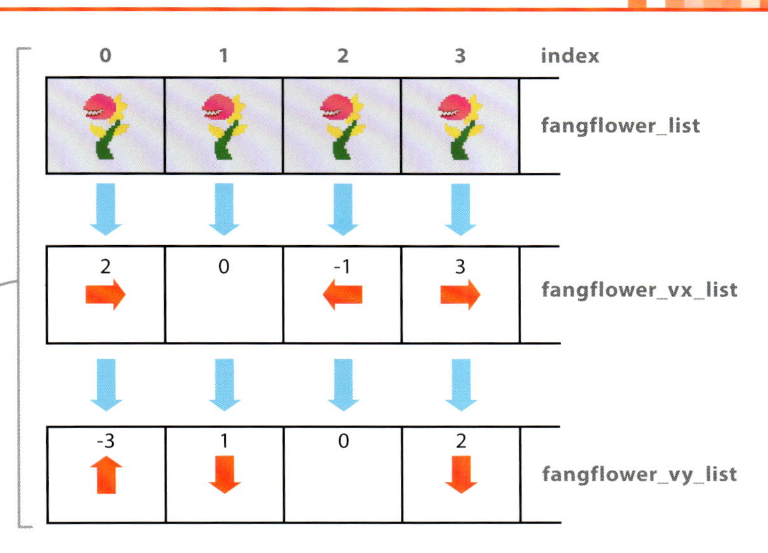


```
def mutate():
    global flower_list, fangflower_list, fangflower_vy_list
    global fangflower_vx_list, wilted_list, game_over
    if not game_over and flower_list:
        rand_flower = randint(0, len(flower_list) - 1)
        fangflower_pos_x = flower_list[rand_flower].x
        fangflower_pos_y = flower_list[rand_flower].y
        del flower_list[rand_flower], wilted_list[rand_flower]
        fangflower = Actor("fangflower")
        fangflower.pos = fangflower_pos_x, fangflower_pos_y
        fangflower_vx = velocity()
        fangflower_vy = velocity()
        fangflower = fangflower_list.append(fangflower)
        fangflower_vx_list.append(fangflower_vx)
        fangflower_vy_list.append(fangflower_vy)
        clock.schedule(mutate, 20)
    return
```

ゲームオーバーになっていなくて変身できる花も残っているときは、このブロックが実行される

この関数で使うグローバル変数だ

変身する花をランダムに選んでいるぞ

モンスター化したものは花のリストから取り除くぞ

モンスターフラワーは、元の花と同じ位置に置かれる

モンスターフラワーが左右方向にどれだけの速さで動くかを決めている

モンスターフラワーが上下方向にどれだけの速さで動くかを決めている

モンスターフラワーの速さはこの２つのリストに記録される

変身させる関数を20秒ごとに呼び出すようにしているね

新しいモンスターフラワーをリストに追加している

31 モンスターフラワーを動かす

ふつうの花とちがって、モンスターフラワーは同じ場所でじっとしていないぞ。庭をうろついて牛をおそおうとするんだ。このステップでは、モンスターフラワーが左右方向（x軸）と上下方向（y軸）にどのような速さで動くかを決めるコードを書くよ。モンスターフラワーはこの2つの方向への速さを組み合わせて、上下左右そしてななめの方向に進んでいく。ステップ29で書いた**def velocity()**のあとに下のように入力しよう。

速度については
160ページにも
書いてあったね。

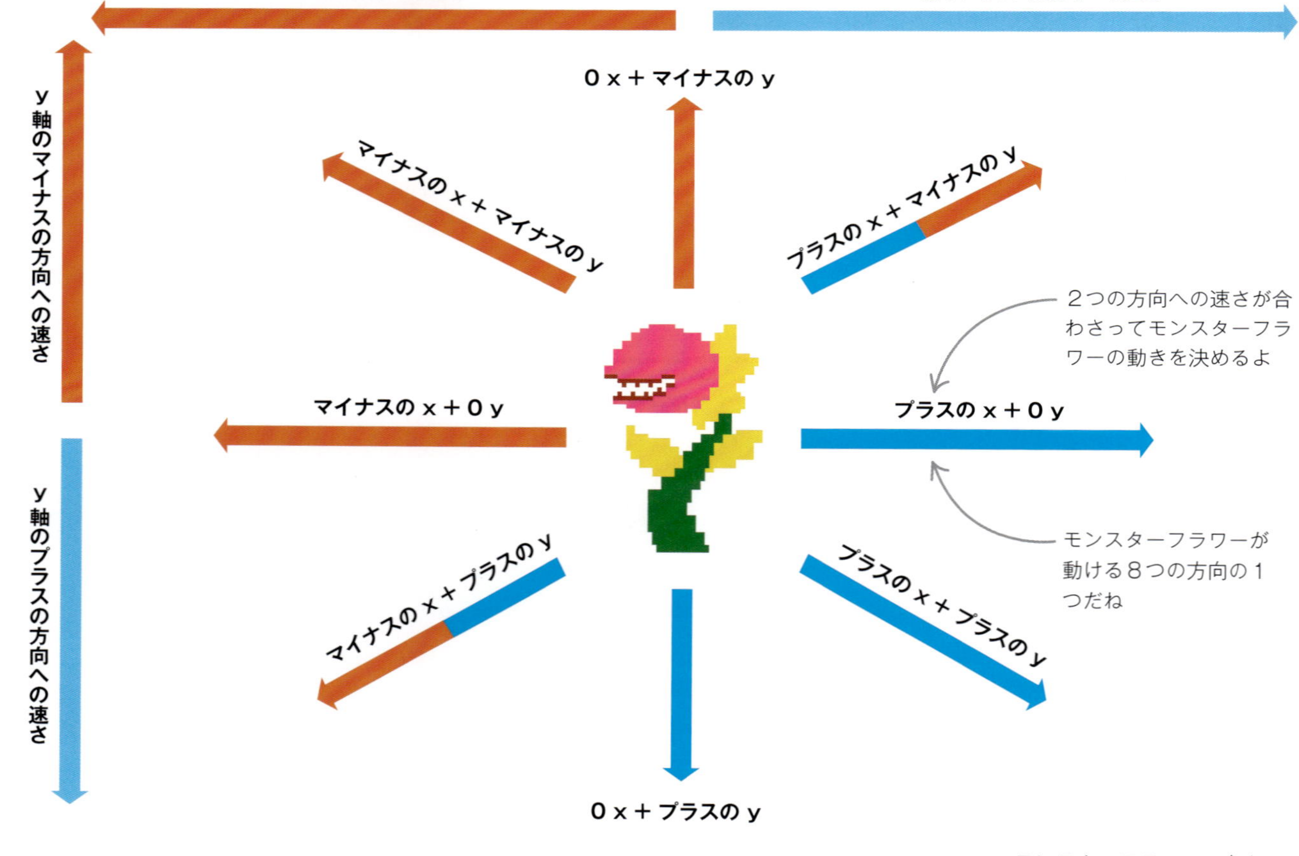

ここでモンスターフラワーの速さを決めているけれど、向きはまだわからないぞ

```
def velocity():
    random_dir = randint(0, 1)
    random_velocity = randint(2, 3)
    if random_dir == 0:
        return -random_velocity
    else:
        return random_velocity
```

モンスターフラワーの向きを決める数をランダムに選んでいるね

向きが0ならマイナスの速さになる

向きが1ならプラスの速度になる

32 モンスターフラワーの動きを調整する

このステップで書くコードは、update()関数が呼び出されるたびに実行されるようになる。モンスターフラワーを動かすけれども、画面の端まで来たらはね返るようにして、庭から外に出ないようにするんだ。ステップ29で書いたdef update_fangflowers()のpassを下のコードで書きかえよう。長くてまちがえやすいから、注意して入力してね。

```
def update_fangflowers():
    global fangflower_list, game_over
    if not game_over:
        index = 0
        for fangflower in fangflower_list:
            fangflower_vx = fangflower_vx_list[index]
            fangflower_vy = fangflower_vy_list[index]
            fangflower.x = fangflower.x + fangflower_vx
            fangflower.y = fangflower.y + fangflower_vy
            if fangflower.left < 0:
                fangflower_vx_list[index] = -fangflower_vx
            if fangflower.right > WIDTH:
                fangflower_vx_list[index] = -fangflower_vx
            if fangflower.top < 150:
                fangflower_vy_list[index] = -fangflower_vy
            if fangflower.bottom > HEIGHT:
                fangflower_vy_list[index] = -fangflower_vy
            index = index + 1
    return
```

この関数で使うグローバル変数だね

リスト内のモンスターフラワー1つにつき1回ループが実行されるよ

リスト内の何番目のアイテムをあつかっているかを示す番号だ

モンスターフラワーの左右方向（x座標）と上下方向（y座標）の速さを調べている

モンスターフラワーの新しい位置を決めているよ

モンスターフラワーがゲーム画面左端にふれたら、この命令で右に向けて動くようになる

モンスターフラワーが画面の端ではね返されたので向きを変えている

外に出ていないかよーくチェックだ！

33 ふれたかをチェックする

モンスターフラワーが動けるようになったら、次は牛をつかまえてかみついたかどうかをチェックするコードが必要だ。**check_fangflower_collision()**関数の**pass**を下のコードに変えてしまおう。

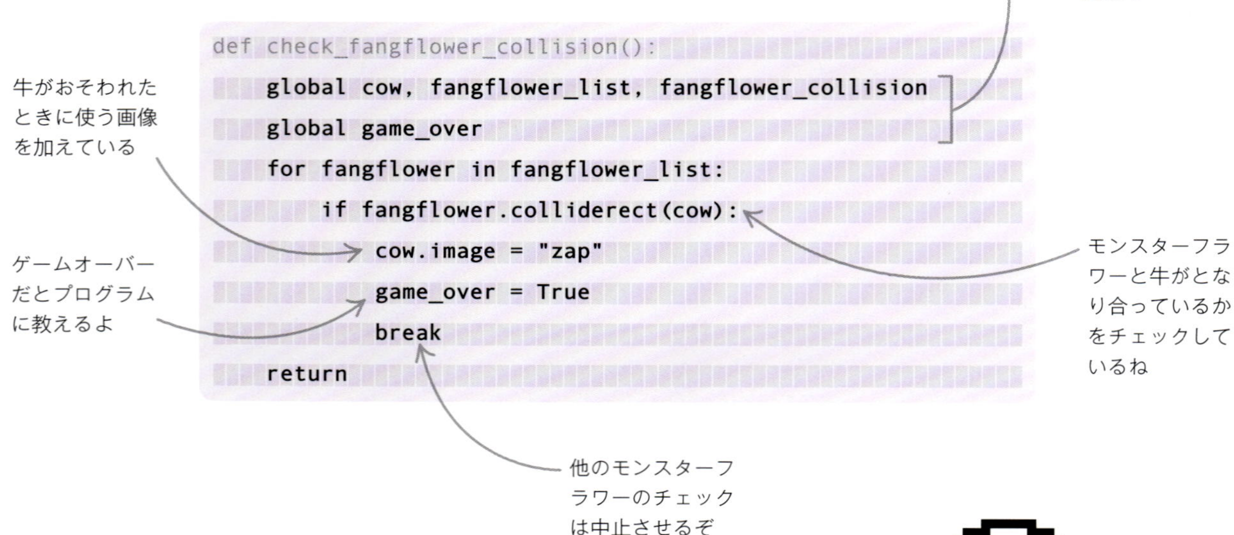
この関数で使うグローバル変数だ
牛がおそわれたときに使う画像を加えている
ゲームオーバーだとプログラムに教えるよ
モンスターフラワーと牛がとなり合っているかをチェックしているね
他のモンスターフラワーのチェックは中止させるぞ

```
def check_fangflower_collision():
    global cow, fangflower_list, fangflower_collision
    global game_over
    for fangflower in fangflower_list:
        if fangflower.colliderect(cow):
            cow.image = "zap"
            game_over = True
            break
    return
```

34 結果を表示する

モンスターフラワーが牛にかみついたらゲームオーバーだ。**draw**関数にコードを加えてゲームオーバーのメッセージを表示するようにしよう。

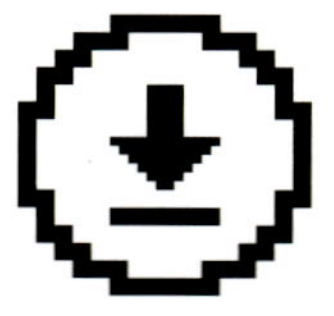
セーブを忘れないように。

```
        if (not garden_happy):
            screen.draw.text(
                "GARDEN UNHAPPY - GAME OVER!", color="black",
                topleft=(10, 100)
            )
            finalised = True
        else:
            screen.draw.text(
                "FANGFLOWER ATTACK - GAME OVER!", color="black",
                topleft=(10, 50)
            )
            finalised = True
    return
```

庭の手入れがよい状態で牛がかみつかれたときに実行されるブロックだね

モンスターフラワーが牛をおそったからゲームオーバーになったというメッセージを表示しよう

他の部分のソースコードが実行されないようにしている

35 update()関数を変える

これでほぼ準備はできたよ。最後に必要なのは「ゲームが15秒よりも長く続いていたら花がモンスターフラワーに変身を始める」ためのコードを書き加えることだ。それから、モンスターフラワーが牛にかみついたかをチェックする関数も呼び出すよ。update()関数に右の黒字のコードを書き加えてね。

```
def update():
    global score, game_over, fangflower_collision
    global flower_list, fangflower_list, time_elapsed
    fangflower_collision = check_fangflower_collision()
    check_wilt_times()
    if not game_over:
        if keyboard.space:
            cow.image = "cow-water"
            clock.schedule(reset_cow, 0.5)
            check_flower_collision()
        if keyboard.left and cow.x > 0:
            cow.x -= 5
        elif keyboard.right and cow.x < WIDTH:
            cow.x += 5
        elif keyboard.up and cow.y > 150:
            cow.y -= 5
        elif keyboard.down and cow.y < HEIGHT:
            cow.y += 5
        if time_elapsed > 15 and not fangflower_list:
            mutate()
        update_fangflowers()
```

ゲームが15秒よりも長く続いているか、そしてモンスターフラワーがまだ現れていないかをチェックしている

モンスターフラワーへの変身を始めるよう命令している

36 ゲーム開始！

ようやくゲームをプレイできるぞ！ ファイルをセーブしてコマンドラインから実行だ。おそろしいモンスターフラワーをよけながら、牛に水やりをさせよう。モンスターフラワーが現れたときと、牛がかみつかれたときにどんな画面が表示されるかな？

改造してみよう

ゲームをもっとエキサイティングなものにしよう。改造に使えるアイデアを集めておいたぞ。

▲主人公のキャラクターを変える

牛が庭を守っているのはちょっとおかしいかな？ だったらPython Games Resource Packで他のキャラクターを探せばいい。ドット絵用のエディターで自作してもいいぞ。

```
random_velocity = randint(2, 3)
```

▲すばやい敵が出現！

random_velocityの値を大きくすれば、モンスターフラワーがもっと速く動くようになる。例えば**randint(4, 6)**に変えてみたらどうなるか見てみよう。

```
clock.schedule(add_flowers, 4)
```

▲花を増やす

花の増え方を変えれば、ゲームをむずかしくもできるし、かんたんにもできるよ。**def add_flowers()**のあとのコードを変えれば、この関数がどれくらいの間かくで呼び出されるかを調整できるね。

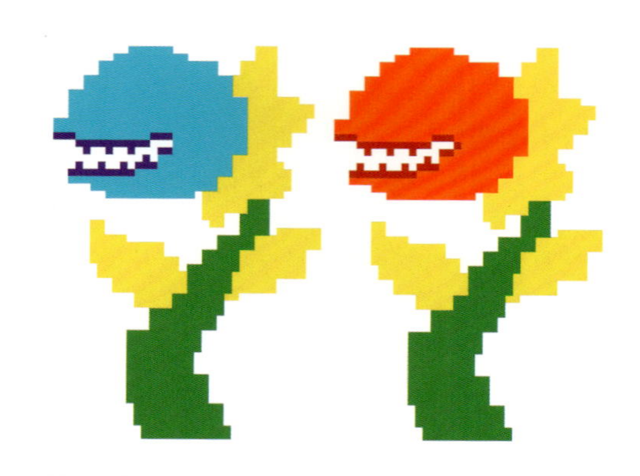

```
clock.schedule(mutate, 20)
```

▲モンスターフラワーが増えた！

ゲームがむずかしすぎたり、逆にやさしすぎたりしたら、**mutate()**関数の引数の値を変えてみるのもいいぞ。モンスターフラワーの出現のしやすさを変えられるよ。

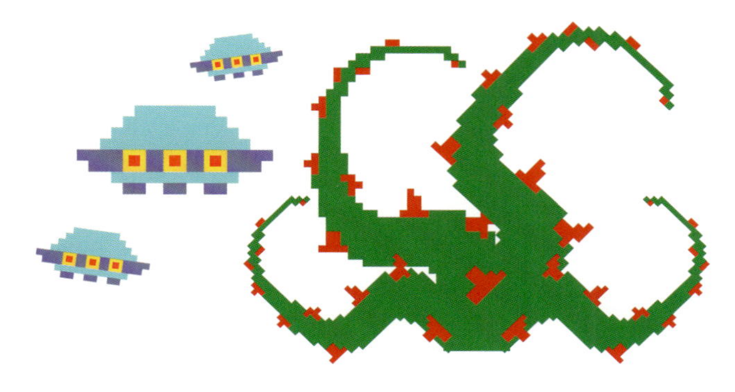

◀新たな敵の出現

今のままではゲームがつまらないと感じたら、敵の種類を増やすこともできる。ドット絵用エディターで画像を作り、敵の動きをコントロールするための関数を追加すればいい。関数はモンスターフラワーのものを参考にしよう。牛が近づきすぎたら弾を飛ばしてくる花や、枝をのばして牛をつかまえようとする木はどうかな？ モンスターフラワーに続いて、UFOに乗った宇宙人が現れるのもいいね。

▲庭にふる雨

庭に雨がふったらどうなるかな？ 花はよろこんで、水をやる必要はなくなる。でも今よりもモンスターフラワーに変身しやすくなってしまうよ。雨がふっているように見せるには、Python Games Resource Packから背景用の画像を探すか自分で作ることになる。新しい背景をコントロールするための変数**raining**を作り、**draw()**関数がこの変数の値をもとに背景を変えるようにすればいい。

```
if not raining:
    screen.blit("garden", (0, 0))
else:
    screen.blit("garden-raining", (0, 0))
```

スリーピング・
ドラゴン

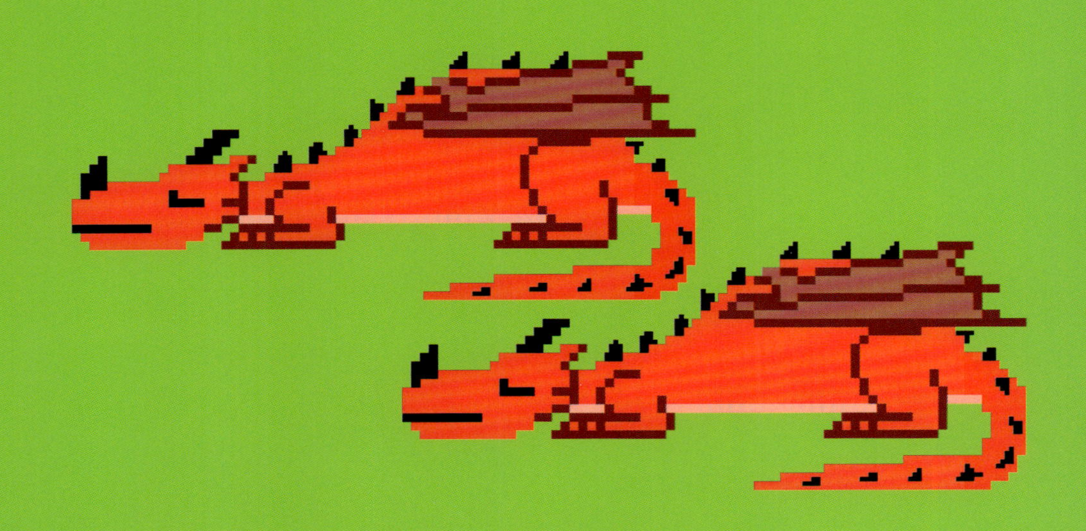

スリーピング・ドラゴンの作り方

君は剣と盾をにぎった勇者だ。タイミングをはかってドラゴンの鼻先にあるタマゴをうばい取れ。でも気をつけろ！ ドラゴンが目を覚ましたらとんでもないことになるぞ！

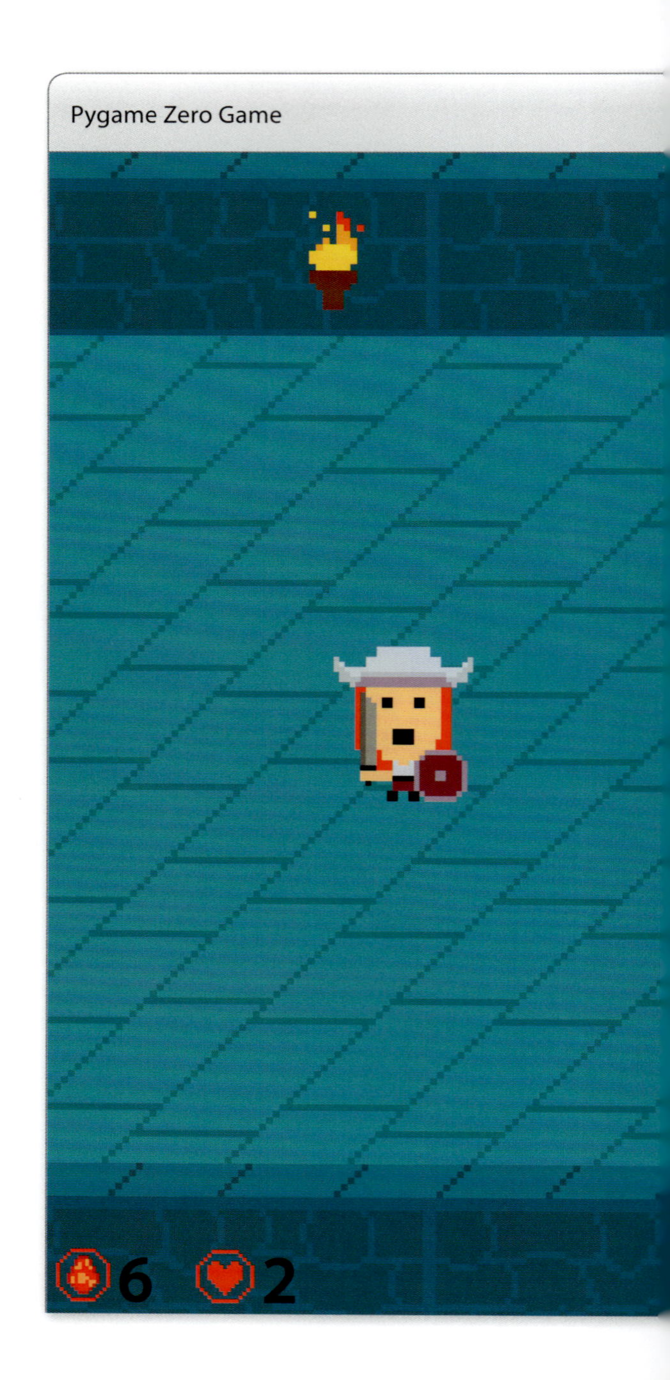

何が起こるのかな

このゲームでプレイヤーは、勇者を４つの矢印キーでコントロールするよ。ドラゴンの巣でタマゴを20個集めれば勝ちだ。ドラゴンたちはねむっているけれど、それぞれちがうタイミングで目を覚ましてしまう。ドラゴンが目を覚ましたときに勇者が近くにいると、プレイヤーはライフを失うぞ。プレイヤーのライフがなくなるか、タマゴを20個集めればゲームは終わりだ。

◀ドラゴン
３びきのドラゴンは、ねむっているときは何もしてこないよ。

◀タマゴ
ドラゴンはタマゴを守っている。タマゴの数はドラゴンごとにちがうよ。

◀勇者
勇者のライフは３つだ。なくなる前にタマゴを20個集めよう。

なんで
ねむっているの？
おまえを
待ちぶせしてるのさ！

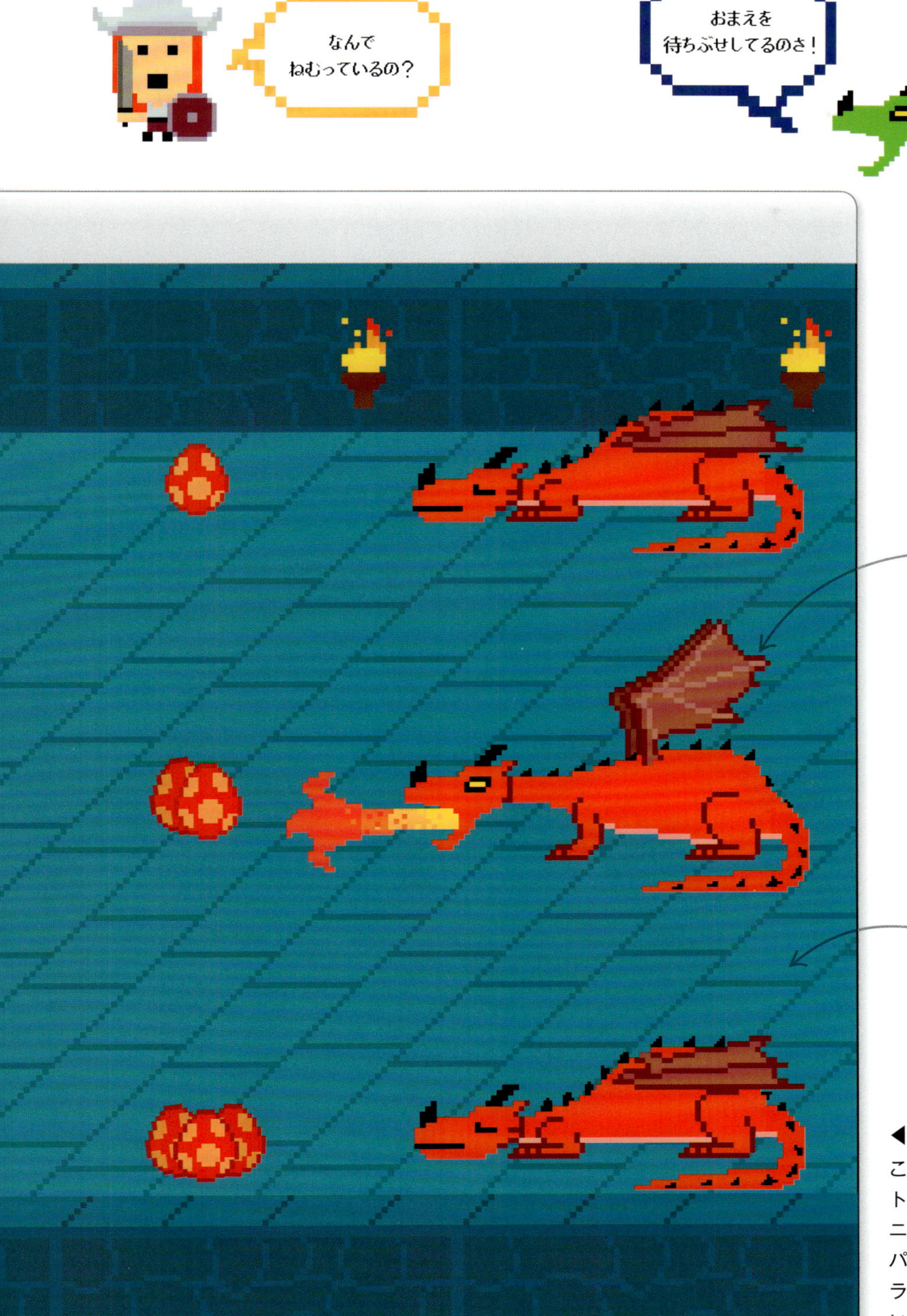
目を覚ましたドラゴン
は炎をはき出すぞ
ダンジョンの背景が
気分を盛り上げるね

◀ダンジョンの中で
このゲームではPygameのビルトイン関数を使ってアクターをアニメーションさせている。そしてパイソンのディクショナリで、ドラゴンとタマゴの状態を記録しているんだ。

しくみ

勇者、ドラゴン、タマゴを画面に表示するために**draw()**関数を使うよ。それから**update()**関数でプレイヤーのアクションをチェックし、ゲームのいろいろな要素を更新する。この２つの関数が１秒間に何回も呼び出され、アクターを動かす（アニメーションさせる）ことになる。他にも**clock.schedule_interval()**関数を使い、ドラゴンを一定の間かくで起こしたりねむらせたりするよ。

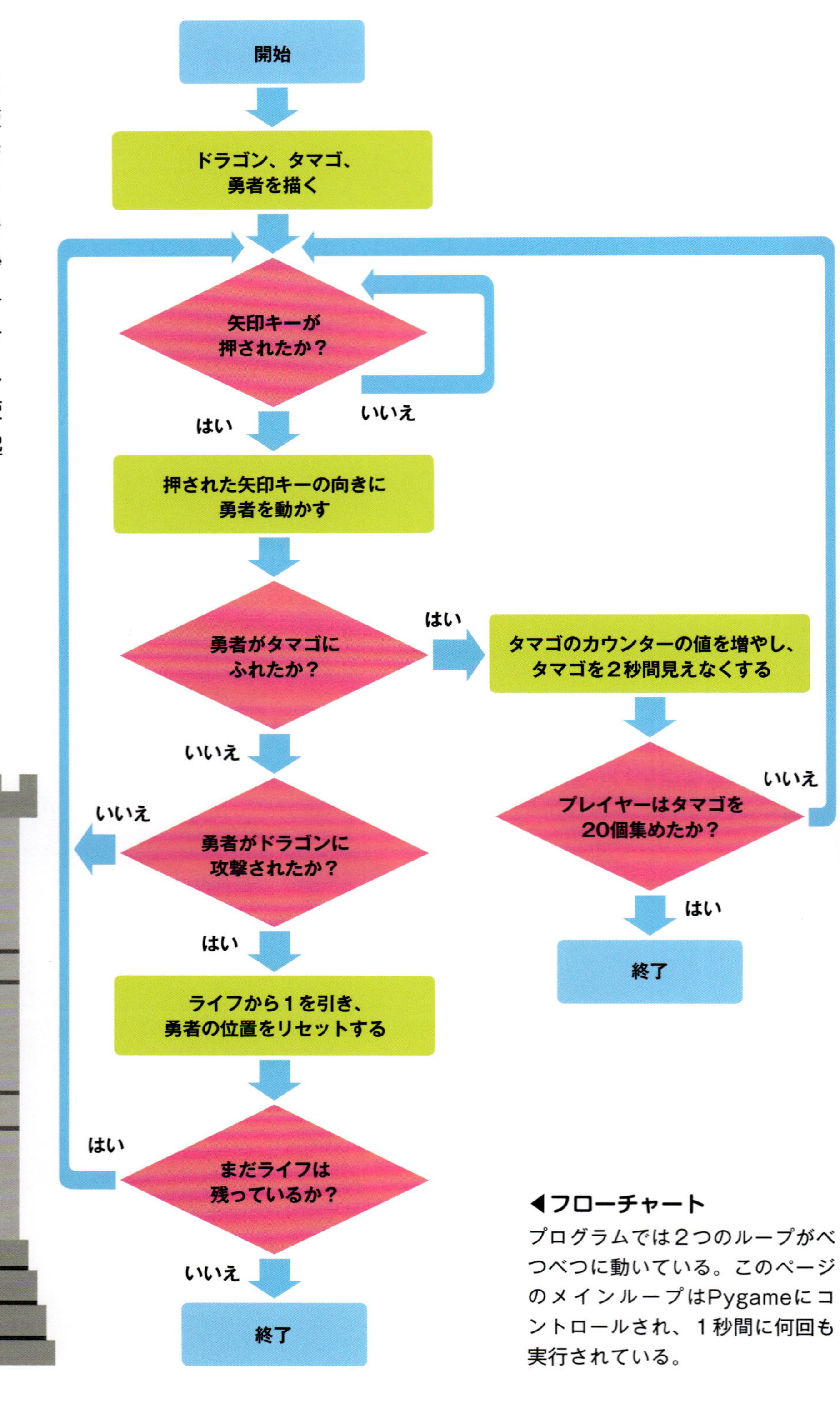

◀**フローチャート**
プログラムでは２つのループがべつべつに動いている。このページのメインループはPygameにコントロールされ、１秒間に何回も実行されている。

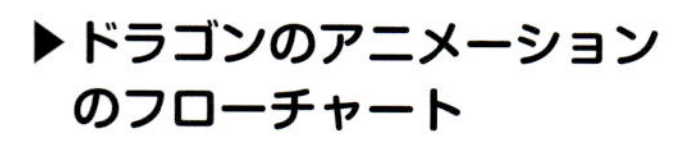

▶ドラゴンのアニメーションのフローチャート

2つ目のループはドラゴンがねむるタイミングをコントロールしている。このループは1秒間に1回実行されるよ。

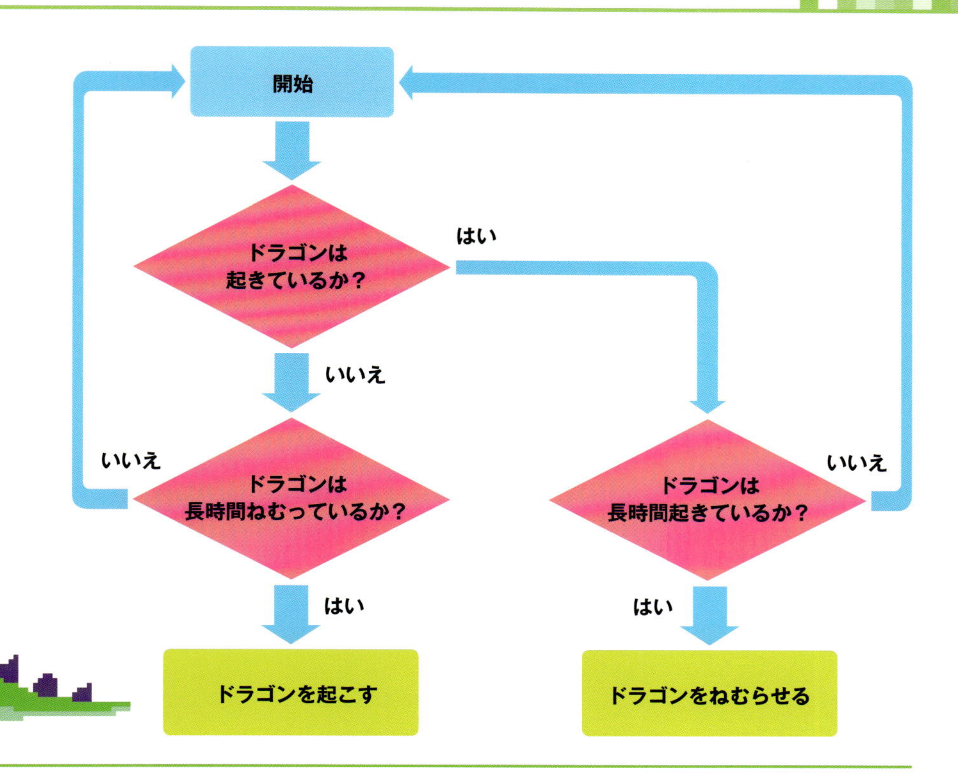

冒険のはじまり

最初にゲームの進行をコントロールするための変数を作っておこう。それからゲームに登場するすべての要素を画面に表示するためのコードを書くよ。そのあとで、勇者を動かす関数、ドラゴンがねむるタイミングをコントロールする関数、勇者がドラゴンに攻撃されずにタマゴを集めたかチェックする関数を定義していこう。

1 さあ始めよう

IDLEを起動して**File**メニューから**New File**を選び、からっぽのファイルを作ろう。

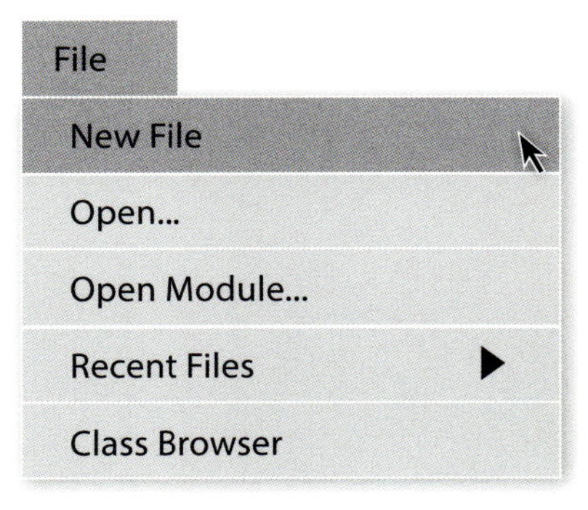

2 ファイルをセーブする

python-gamesフォルダーを開いて、その中にsleeping-dragonsというフォルダーを作る。それから**File**メニューの**Save As**を選んで、新しいファイルをdragons.pyという名前でセーブしよう。

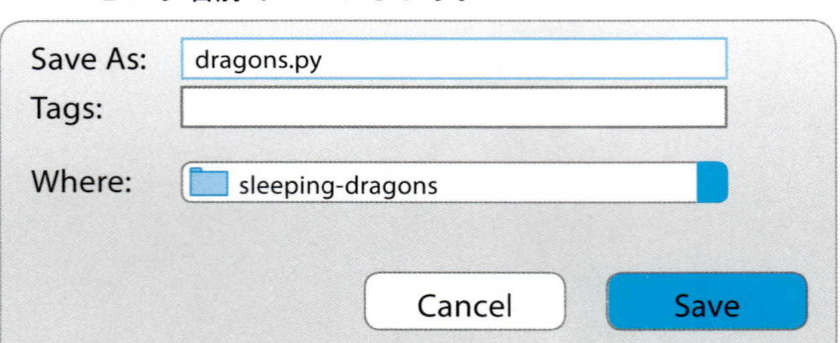

3 画像を加える

このゲームでは9つの画像を使うよ。imagesという新しいフォルダーをsleeping-dragonsフォルダーの中に作る。それからwww.dk.com/uk/information/the-python-games-resource-pack/からSleeping Dragons用の画像をダウンロードし、すべてImagesフォルダーにコピーだ。

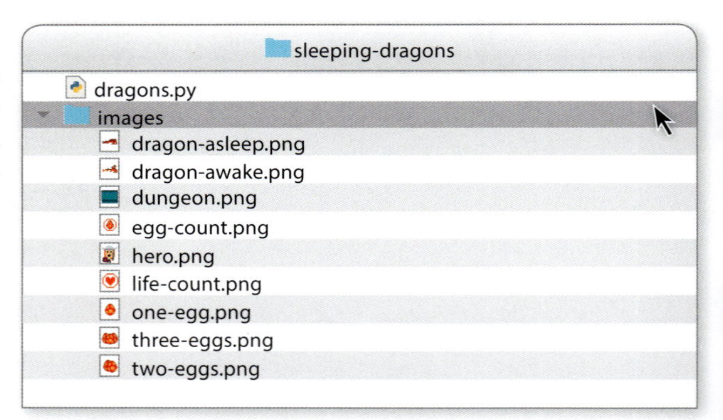

4 モジュールを組み入れる

ではプログラミングを始めよう。まずパイソンのMath（マス。数学という意味）モジュールの組み入れからだ。下のようにファイルの先頭に入力してね。

```
import math
```

モジュール全体を組み入れているね

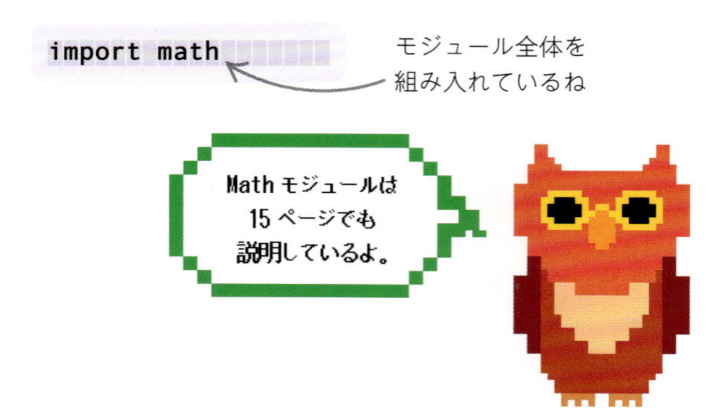

キーワード

定数（ていすう）

定数はゲームの進行を決める特定の数が入れられた変数のことだ。定数として使っていても他の変数と同じように値を変えられる。プログラマーは定数名を大文字で書いて、他のプログラマーにわかるようにしているぞ。プログラムで値を変えてはいけないと知らせているんだ。

5 定数を宣言する

プログラムの最初に「これは定数だ」と宣言しておく必要がある。このゲームでは勇者の開始位置や、勇者が勝つのに必要なタマゴの数など、多くの情報を定数に入れているよ。このような定数はあとで使うことになる。ステップ４のコードのあとに下のように入力しよう。

セーブを忘れないように。

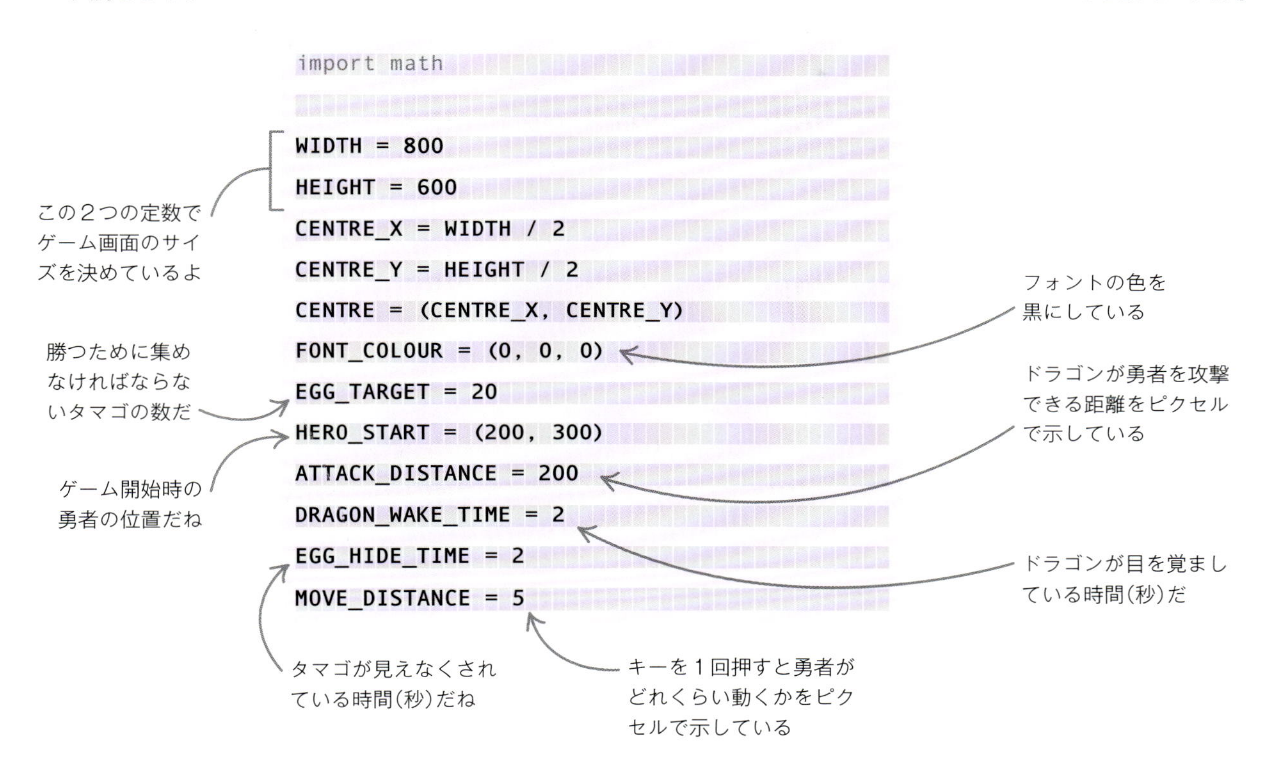

```
import math

WIDTH = 800
HEIGHT = 600
CENTRE_X = WIDTH / 2
CENTRE_Y = HEIGHT / 2
CENTRE = (CENTRE_X, CENTRE_Y)
FONT_COLOUR = (0, 0, 0)
EGG_TARGET = 20
HERO_START = (200, 300)
ATTACK_DISTANCE = 200
DRAGON_WAKE_TIME = 2
EGG_HIDE_TIME = 2
MOVE_DISTANCE = 5
```

この２つの定数でゲーム画面のサイズを決めているよ
勝つために集めなければならないタマゴの数だ
ゲーム開始時の勇者の位置だね
タマゴが見えなくされている時間(秒)だね
キーを１回押すと勇者がどれくらい動くかをピクセルで示している
フォントの色を黒にしている
ドラゴンが勇者を攻撃できる距離をピクセルで示している
ドラゴンが目を覚ましている時間(秒)だ

6 グローバル変数を宣言する

定数に続けてグローバル変数も宣言しよう。定数と似た点が多く、ふつうはプログラムの最初で宣言するぞ。でもちがう点もあって、プログラムのどこからでも中の値を変えられるんだ。ゲームが進むと値も変わっていくね。下のように入力してね。

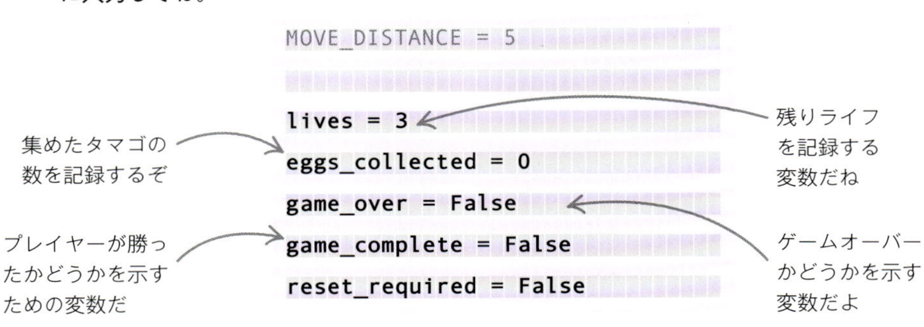

```
MOVE_DISTANCE = 5

lives = 3
eggs_collected = 0
game_over = False
game_complete = False
reset_required = False
```

集めたタマゴの数を記録するぞ
プレイヤーが勝ったかどうかを示すための変数だ
残りライフを記録する変数だね
ゲームオーバーかどうかを示す変数だよ

グローバル変数は74ページでくわしく説明しているわ。

7 巣(lair)を作る

ドラゴンはそれぞれ1つの巣と何個かのタマゴを持ち、強さのレベル（強い、ふつう、弱い）が設定されている。ドラゴンの巣を作るには、これらのデータをパイソンのディクショナリで記録する必要があるぞ。ディクショナリにはドラゴンとタマゴのアクター、ドラゴンがねむるタイミングを示す変数などが入っている。まず弱いドラゴンの巣から作ろう。ステップ6のコードのあとに下のように入力してね。

```
reset_required = False

easy_lair = {
    "dragon": Actor("dragon-asleep", pos=(600, 100)),
    "eggs": Actor("one-egg", pos=(400, 100)),
    "egg_count": 1,
    "egg_hidden": False,
    "egg_hide_counter": 0,
    "sleep_length": 10,
    "sleep_counter": 0,
    "wake_counter": 0
}
```

うまくなるヒント

ディクショナリ

パイソンにはディクショナリという情報の記録のしかたもあるよ。リストと似ているけれど、各アイテムにラベルをつけられる。ラベルを「key（キー）」、ラベルがつけられたアイテムを「value（値）」と呼ぶよ。他のディクショナリを値にすることもできる。このようなやり方を「ネスティング」と呼び、ゲームの要素を整理するのに便利なんだ。

8 ふつうのドラゴンの巣

今度はふつうの強さのドラゴンの巣を作るぞ。ステップ7のコードとよく似ているね。でもあちこちの値がちがっているぞ。

```
}

medium_lair = {
    "dragon": Actor("dragon-asleep", pos=(600, 300)),
    "eggs": Actor("two-eggs", pos=(400, 300)),
    "egg_count": 2,
    "egg_hidden": False,
    "egg_hide_counter": 0,
    "sleep_length": 7,
    "sleep_counter": 0,
    "wake_counter": 0
}
```

この巣のドラゴンの位置を座標で示しているぞ

タマゴが見えなくされているかチェックする

これらのアイテムでドラゴンのねむりをコントロールする

タマゴの座標だね

9 強いドラゴンの巣

最後に3番目のドラゴンの巣を作ろう。ステップ8のコードに続けてね。

これはむずかしいぞ！

```
        "sleep_length": 7,
        "sleep_counter": 0,
        "wake_counter": 0
}

hard_lair = {
        "dragon": Actor("dragon-asleep", pos=(600, 500)),
        "eggs": Actor("three-eggs", pos=(400, 500)),
        "egg_count": 3,
        "egg_hidden": False,
        "egg_hide_counter": 0,
        "sleep_length": 4,
        "sleep_counter": 0,
        "wake_counter": 0
}
```

この巣にあるタマゴの数だ

タマゴが見えなくされて何秒たったかを記録するよ

10 巣をまとめる

このあとで、すべての巣を何度もチェックしていくことになる。このチェックがやりやすくなるように、ここで巣を1つのリストにまとめてしまおう。右の1行を追加だ。

```
        "sleep_counter": 0,
        "wake_counter": 0
}

lairs = [easy_lair, medium_lair, hard_lair]
```

すべての巣を1つのリストに入れよう

11 勇者の誕生

ゲームに必要な最後のアクターは勇者だ。プレイヤーがコントロールして、ドラゴンのタマゴを集めていくキャラクターだね。

```
lairs = [easy_lair, medium_lair, hard_lair]
hero = Actor("hero", pos=HERO_START)
```

勇者のアクターの開始位置だ

このために
生まれてきた！

12 アクターを描く

ではdraw()関数ですべてのアクターを画面に描いていこう。下のコードをステップ11のコードのあとに加えてね。量が多いから気をつけよう。

```
hero = Actor("hero", pos=HERO_START)

def draw():
    global lairs, eggs_collected, lives, game_complete
    screen.clear()
    screen.blit("dungeon", (0, 0))
    if game_over:
        screen.draw.text("GAME OVER!", fontsize=60, center=CENTRE, color=FONT_COLOUR)
    elif game_complete:
        screen.draw.text("YOU WON!", fontsize=60, center=CENTRE, color=FONT_COLOUR)
    else:
        hero.draw()
        draw_lairs(lairs)
        draw_counters(eggs_collected, lives)
```

ゲームに背景を加えているよ

スペルはこのとおりに入力しよう

13 場所だけ取っておく

あとで定義する関数を並べて、場所だけ取っておこう。passというキーワードを使っておけば、関数が呼び出されても何の処理も行われないよ。ステップ12のコードのあとに書き加えよう。

```
def draw_lairs(lairs_to_draw):
    pass

def draw_counters(eggs_collected, lives):
    pass
```

14 実行してみる

ファイルをセーブして、コマンドラインから実行してみよう。実行のしかたを忘れたときは24～25ページを見て思い出そう。

```
pgzrun
```

コマンドプロンプト（またはターミナル）のウィンドウでこのように入力してから、dragons.pyのファイルをドラッグしてくればいい

ダンジョンに入る

コードにミスがなければ、右のような感じの画面が表示されるはずだ。ダンジョンの中に勇者がいるけれど、まだ勇者を動かすことはできないね。次のステップでドラゴンとタマゴを加えるぞ。

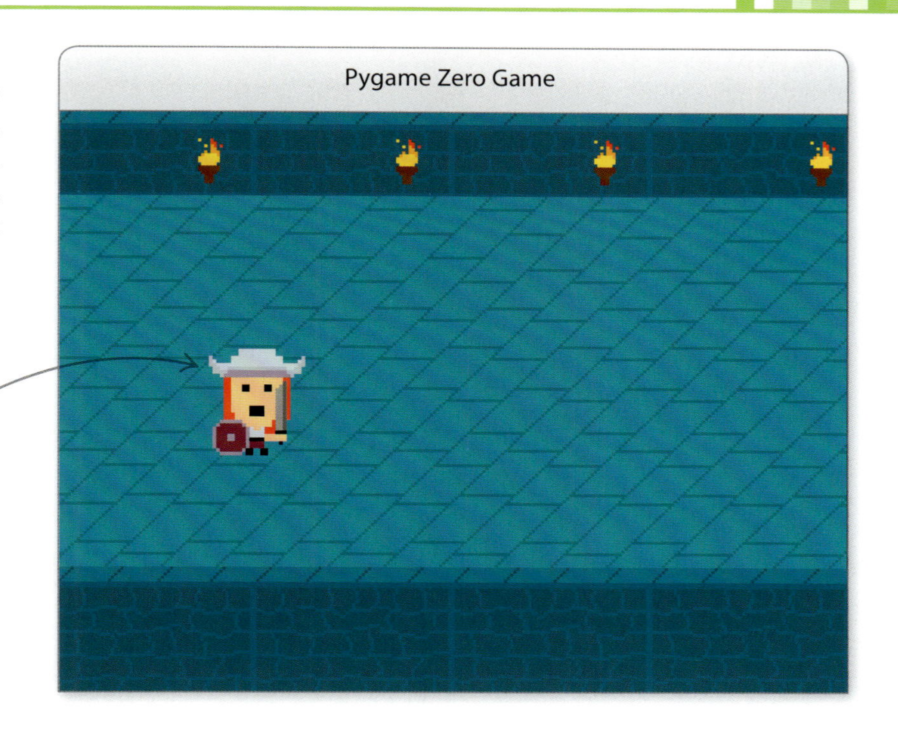
Pygame Zero Game

ここが勇者の開始位置だ

16 巣を描く

いよいよ**draw_lairs()**関数を定義しなければならないぞ。この関数を呼び出すには**lairs_to_draw**という引数が必要だ。関数は**easy_lair**、**medium_lair**、**hard_lair**（弱い、ふつう、強い巣）の３つをループを使って見て回り、それぞれのドラゴンを画面に描く。タマゴをかくす必要がない場合は、同じようにタマゴも描いていくよ。巣（lair）のディクショナリからアクターを取り出すには、ディクショナリの名前に続けて角かっこを書き、かっこの中にキーを書き入れておけばいい。ステップ13で書いた**draw_lairs(lairs_to_draw)**のあとの**pass**を下のコードで置きかえよう。

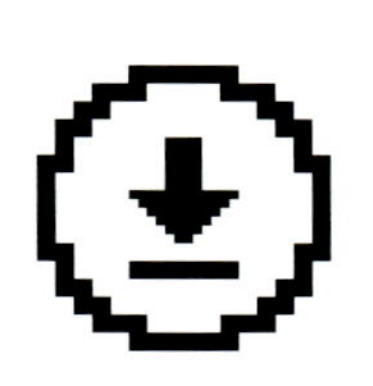

セーブを忘れないように。

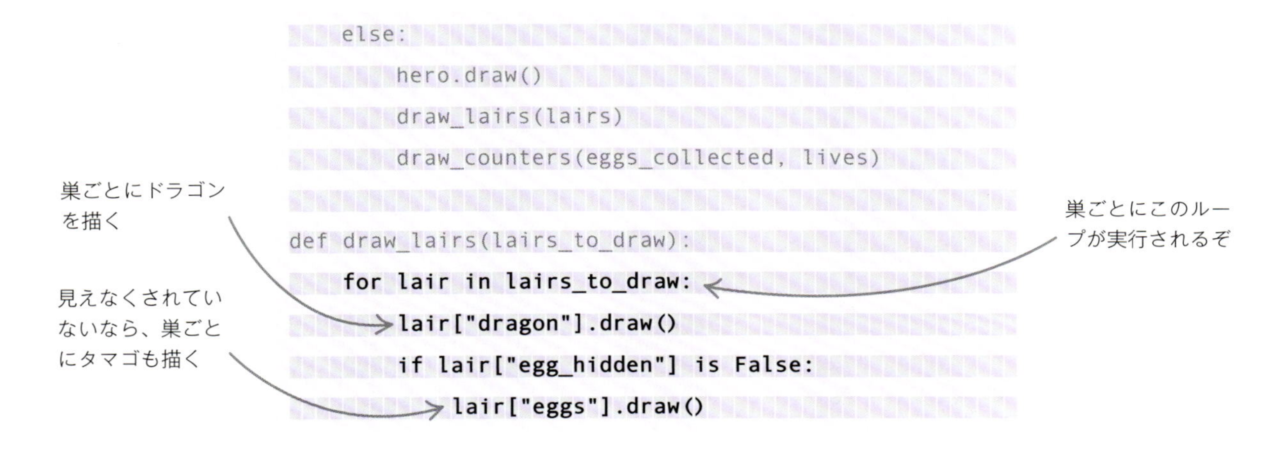

```
    else:
        hero.draw()
        draw_lairs(lairs)
        draw_counters(eggs_collected, lives)

def draw_lairs(lairs_to_draw):
    for lair in lairs_to_draw:
        lair["dragon"].draw()
        if lair["egg_hidden"] is False:
            lair["eggs"].draw()
```

巣ごとにドラゴンを描く
見えなくされていないなら、巣ごとにタマゴも描く
巣ごとにこのループが実行されるぞ

17 カウンターを描く

次に**draw_counter()**関数も定義してしまおう。この関数は**eggs_collected**（集めたタマゴの個数）と**lives**（残りライフ）の2つの引数を取るぞ。これらの引数の値は、ゲーム画面の左下に表示される。**def draw_counters(eggs_collected, lives)**のあとの**pass**を下のコードで置きかえよう。

1日分としては
十分ね。

```
def draw_counters(eggs_collected, lives):
    screen.blit("egg-count", (0, HEIGHT - 30))
    screen.draw.text(str(eggs_collected),
                     fontsize=40,
                     pos=(30, HEIGHT - 30),
                     color=FONT_COLOUR)
    screen.blit("life-count", (60, HEIGHT - 30))
    screen.draw.text(str(lives),
                     fontsize=40,
                     pos=(90, HEIGHT - 30),
                     color=FONT_COLOUR)
```

集めたタマゴの個数を示すアイコンを表示する

こちらはプレイヤーの残りライフを示すアイコンを表示するぞ

18 勇者を動かす

いよいよ勇者が画面上を動くようにするぞ。そのために**update()**関数を使おう。プレイヤーが矢印キーを押すと、**MOVE_DISTANCE**（進む距離）に入れられたピクセル数だけ、矢印の方向に勇者が進むようにするんだ。**check_for_collisions()**関数も呼び出すようにするけれど、定義はあとでするよ。ステップ17のコードのあとに書き入れよう。

```
def update():
    if keyboard.right:
        hero.x += MOVE_DISTANCE
        if hero.x > WIDTH:
            hero.x = WIDTH
    elif keyboard.left:
        hero.x -= MOVE_DISTANCE
        if hero.x < 0:
            hero.x = 0
    elif keyboard.down:
        hero.y += MOVE_DISTANCE
        if hero.y > HEIGHT:
            hero.y = HEIGHT
    elif keyboard.up:
        hero.y -= MOVE_DISTANCE
        if hero.y < 0:
            hero.y = 0
    check_for_collisions()
```

どいてくれよ！
ぼくの席だよ。

19 関数の場所取り

ここでプログラムを実行してまちがいがないかチェックしてみよう。ただし、実行前にcheck_for_collisions()関数の場所取りをしておく必要がある。下の黒字の行をステップ18のコードのあとに書き加えてね。

```
    check_for_collisions()

def check_for_collisions():
    pass
```

20 テストする

ファイルをセーブしたらコマンドラインから実行だ。バグがなければ下のような画面が表示されるはずだ。勇者を動かせるけれど、まだタマゴは集められないよ。

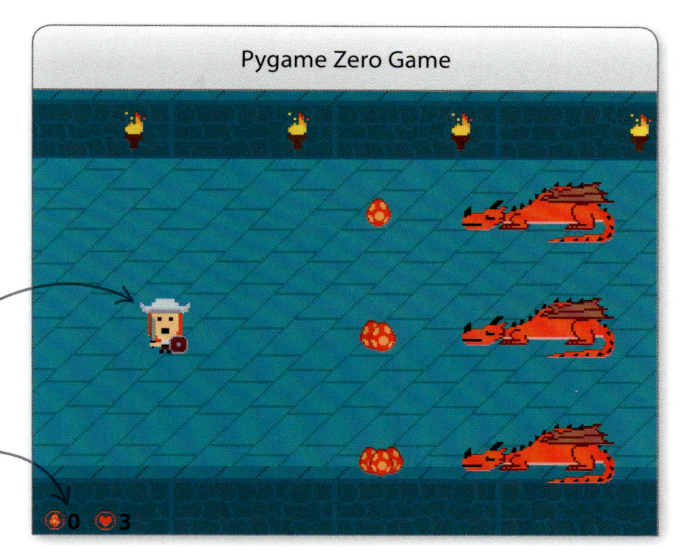

勇者は押された矢印キーの方向に進むぞ

集めたタマゴの個数と残りライフの数が画面の左下に表示される

21 ドラゴンとタマゴの画像を変える

ドラゴンとタマゴの画像に変化を加えてゲームをもり上げよう。update_lairs()関数は、ディクショナリに記録されたドラゴンの巣ごとにループ本体を実行し、ドランゴンがねむっているか起きているかをチェックするんだ。update()関数とdef check_for_collisions()の間にコードを書き入れるぞ。

```
    check_for_collisions()

def update_lairs():
    global lairs, hero, lives
    for lair in lairs:
        if lair["dragon"].image == "dragon-asleep":
            update_sleeping_dragon(lair)
        elif lair["dragon"].image == "dragon-awake":
            update_waking_dragon(lair)
        update_egg(lair)

def check_for_collisions():
```

３つの巣全部をループでチェックする

このブロックでドラゴンの画像を変えて、動いているように見せるよ

こちらはタマゴの画像を変えるよ

ドラゴンがねむっているときに呼び出される

ドラゴンが起きているときに呼び出される

22 自動的に関数を呼び出す

update_lairs()関数を、1秒ごとに自動的に呼び出すようにしておこう。ステップ21のコードのあとに右のように入力してね。

```
    update_egg(lair)

clock.schedule_interval(update_lairs, 1)
```

この関数は他の関数を定期的に呼び出す働きをするよ

この数字を変えれば、関数を呼び出す間かく(秒)を変えられる

23 ドラゴンを起こす

ドラゴンが長い時間ねむっていたかをチェックしよう。**sleep_counter**の値を、ドランゴンがねむり続ける時間をセットした**sleep_length**の値とくらべればいい。ドラゴンが起きる時間になっていたら、ドラゴンがねむっている画像を起きているものにとりかえ、**sleep_counter**を**0**にリセットする。起きる時間ではないなら、**sleep_counter**の値を1増やすよ。ステップ22のコードのあとに続けて書いてね。

```
def update_sleeping_dragon(lair):
    if lair["sleep_counter"] >= lair["sleep_length"]:
        lair["dragon"].image = "dragon-awake"
        lair["sleep_counter"] = 0
    else:
        lair["sleep_counter"] += 1
```

ここで**sleep_counter**が、そのドラゴンの**sleep_length**以上かをチェックしている

ドラゴンの**sleep_counter**を**0**にする

sleep_counterの値を1だけ増やしている

24 ドラゴンをねむらせる

ドラゴンがすでに長い時間起きているなら、ねむりに戻ってもらおう。このステップで定義する関数は、前のステップ23で定義した関数と似た部分があるけれど、何秒間起きていられるかの設定はちがっているぞ。ステップ23の**sleep_length**の値はドラゴンごとにちがっていたけれど、起きていられる時間は定数 **DRAGON_WAKE_TIME**に代入されていて、すべてのドラゴンで同じなんだ。下のコードをステップ23のあとに記入しよう。

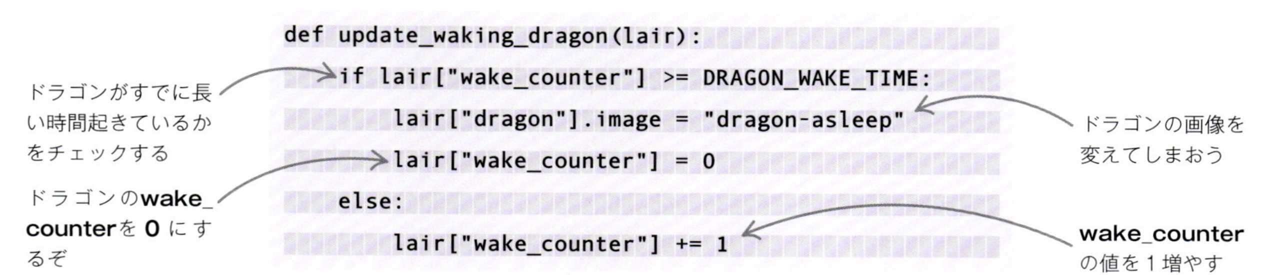

```
def update_waking_dragon(lair):
    if lair["wake_counter"] >= DRAGON_WAKE_TIME:
        lair["dragon"].image = "dragon-asleep"
        lair["wake_counter"] = 0
    else:
        lair["wake_counter"] += 1
```

ドラゴンがすでに長い時間起きているかをチェックする

ドラゴンの画像を変えてしまおう

ドラゴンの**wake_counter**を **0** にするぞ

wake_counterの値を1増やす

25 タマゴの表示を切りかえる

勇者がタマゴをゲットすると、プログラムはタマゴを見えなくするよ。タマゴがある程度の時間見えなくされていたら、もう一度表示されるようにしなければならない。ステップ24のコードのすぐあとに下の黒字のコードを追加だ。

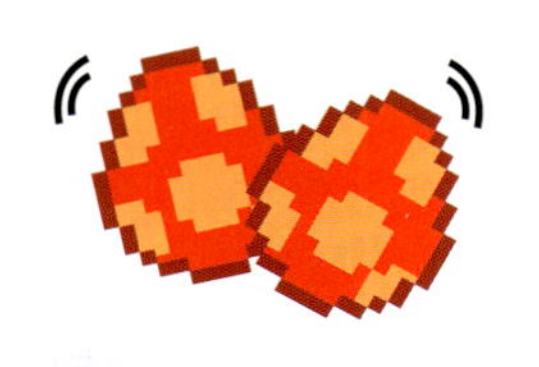

```
        lair["wake_counter"] += 1

def update_egg(lair):
    if lair["egg_hidden"] is True:
        if lair["egg_hide_counter"] >= EGG_HIDE_TIME:
            lair["egg_hidden"] = False
            lair["egg_hide_counter"] = 0
        else:
            lair["egg_hide_counter"] += 1
```

この関数は、見えなくする必要のあるタマゴがあるかどうかをチェックする

長い時間見えなくされているタマゴがある場合に実行されるブロック

egg_hide_counter に 1 を加えるよ

26 動かしてみよう

ファイルをセーブしたらコマンドラインから実行だ。ねむっていたドラゴンがつぎつぎに起きて、しばらくするとねむってしまうぞ。あとで、勇者がタマゴをゲットしたとき、そのタマゴを見えなくするコードを書いていくよ。

ドラゴンはばらばらなタイミングで目を覚ますよ

27 当たったかどうかの判定

ステップ19で場所だけ取っておいた**check_for_collisions()**関数を定義しよう。この関数は巣のディクショナリをループで見て回り、勇者がタマゴにタッチしたか、起きているドラゴンが攻撃してくる距離まで勇者が近づいているかをチェックする。**def check_for_collisions()**のあとの**pass**を下のように書きかえよう。

```
            lair["egg_hide_counter"] += 1

def check_for_collisions():
    global lairs, eggs_collected, lives, reset_required, game_complete
    for lair in lairs:
        if lair["egg_hidden"] is False:
            check_for_egg_collision(lair)
        if lair["dragon"].image == "dragon-awake" and reset_required is False:
            check_for_dragon_collision(lair)
```

タマゴが見えているときに呼び出されるぞ

ドラゴンが起きていて勇者が開始位置にいないときに呼び出されるね

この部分で、勇者が開始位置に戻っているときにライフを失わないようにしているよ

うまくなるヒント

colliderect()

この関数の名前は「ぶつかる(collide)」と「長方形 (rectangle)」という2つの単語からできている。Pygameでは画面上のオブジェクト1つ1つを、目には見えない四角形で囲んでいるんだ。2つのオブジェクトがぶつかったかどうかは、オブジェクトを囲む四角形が重なったかどうかで判断する。そのため2つのオブジェクトがはなれているように見えても、Pygameではぶつかったと判断される場合がある。オブジェクト同士は重なっていなくても、周囲の四角形は重なることがあるからだよ。

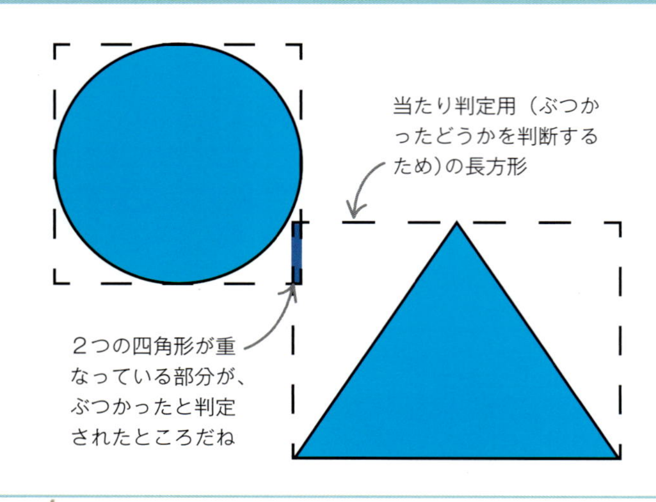
当たり判定用(ぶつかったどうかを判断するため)の長方形
2つの四角形が重なっている部分が、ぶつかったと判定されたところだね

28 ドラゴンとの当たり判定

勇者が目を覚ましているドラゴンに近づきすぎるとライフを１つ失うことになる。**check_for_dragon_collision()**関数を使って、勇者とドラゴンの距離を計算してみよう。下のコードをステップ27で書いたコードに続けてね。

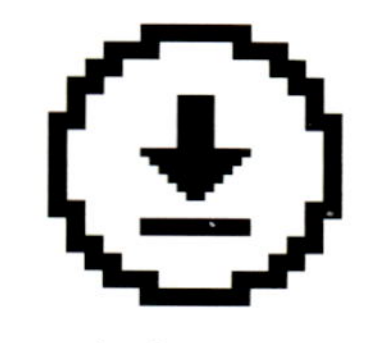

セーブを忘れないように。

```
        check_for_dragon_collision(lair)

def check_for_dragon_collision(lair):
    x_distance = hero.x - lair["dragon"].x
    y_distance = hero.y - lair["dragon"].y
    distance = math.hypot(x_distance, y_distance)
    if distance < ATTACK_DISTANCE:
        handle_dragon_collision()
```

勇者とドラゴンの水平方向の距離と上下方向の距離を計算しているよ

ここで勇者とドラゴンを直線で結んだときの距離を計算しているんだ

勇者とドラゴンの距離が**ATTACK_DISTANCE**よりも近くなるとこの関数が呼び出される

29 勇者をリセットする

プレイヤーがライフを失ったときは、勇者を開始時の位置に戻さないといけない。**animate()**関数を利用しよう。このゲームで**animate()**関数は、勇者のアクター、勇者の位置、**subtract_life()**関数の３つを引数にするよ。下の黒字の部分が新しく書き加えるコードだ。

```
    distance = math.hypot(x_distance, y_distance)
    if distance < ATTACK_DISTANCE:
        handle_dragon_collision()

def handle_dragon_collision():
    global reset_required
    reset_required = True
    animate(hero, pos=HERO_START, on_finished=subtract_life)
```

ここに書かれた関数は、**animate()**関数の処理が終わったときに呼び出されるぞ

30 タマゴの当たり判定

勇者がタマゴにタッチしたかどうかを判定する関数も必要だね。この関数では**colliderect()**関数を利用して判定する。勇者がタマゴにタッチしたら、変数**egg_counter**の値を、その巣のタマゴの数だけ増やすようにしよう。タマゴの数が目標（20個）に達したら変数**game_conplete**にTrueを代入する。プレイヤーの勝利でゲームが終わるぞ。

```
def check_for_egg_collision(lair):
    global eggs_collected, game_complete
    if hero.colliderect(lair["eggs"]):
        lair["egg_hidden"] = True
        eggs_collected += lair["egg_count"]
        if eggs_collected >= EGG_TARGET:
            game_complete = True
```

勇者が今いる巣のタマゴの個数が、集めたタマゴの個数に加算される

集めたタマゴの個数が**EGG_TARGET**の値以上になったかをチェックしているよ

31 ライフを失う

最後に**subtract_life()**関数の定義をしよう。プレイヤーがライフを失うたびに、この関数が呼び出されて残りライフを減らすことになる。ライフがもうないときは変数**game_over**にTrueがセットされてゲームは終わりだ。

```
            game_complete = True

def subtract_life():
    global lives, reset_required, game_over
    lives -= 1
    if lives == 0:
        game_over = True
    reset_required = False
```

勇者はゲーム開始時の位置に戻されているので、この変数をFalseにセットするよ

32 冒険の時間だ！

さあ、これで冒険の準備はすんだぞ。タマゴを20個集めて勝利を目指そう。ドラゴンに油断は禁物だぞ！

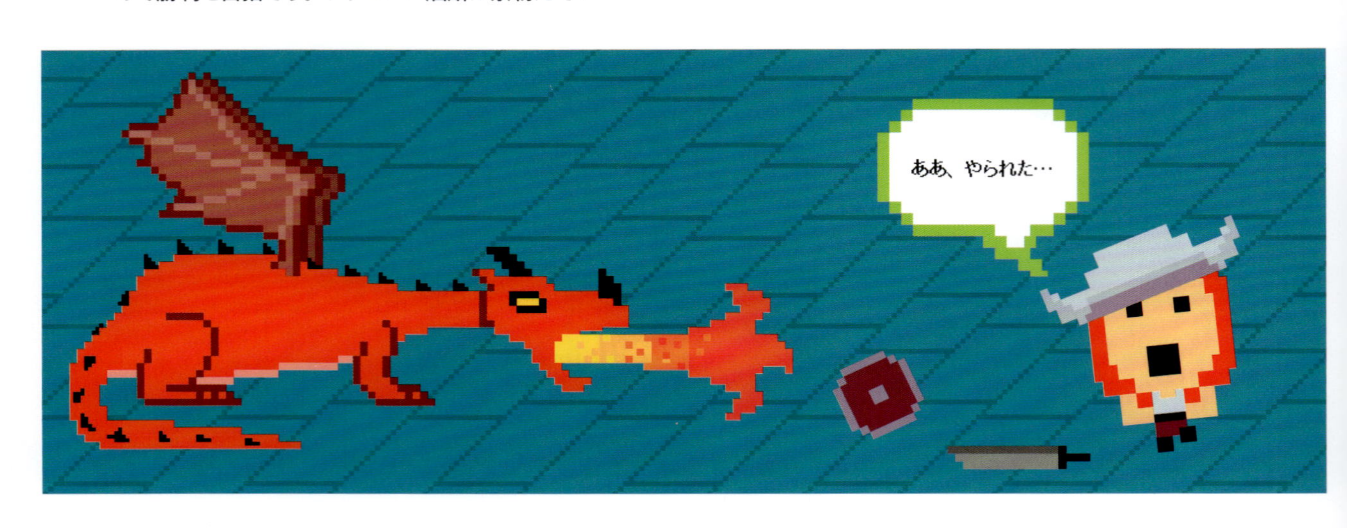

改造してみよう

ゲームの設定を変えて、冒険がもっと楽しくなるようにしてみよう。おすすめのアイデアを紹介するぞ。

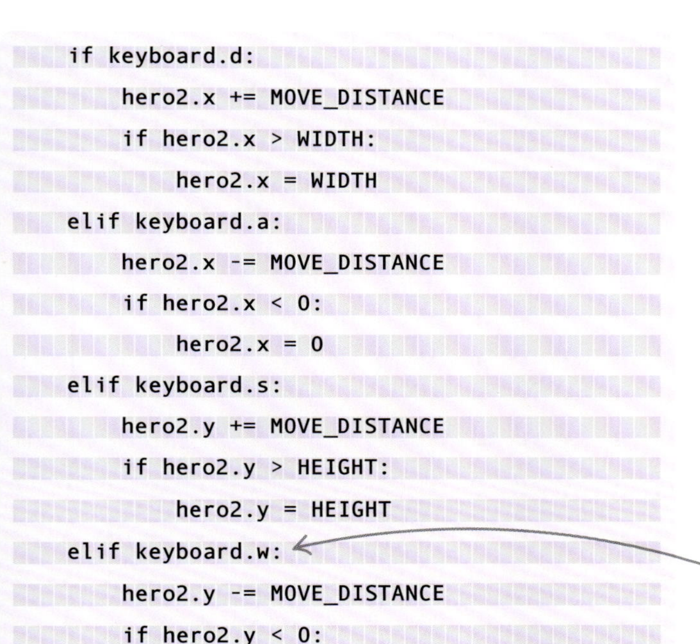

```
    if keyboard.d:
        hero2.x += MOVE_DISTANCE
        if hero2.x > WIDTH:
            hero2.x = WIDTH
    elif keyboard.a:
        hero2.x -= MOVE_DISTANCE
        if hero2.x < 0:
            hero2.x = 0
    elif keyboard.s:
        hero2.y += MOVE_DISTANCE
        if hero2.y > HEIGHT:
            hero2.y = HEIGHT
    elif keyboard.w:
        hero2.y -= MOVE_DISTANCE
        if hero2.y < 0:
            hero2.y = 0
```

２人目を上に向けて動かすぞ

◀勇者をもう１人加える

勇者が１人だけでタマゴを集めるのはちょっと大変だ。手助けしてくれる勇者をもう１人加えられるぞ。そのためには少しコードを書き足して、今のコードの一部を変えればいい。まず、１人目の勇者の立ち位置を変えて、２人目が立てる場所を作る。それから**draw()**関数にコードを足して、２人目を画面に登場させるんだ。左は**update()**関数に加えるためのコードだよ。キーボードのW、A、S、Dキーを使って２人目の勇者を動かせるようにできる。当たり判定をする関数すべてで引数を使うようにして、処理するのが１人目なのか２人目なのかをはっきりさせよう。

▶ドラゴンの動きをランダムにする

今のままだと、ドラゴンがいつ目を覚ますかがかんたんに予想できてしまうね。それなら、ドラゴンごとにねむりのサイクルがランダムに決まるようにすればいい。ゲームがおもしろくなるぞ。まず、プログラムの最初にrandom（ランダム）モジュールを組み入れるコードを書き、それから**update_sleeping_dragon()**関数にコードを書き加える。これで関数が呼び出されるごとにドラゴンが目を覚ますかどうかがランダムに決まるようになるぞ。右の黒字の部分が追加用のコードだ。ステップ23で書いたコードに書き加えてみよう。

```
    if lair["sleep_counter"] >= lair["sleep_length"]:
        if random.choice([True, False]):
            lair["dragon"].image = "dragon-awake"
```

リファレンス

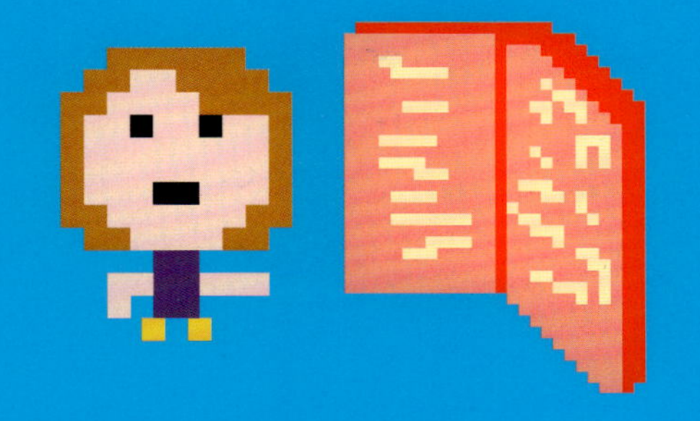

ソースコード

この本で紹介したゲームのソースコードがすべてのっているよ。プログラムがうまく動かないときは、ここに書かれているコードとくらべてみよう。ただし「改造してみよう」のコードはのっていないから自分でいろいろと工夫してね。

シュート・ザ・フルーツ（48ページ）

```
from random import randint
apple = Actor("apple")

def draw():
    screen.clear()
    apple.draw()

def place_apple():
    apple.x = randint(10, 800)
    apple.y = randint(10, 600)

def on_mouse_down(pos):
    if apple.collidepoint(pos):
        print("Good shot!")
        place_apple()
    else:
        print("You missed!")
        quit()

place_apple()
```

コイン・コレクター（58ページ）

```
from random import randint

WIDTH = 400
HEIGHT = 400
score = 0
game_over = False

fox = Actor("fox")
fox.pos = 100, 100

coin = Actor("coin")
coin.pos = 200, 200
```

```
def draw():
    screen.fill("green")
    fox.draw()
    coin.draw()
    screen.draw.text("Score: " + str(score), color="black", topleft=(10, 10))

    if game_over:
        screen.fill("pink")
        screen.draw.text("Final Score: " + str(score), topleft=(10, 10), fontsize=60)

def place_coin():
    coin.x = randint(20, (WIDTH - 20))
    coin.y = randint(20, (HEIGHT - 20))

def time_up():
    global game_over
    game_over = True

def update():
    global score

    if keyboard.left:
        fox.x = fox.x - 2
    elif keyboard.right:
        fox.x = fox.x + 2
    elif keyboard.up:
        fox.y = fox.y - 2
    elif keyboard.down:
        fox.y = fox.y + 2

    coin_collected = fox.colliderect(coin)

    if coin_collected:
        score = score + 10
        place_coin()

clock.schedule(time_up, 7.0)
place_coin()
```

コネクト・ザ・ナンバーズ(68ページ)

```
from random import randint

WIDTH = 400
HEIGHT = 400
```

```
dots = []
lines = []

next_dot = 0

for dot in range(0, 10):
    actor = Actor("dot")
    actor.pos = randint(20, WIDTH - 20), \
    randint(20, HEIGHT - 20)
    dots.append(actor)

def draw():
    screen.fill("black")
    number = 1
    for dot in dots:
        screen.draw.text(str(number), \
                         (dot.pos[0], dot.pos[1] + 12))
        dot.draw()
        number = number + 1
    for line in lines:
        screen.draw.line(line[0], line[1], (100, 0, 0))

def on_mouse_down(pos):
    global next_dot
    global lines
    if dots[next_dot].collidepoint(pos):
        if next_dot:
            lines.append((dots[next_dot - 1].pos, dots[next_dot].pos))
        next_dot = next_dot + 1
    else:
        lines = []
        next_dot = 0
```

レッド・スター（80ページ）

```
import random

FONT_COLOUR = (255, 255, 255)
WIDTH = 800
HEIGHT = 600
CENTRE_X = WIDTH / 2
CENTRE_Y = HEIGHT / 2
CENTRE = (CENTRE_X, CENTRE_Y)
FINAL_LEVEL = 6
START_SPEED = 10
COLOURS = ["green", "blue"]
```

```
game_over = False
game_complete = False
current_level = 1
stars = []
animations = []

def draw():
    global stars, current_level, game_over, game_complete
    screen.clear()
    screen.blit("space", (0, 0))
    if game_over:
        display_message("GAME OVER!", "Try again.")
    elif game_complete:
        display_message("YOU WON!", "Well done.")
    else:
        for star in stars:
            star.draw()

def update():
    global stars
    if len(stars) == 0:
        stars = make_stars(current_level)

def make_stars(number_of_extra_stars):
    colours_to_create = get_colours_to_create(number_of_extra_stars)
    new_stars = create_stars(colours_to_create)
    layout_stars(new_stars)
    animate_stars(new_stars)
    return new_stars

def get_colours_to_create(number_of_extra_stars):
    colours_to_create = ["red"]
    for i in range(0, number_of_extra_stars):
        random_colour = random.choice(COLOURS)
        colours_to_create.append(random_colour)
    return colours_to_create

def create_stars(colours_to_create):
    new_stars = []
    for colour in colours_to_create:
        star = Actor(colour + "-star")
        new_stars.append(star)
    return new_stars

def layout_stars(stars_to_layout):
    number_of_gaps = len(stars_to_layout) + 1
    gap_size = WIDTH / number_of_gaps
```

```
    random.shuffle(stars_to_layout)
    for index, star in enumerate(stars_to_layout):
        new_x_pos = (index + 1) * gap_size
        star.x = new_x_pos

def animate_stars(stars_to_animate):
    for star in stars_to_animate:
        duration = START_SPEED - current_level
        star.anchor = ("center", "bottom")
        animation = animate(star, duration=duration, on_finished=handle_game_over, y=HEIGHT)
        animations.append(animation)

def handle_game_over():
    global game_over
    game_over = True

def on_mouse_down(pos):
    global stars, current_level
    for star in stars:
        if star.collidepoint(pos):
            if "red" in star.image:
                red_star_click()
            else:
                handle_game_over()

def red_star_click():
    global current_level, stars, animations, game_complete
    stop_animations(animations)
    if current_level == FINAL_LEVEL:
        game_complete = True
    else:
        current_level = current_level + 1
        stars = []
        animations = []

def stop_animations(animations_to_stop):
    for animation in animations_to_stop:
        if animation.running:
            animation.stop()

def display_message(heading_text, sub_heading_text):
    screen.draw.text(heading_text, fontsize=60, center=CENTRE, color=FONT_COLOUR)
    screen.draw.text(sub_heading_text,
                     fontsize=30,
                     center=(CENTRE_X, CENTRE_Y + 30),
                     color=FONT_COLOUR)
```

クイズ・ボックス（98ページ）

```
WIDTH = 1280
HEIGHT = 720

main_box = Rect(0, 0, 820, 240)
timer_box = Rect(0, 0, 240, 240)
answer_box1 = Rect(0, 0, 495, 165)
answer_box2 = Rect(0, 0, 495, 165)
answer_box3 = Rect(0, 0, 495, 165)
answer_box4 = Rect(0, 0, 495, 165)

main_box.move_ip(50, 40)
timer_box.move_ip(990, 40)
answer_box1.move_ip(50, 358)
answer_box2.move_ip(735, 358)
answer_box3.move_ip(50, 538)
answer_box4.move_ip(735, 538)
answer_boxes = [answer_box1, answer_box2, answer_box3, answer_box4]

score = 0
time_left = 10

q1 = ["What is the capital of France?",
      "London", "Paris", "Berlin", "Tokyo", 2]

q2 = ["What is 5+7?",
      "12", "10", "14", "8", 1]

q3 = ["What is the seventh month of the year?",
      "April", "May", "June", "July", 4]

q4 = ["Which planet is closest to the Sun?",
      "Saturn", "Neptune", "Mercury", "Venus", 3]

q5 = ["Where are the pyramids?",
      "India", "Egypt", "Morocco", "Canada", 2]

questions = [q1, q2, q3, q4, q5]
question = questions.pop(0)

def draw():
    screen.fill("dim grey")
    screen.draw.filled_rect(main_box, "sky blue")
    screen.draw.filled_rect(timer_box, "sky blue")

    for box in answer_boxes:
        screen.draw.filled_rect(box, "orange")
```

```
    screen.draw.textbox(str(time_left), timer_box, color=("black"))
    screen.draw.textbox(question[0], main_box, color=("black"))

    index = 1
    for box in answer_boxes:
        screen.draw.textbox(question[index], box, color=("black"))
        index = index + 1

def game_over():
    global question, time_left
    message = "Game over. You got %s questions correct" % str(score)
    question = [message, "-", "-", "-", "-", 5]
    time_left = 0

def correct_answer():
    global question, score, time_left

    score = score + 1
    if questions:
        question = questions.pop(0)
        time_left = 10
    else:
        print("End of questions")
        game_over()

def on_mouse_down(pos):
    index = 1
    for box in answer_boxes:
        if box.collidepoint(pos):
            print("Clicked on answer " + str(index))
            if index == question[5]:
                print("You got it correct!")
                correct_answer()
            else:
                game_over()
        index = index + 1

def update_time_left():
    global time_left

    if time_left:
        time_left = time_left - 1
    else:
        game_over()

clock.schedule_interval(update_time_left, 1.0)
```

バルーン・フライト(116ページ)

```
from random import randint

WIDTH = 800
HEIGHT = 600

balloon = Actor("balloon")
balloon.pos = 400, 300

bird = Actor("bird-up")
bird.pos = randint(800, 1600), randint(10, 200)

house = Actor("house")
house.pos = randint(800, 1600), 460

tree = Actor("tree")
tree.pos = randint(800, 1600), 450

bird_up = True
up = False
game_over = False
score = 0
number_of_updates = 0

scores = []

def update_high_scores():
    global score, scores
    filename = r"/Users/bharti/Desktop/python-games/balloon-flight/high-scores.txt"
    scores = []
    with open(filename, "r") as file:
        line = file.readline()
        high_scores = line.split()
        for high_score in high_scores:
            if(score > int(high_score)):
                scores.append(str(score) + " ")
                score = int(high_score)
            else:
                scores.append(str(high_score) + " ")
    with open(filename, "w") as file:
        for high_score in scores:
            file.write(high_score)

def display_high_scores():
    screen.draw.text("HIGH SCORES", (350, 150), color="black")
    y = 175
    position = 1
```

この灰色の部分は、君が使っているコンピューター内のhigh-scores.txtの位置に書きかえるよ。わすれないようにしよう！

```
    for high_score in scores:
        screen.draw.text(str(position) + ". " + high_score, (350, y), color="black")
        y += 25
        position += 1

def draw():
    screen.blit("background", (0, 0))
    if not game_over:
        balloon.draw()
        bird.draw()
        house.draw()
        tree.draw()
        screen.draw.text("Score: " + str(score), (700, 5), color="black")
    else:
       display_high_scores()

def on_mouse_down():
    global up
    up = True
    balloon.y -= 50

def on_mouse_up():
    global up
    up = False

def flap():
    global bird_up
    if bird_up:
        bird.image = "bird-down"
        bird_up = False
    else:
        bird.image = "bird-up"
        bird_up = True

def update():
    global game_over, score, number_of_updates
    if not game_over:
        if not up:
            balloon.y += 1

        if bird.x > 0:
            bird.x -= 4
            if number_of_updates == 9:
                flap()
                number_of_updates = 0
            else:
                number_of_updates += 1
```

```
    else:
        bird.x = randint(800, 1600)
        bird.y = randint(10, 200)
        score += 1
        number_of_updates = 0

    if house.right > 0:
        house.x -= 2
    else:
        house.x = randint(800, 1600)
        score += 1

    if tree.right > 0:
        tree.x -= 2
    else:
        tree.x = randint(800, 1600)
        score += 1

    if balloon.top < 0 or balloon.bottom > 560:
        game_over = True
        update_high_scores()

    if balloon.collidepoint(bird.x, bird.y) or \
       balloon.collidepoint(house.x, house.y) or \
       balloon.collidepoint(tree.x, tree.y):
            game_over = True
            update_high_scores()
```

ダンス・チャレンジ（136ページ）

```
from random import randint

WIDTH = 800
HEIGHT = 600
CENTRE_X = WIDTH / 2
CENTRE_Y = HEIGHT / 2

move_list = []
display_list = []

score = 0
current_move = 0
count = 4
dance_length = 4

say_dance = False
show_countdown = True
```

```
moves_complete = False
game_over = False

dancer = Actor("dancer-start")
dancer.pos = CENTRE_X + 5, CENTRE_Y - 40

up = Actor("up")
up.pos = CENTRE_X, CENTRE_Y + 110
right = Actor("right")
right.pos = CENTRE_X + 60, CENTRE_Y + 170
down = Actor("down")
down.pos = CENTRE_X, CENTRE_Y + 230
left = Actor("left")
left.pos = CENTRE_X - 60, CENTRE_Y + 170

def draw():
    global game_over, score, say_dance
    global count, show_countdown
    if not game_over:
        screen.clear()
        screen.blit("stage", (0, 0))
        dancer.draw()
        up.draw()
        down.draw()
        right.draw()
        left.draw()
        screen.draw.text("Score: " +
                         str(score), color="black",
                         topleft=(10, 10))
        if say_dance:
            screen.draw.text("Dance!", color="black",
                             topleft=(CENTRE_X - 65, 150), fontsize=60)
        if show_countdown:
            screen.draw.text(str(count), color="black",
                             topleft=(CENTRE_X - 8, 150), fontsize=60)
    else:
        screen.clear()
        screen.blit("stage", (0, 0))
        screen.draw.text("Score: " +
                         str(score), color="black",
                         topleft=(10, 10))
        screen.draw.text("GAME OVER!", color="black",
                         topleft=(CENTRE_X - 130, 220), fontsize=60)
    return

def reset_dancer():
    global game_over
```

```
    if not game_over:
        dancer.image = "dancer-start"
        up.image = "up"
        right.image = "right"
        down.image = "down"
        left.image = "left"
    return

def update_dancer(move):
    global game_over
    if not game_over:
        if move == 0:
            up.image = "up-lit"
            dancer.image = "dancer-up"
            clock.schedule(reset_dancer, 0.5)
        elif move == 1:
            right.image = "right-lit"
            dancer.image = "dancer-right"
            clock.schedule(reset_dancer, 0.5)
        elif move == 2:
            down.image = "down-lit"
            dancer.image = "dancer-down"
            clock.schedule(reset_dancer, 0.5)
        else:
            left.image = "left-lit"
            dancer.image = "dancer-left"
            clock.schedule(reset_dancer, 0.5)
    return

def display_moves():
    global move_list, display_list, dance_length
    global say_dance, show_countdown, current_move
    if display_list:
        this_move = display_list[0]
        display_list = display_list[1:]
        if this_move == 0:
            update_dancer(0)
            clock.schedule(display_moves, 1)
        elif this_move == 1:
            update_dancer(1)
            clock.schedule(display_moves, 1)
        elif this_move == 2:
            update_dancer(2)
            clock.schedule(display_moves, 1)
        else:
            update_dancer(3)
            clock.schedule(display_moves, 1)
```

```
    else:
        say_dance = True
        show_countdown = False
    return

def countdown():
    global count, game_over, show_countdown
    if count > 1:
        count = count - 1
        clock.schedule(countdown, 1)
    else:
        show_countdown = False
        display_moves()
    return

def generate_moves():
    global move_list, dance_length, count
    global show_countdown, say_dance
    count = 4
    move_list = []
    say_dance = False
    for move in range(0, dance_length):
        rand_move = randint(0, 3)
        move_list.append(rand_move)
        display_list.append(rand_move)
    show_countdown = True
    countdown()
    return

def next_move():
    global dance_length, current_move, moves_complete
    if current_move < dance_length - 1:
        current_move = current_move + 1
    else:
        moves_complete = True
    return

def on_key_up(key):
    global score, game_over, move_list, current_move
    if key == keys.UP:
        update_dancer(0)
        if move_list[current_move] == 0:
            score = score + 1
            next_move()
        else:
            game_over = True
    elif key == keys.RIGHT:
```

```
        update_dancer(1)
        if move_list[current_move] == 1:
            score = score + 1
            next_move()
        else:
            game_over = True
    elif key == keys.DOWN:
        update_dancer(2)
        if move_list[current_move] == 2:
            score = score + 1
            next_move()
        else:
            game_over = True
    elif key == keys.LEFT:
        update_dancer(3)
        if move_list[current_move] == 3:
            score = score + 1
            next_move()
        else:
            game_over = True
    return

generate_moves()
music.play("vanishing-horizon")

def update():
    global game_over, current_move, moves_complete
    if not game_over:
        if moves_complete:
            generate_moves()
            moves_complete = False
            current_move = 0
    else:
        music.stop()
```

ハッピー・ガーデン（154ページ）

```
from random import randint
import time

WIDTH = 800
HEIGHT = 600
CENTRE_X = WIDTH / 2
CENTRE_Y = HEIGHT / 2

game_over = False
finalised = False
```

```
garden_happy = True
fangflower_collision = False

time_elapsed = 0
start_time = time.time()

cow = Actor("cow")
cow.pos = 100, 500

flower_list = []
wilted_list = []
fangflower_list = []
fangflower_vy_list = []
fangflower_vx_list = []

def draw():
    global game_over, time_elapsed, finalised
    if not game_over:
        screen.clear()
        screen.blit("garden", (0, 0))
        cow.draw()
        for flower in flower_list:
            flower.draw()
        for fangflower in fangflower_list:
            fangflower.draw()
        time_elapsed = int(time.time() - start_time)
        screen.draw.text(
            "Garden happy for: " +
            str(time_elapsed) + " seconds",
            topleft=(10, 10), color="black"
        )
    else:
        if not finalised:
            cow.draw()
            screen.draw.text(
                "Garden happy for: " +
                str(time_elapsed) + " seconds",
                topleft=(10, 10), color="black"
            )
            if (not garden_happy):
                screen.draw.text(
                    "GARDEN UNHAPPY - GAME OVER!", color="black",
                    topleft=(10, 50)
                )
                finalised = True
            else:
                screen.draw.text(
```

```
                "FANGFLOWER ATTACK - GAME OVER!", color="black",
                topleft=(10, 50)
            )
            finalised = True
    return

def new_flower():
    global flower_list, wilted_list
    flower_new = Actor("flower")
    flower_new.pos = randint(50, WIDTH - 50), randint(150, HEIGHT - 100)
    flower_list.append(flower_new)
    wilted_list.append("happy")
    return

def add_flowers():
    global game_over
    if not game_over:
        new_flower()
        clock.schedule(add_flowers, 4)
    return

def check_wilt_times():
    global wilted_list, game_over, garden_happy
    if wilted_list:
        for wilted_since in wilted_list:
            if (not wilted_since == "happy"):
                time_wilted = int(time.time() - wilted_since)
                if (time_wilted) > 10.0:
                    garden_happy = False
                    game_over = True
                    break
    return

def wilt_flower():
    global flower_list, wilted_list, game_over
    if not game_over:
        if flower_list:
            rand_flower = randint(0, len(flower_list) - 1)
            if (flower_list[rand_flower].image == "flower"):
                flower_list[rand_flower].image = "flower-wilt"
                wilted_list[rand_flower] = time.time()
        clock.schedule(wilt_flower, 3)
    return

def check_flower_collision():
    global cow, flower_list, wilted_list
    index = 0
```

```
    for flower in flower_list:
        if (flower.colliderect(cow) and
                flower.image == "flower-wilt"):
            flower.image = "flower"
            wilted_list[index] = "happy"
            break
        index = index + 1
    return

def check_fangflower_collision():
    global cow, fangflower_list, fangflower_collision
    global game_over
    for fangflower in fangflower_list:
        if fangflower.colliderect(cow):
            cow.image = "zap"
            game_over = True
            break
    return

def velocity():
    random_dir = randint(0, 1)
    random_velocity = randint(2, 3)
    if random_dir == 0:
        return -random_velocity
    else:
        return random_velocity

def mutate():
    global flower_list, fangflower_list, fangflower_vy_list
    global fangflower_vx_list, wilted_list, game_over
    if not game_over and flower_list:
        rand_flower = randint(0, len(flower_list) - 1)
        fangflower_pos_x = flower_list[rand_flower].x
        fangflower_pos_y = flower_list[rand_flower].y
        del flower_list[rand_flower], wilted_list[rand_flower]
        fangflower = Actor("fangflower")
        fangflower.pos = fangflower_pos_x, fangflower_pos_y
        fangflower_vx = velocity()
        fangflower_vy = velocity()
        fangflower = fangflower_list.append(fangflower)
        fangflower_vx_list.append(fangflower_vx)
        fangflower_vy_list.append(fangflower_vy)
        clock.schedule(mutate, 20)
    return

def update_fangflowers():
    global fangflower_list, game_over
```

```
    if not game_over:
        index = 0
        for fangflower in fangflower_list:
            fangflower_vx = fangflower_vx_list[index]
            fangflower_vy = fangflower_vy_list[index]
            fangflower.x = fangflower.x + fangflower_vx
            fangflower.y = fangflower.y + fangflower_vy
            if fangflower.left < 0:
                fangflower_vx_list[index] = -fangflower_vx
            if fangflower.right > WIDTH:
                fangflower_vx_list[index] = -fangflower_vx
            if fangflower.top < 150:
                fangflower_vy_list[index] = -fangflower_vy
            if fangflower.bottom > HEIGHT:
                fangflower_vy_list[index] = -fangflower_vy
            index = index + 1
    return

def reset_cow():
    global game_over
    if not game_over:
        cow.image = "cow"
    return

add_flowers()
wilt_flower()

def update():
    global score, game_over, fangflower_collision
    global flower_list, fangflower_list, time_elapsed
    fangflower_collision = check_fangflower_collision()
    check_wilt_times()
    if not game_over:
        if keyboard.space:
            cow.image = "cow-water"
            clock.schedule(reset_cow, 0.5)
            check_flower_collision()
        if keyboard.left and cow.x > 0:
            cow.x -= 5
        elif keyboard.right and cow.x < WIDTH:
            cow.x += 5
        elif keyboard.up and cow.y > 150:
            cow.y -= 5
        elif keyboard.down and cow.y < HEIGHT:
            cow.y += 5
        if time_elapsed > 15 and not fangflower_list:
            mutate()
        update_fangflowers()
```

スリーピング・ドラゴン（176ページ）

```
import math

WIDTH = 800
HEIGHT = 600
CENTRE_X = WIDTH / 2
CENTRE_Y = HEIGHT / 2
CENTRE = (CENTRE_X, CENTRE_Y)
FONT_COLOUR = (0, 0, 0)
EGG_TARGET = 20
HERO_START = (200, 300)
ATTACK_DISTANCE = 200
DRAGON_WAKE_TIME = 2
EGG_HIDE_TIME = 2
MOVE_DISTANCE = 5

lives = 3
eggs_collected = 0
game_over = False
game_complete = False
reset_required = False

easy_lair = {
    "dragon": Actor("dragon-asleep", pos=(600, 100)),
    "eggs": Actor("one-egg", pos=(400, 100)),
    "egg_count": 1,
    "egg_hidden": False,
    "egg_hide_counter": 0,
    "sleep_length": 10,
    "sleep_counter": 0,
    "wake_counter": 0
}

medium_lair = {
    "dragon": Actor("dragon-asleep", pos=(600, 300)),
    "eggs": Actor("two-eggs", pos=(400, 300)),
    "egg_count": 2,
    "egg_hidden": False,
    "egg_hide_counter": 0,
    "sleep_length": 7,
    "sleep_counter": 0,
    "wake_counter": 0
}

hard_lair = {
    "dragon": Actor("dragon-asleep", pos=(600, 500)),
    "eggs": Actor("three-eggs", pos=(400, 500)),
```

```
    "egg_count": 3,
    "egg_hidden": False,
    "egg_hide_counter": 0,
    "sleep_length": 4,
    "sleep_counter": 0,
    "wake_counter": 0
}

lairs = [easy_lair, medium_lair, hard_lair]
hero = Actor("hero", pos=HERO_START)

def draw():
    global lairs, eggs_collected, lives, game_complete
    screen.clear()
    screen.blit("dungeon", (0, 0))
    if game_over:
        screen.draw.text("GAME OVER!", fontsize=60, center=CENTRE, color=FONT_COLOUR)
    elif game_complete:
        screen.draw.text("YOU WON!", fontsize=60, center=CENTRE, color=FONT_COLOUR)
    else:
        hero.draw()
        draw_lairs(lairs)
        draw_counters(eggs_collected, lives)

def draw_lairs(lairs_to_draw):
    for lair in lairs_to_draw:
        lair["dragon"].draw()
        if lair["egg_hidden"] is False:
            lair["eggs"].draw()

def draw_counters(eggs_collected, lives):
    screen.blit("egg-count", (0, HEIGHT - 30))
    screen.draw.text(str(eggs_collected),
                     fontsize=40,
                     pos=(30, HEIGHT - 30),
                     color=FONT_COLOUR)
    screen.blit("life-count", (60, HEIGHT - 30))
    screen.draw.text(str(lives),
                     fontsize=40,
                     pos=(90, HEIGHT - 30),
                     color=FONT_COLOUR)
    screen.draw.text(str(lives),
                     fontsize=40,
                     pos=(90, HEIGHT - 30),
                     color=FONT_COLOUR)
```

```
def update():
    if keyboard.right:
        hero.x += MOVE_DISTANCE
        if hero.x > WIDTH:
            hero.x = WIDTH
    elif keyboard.left:
        hero.x -= MOVE_DISTANCE
        if hero.x < 0:
            hero.x = 0
    elif keyboard.down:
        hero.y += MOVE_DISTANCE
        if hero.y > HEIGHT:
            hero.y = HEIGHT
    elif keyboard.up:
        hero.y -= MOVE_DISTANCE
        if hero.y < 0:
            hero.y = 0
    check_for_collisions()

def update_lairs():
    global lairs, hero, lives
    for lair in lairs:
        if lair["dragon"].image == "dragon-asleep":
            update_sleeping_dragon(lair)
        elif lair["dragon"].image == "dragon-awake":
            update_waking_dragon(lair)
        update_egg(lair)

clock.schedule_interval(update_lairs, 1)

def update_sleeping_dragon(lair):
    if lair["sleep_counter"] >= lair["sleep_length"]:
        lair["dragon"].image = "dragon-awake"
        lair["sleep_counter"] = 0
    else:
        lair["sleep_counter"] += 1

def update_waking_dragon(lair):
    if lair["wake_counter"] >= DRAGON_WAKE_TIME:
        lair["dragon"].image = "dragon-asleep"
        lair["wake_counter"] = 0
    else:
        lair["wake_counter"] += 1

def update_egg(lair):
    if lair["egg_hidden"] is True:
        if lair["egg_hide_counter"] >= EGG_HIDE_TIME:
```

```
            lair["egg_hidden"] = False
            lair["egg_hide_counter"] = 0
        else:
            lair["egg_hide_counter"] += 1

def check_for_collisions():
    global lairs, eggs_collected, lives, reset_required, game_complete
    for lair in lairs:
        if lair["egg_hidden"] is False:
            check_for_egg_collision(lair)
        if lair["dragon"].image == "dragon-awake" and reset_required is False:
            check_for_dragon_collision(lair)

def check_for_dragon_collision(lair):
    x_distance = hero.x - lair["dragon"].x
    y_distance = hero.y - lair["dragon"].y
    distance = math.hypot(x_distance, y_distance)
    if distance < ATTACK_DISTANCE:
        handle_dragon_collision()

def handle_dragon_collision():
    global reset_required
    reset_required = True
    animate(hero, pos=HERO_START, on_finished=subtract_life)

def check_for_egg_collision(lair):
    global eggs_collected, game_complete
    if hero.colliderect(lair["eggs"]):
        lair["egg_hidden"] = True
        eggs_collected += lair["egg_count"]
        if eggs_collected >= EGG_TARGET:
            game_complete = True

def subtract_life():
    global lives, reset_required, game_over
    lives -= 1
    if lives == 0:
        game_over = True
    reset_required = False
```

用語集

アニメーション
少しずつちがう画像を連続して表示し、何かが動いているように見せるテクニック。

暗号化
特定の人しか読んだりアクセスできないよう、データを暗号にすること。

イベント
キーが押される、マウスがクリックされるなどの、プログラムが反応するできごと。

入れ子構造のループ
ループの中にさらにループが入っているもの。

インターフェース
ユーザーがソフトウェアやハードウェアとやりとりするための手段。「GUI」を参照。

インデント（字下げ）
ソースコードの一部を前の行よりも右にずらして書くこと。パイソンでは4文字ずらすのがふつう。ひとかたまりとなっているソースコードは、同じ字数だけ右にずらす。

演算子
特定の働きをする記号。「+」(足す)、「−」（引く）なども演算子である。

オペレーティングシステム(OS)
コンピューターのすべてをコントロールするソフトウェア。Windows、OS X、Linux などがある。

関数
かぎられた作業を行うための短いソースコード。プロシージャ、サブプログラム、サブルーチンとも呼ばれる。

キーワード
プログラムで特別な意味を持たされている言葉。どのプログラミング言語でも、いくつものキーワードが決められている。キーワードを変数や関数の名前にはできない。

GUI（グラフィカルユーザーインターフェース）
ボタンやウィンドウなど、プログラムによって画面に表示され、ユーザーと情報のやりとりをするためのもの。

グラフィックス
絵、アイコン、記号、テキストなど、画面に表示される要素。

グローバル変数
プログラムのどこででも利用できる変数。「ローカル変数」を参照。

コマンドプロンプト
ユーザーの入力を待っているときに表示される記号のことだが、Windows機でユーザーが命令を入力し実行させるために使うアプリケーションも指す。本書では後者の意味。

コマンドライン
コマンドプロンプト（またはターミナル）のウィンドウ上で命令を入力するための行。

コメント
プログラマーがソースコードを理解しやすくするために書きこむメモ。プログラムの実行時には無視される。

再帰呼び出し
関数の中で、その関数自身を呼び出させること。

座標
位置や場所を示すための2つ1組の数。ふつうは（x, y）のように書く。

実行する
プログラムを動かすこと。

出力
ユーザーに表示する、プログラムの処理結果。

条件
プログラムの中で何かを判断するために使う。True（正しい）かFalse（まちがい）のどちらかになる。「論理式」を参照。

Syntax（シンタックス）
プログラムが正しく動くために、どのようにソースコードを書かなければいけないかというルール。

整数
小数点を持たず、分数を使わなくても書ける数。

添字
リスト内のアイテムにわりふられた番号。パイソンでは最初のアイテムが0番、2番目のアイテムが1番というふうにつけられる。

ソフトウェア
コンピューターで実行されコンピューターを働かせるためのプログラム全体を指す言葉。

ターミナル
マッキントッシュのアプリケーション。ユーザーはターミナルからコマンドを入力し実行させられる。

ディクショナリ
国名と首都名のように、組になるデータをまとめて記録するデータ型。

定数
プログラム中で変えてはいけない値を入れた変数。プログラマーは定数名を大文字で書き、値を変えてはいけないことを示す。「変数」を参照。

データ
テキスト、記号、数などの情報。

デバッグ
プログラムのまちがいをさがして直すこと。

入力
コンピューターに入ってくるデータ。例えばマイクロフォン、キーボード、マウスなどから入ってくる。

Python（パイソン）
グイド・ヴァンロッサムが作った人気のあるプログラミング言語。入門用としてもすぐれている。

バグ
ソースコードを書くときのまちがい。プログラムが期待どおりに動かなくなる。

ハッカー
コンピューターシステムに侵入する人たち。ホワイトハットハッカーは、コンピューターセキュリティの会社のために働き、問題を探して解決する。ブラックハットハッカーは悪いことをしたり、もうけるために侵入する。

ハック
ソースコードを上手にいじり、新しいものを生み出したりシンプルなコードにしたりすること。また許可なくコンピューターにアクセスすることも指す。

引数
関数に渡す値のこと。関数が呼び出されるとき、同時に引数が渡される。

ピクセル
色の情報を持つ点。これが集まって画像になる。

ファイル
名前をつけて保管されたデータの集まり。

ブール式（論理式）
答えがTrue（正しい）かFalse（まちがい）にしかならない問い。

浮動小数点数
小数点を持つ数で、コンピューターでよく使われる種類。

フラグ変数
TrueとFalseなど２つの値のどちらかしかとらない変数。

フローチャート
プログラムの処理と判断の流れを図で示したもの。

プログラミング言語
コンピューターに命令を与えるために使う言葉。

プログラム
何かの作業をするため、コンピューターに与えられる命令のセット。

分岐
プログラムの流れが２つにわかれていて、どちらかを選ぶことになる点。

変数
プレイヤーのスコアなど、プログラムによって変えられるデータを入れておく場所。変数は名前と値を持つ。「グローバル変数」と「ローカル変数」を参照。

命令文
プログラミング言語で、命令として実行できる一番小さい単位。

モジュール
すでに用意されているソースコードのパッケージ。便利な関数がいくつも入っていて、パイソンのプログラムに組み入れられる。

文字列
文字を並べたもの。数字や句読点などの記号も入れられる。

戻り値
関数が呼び出され実行されたあと、呼び出した命令に関数から返される変数やデータ。

ユニコード
数千もの文字や記号を表すため、世界で使われている文字コード。

呼び出す
プログラムで関数を使うこと。

ライブラリ
他のプロジェクトでも使える関数を集めたもの。

Random（ランダム）
処理結果を予想できないものにするための関数を集めたモジュール。ゲームを作るときに便利。

リスト
アイテムに番号をつけ、順番に並べて記録するデータ型。

ループ
プログラムの一部で、何度もくり返される部分。ループを使うことで、同じソースコードを何回も書かないですむようにする。

ローカル変数
関数の中など、プログラムの一部分だけでしか使えない変数。「グローバル変数」を参照。

索引

は

ま

ら

わ

◇翻訳者

山崎 正浩（やまざき まさひろ）

1967年生まれ。慶應義塾大学卒。第一種情報処理技術者。株式会社日立製作所に入社後、京王帝都電鉄株式会社（現京王電鉄株式会社）に移り、情報システム部門でプログラマーとして勤務。高速バスの座席予約システムのプログラム作成などに携わる。主な使用言語はC言語とRPG/400。2001年に退職し、現在は翻訳業に従事。訳書に『10才からはじめるプログラミング図鑑』『10才からはじめるゲームプログラミング図鑑』『たのしくまなぶPythonプログラミング図鑑』『決定版 コンピュータサイエンス図鑑』（いずれも創元社）などがある。

本書の内容に対するご意見およびご質問は創元社大阪本社宛まで文書かFAXにてお送りください。お受けできる質問は本書で紹介した内容に限らせていただきます。なお、電話での質問にはお答えできませんのであらかじめご了承ください。

たのしくまなぶPython（パイソン）ゲームプログラミング図鑑（ずかん）

2019年11月10日　第1版第1刷発行

著　者　キャロル・ヴォーダマンほか
訳　者　山崎正浩
発行者　矢部敬一
発行所　株式会社 創元社　https://www.sogensha.co.jp/
〔本社〕〒541-0047 大阪市中央区淡路町 4-3-6
Tel.06-6231-9010 Fax.06-6233-3111
〔東京支店〕〒101-0051 東京都千代田区神田神保町 1-2 田辺ビル
Tel.03-6811-0662

ISBN978-4-422-41436-2 C0055
Printed in China

落丁・乱丁のときはお取り替えいたします。

本書の感想をお寄せください
投稿フォームはこちらから ▶▶▶▶